应急管理部化学品登记中心
国家危险化学品安全(青岛)研究院(基地) 组织编写
化学品安全控制国家重点实验室

危险化学品登记实用手册

主　编　杨　哲
副主编　郭秀云　党文义　翟良云

应 急 管 理 出 版 社
·北　京·

内 容 提 要

本书主要分成四部分：一是介绍危险化学品的危害、分类等基础知识；梳理 GHS 和危险货物两大制度，化学品的分类标准和判定原则；区分危险化学品和危险货物等；界定需要登记的危险化学品范围。二是介绍危险化学品登记法规背景、登记流程、附件信息、安全信息码管理要求等。三是对"一书一签"的编写给出了指导性建议，介绍法规背景要求、安全技术说明书、安全标签、作业场所标签的编写规定及注意事项。四是对登记综合服务系统进行介绍，明确填写说明与常见问题解答。

本书可作为指导企业、监管部门使用登记系统的参考用书。

编 写 委 员 会

前　　言

　　我国危险化学品登记制度源于国际劳工组织于 1990 年 6 月通过的第 170 号国际公约《作业场所安全使用化学品公约》，公约要求缔约国进行化学品危险性鉴别分类、登记注册、应急救援和危害信息公开，保证化学品安全使用并保护工人、公众和环境免受化学品的危害。

　　1996 年 12 月，劳动部、化工部联合颁布了《工作场所安全使用化学品规定》，首次提出化学品登记部门开展危险化学品登记注册工作和"一书一签"的要求，并于 1997 年批准成立国家化学品登记注册中心。2002 年 3 月实施的《危险化学品安全管理条例》（国务院令第 344 号），明确规定"国家实行危险化学品登记制度"。2004 年，国家化学品登记注册中心划归国家安全生产监督管理局管理，更名为国家安全生产监督管理局化学品登记中心。2011 年，《危险化学品安全管理条例》（国务院令第 591 号）修订，进一步明确了国家危险化学品登记制度，并要求对危险特性尚未确定的化学品进行鉴定。2018 年，随着大部制改革，国家安全生产监督管理总局化学品登记中心更名为应急管理部化学品登记中心。

　　经过多年的危险化学品登记工作，国家已建立了由应急管理部化学品登记中心和全国 31 个省级危险化学品登记办公室组成的较完善的工作机构网络，形成了危险化学品登记信息动态更新机制，建立了全国危险化学品和生产企业数据库，落实了第 170 号国际公约要求。危险化学品登记工作，在我国危险化学品安全监管、事故预防和应急救援方面发挥了如下作用：一是促进了化学品管理与国际接轨。通过危险化学品登记工作，推进了全球化学品统一分类和标签制度（GHS）、化学品危险性鉴定分类制度、"一书一签"制度、化学品危害信息告知制度的实施，强化了危险化学品生产企业主体责任的落实，促进了我国化学品管理与国际接轨。二是为国家危险化学品相关法律法规标准制修订及化工行业规划提供了重要依据。危险化学品登记数据作为重要的信息源和数据资源，为制定《危险化学品目录（2015版）》，确定剧毒化学品品种，制定《重点监管的危险化学品名录》《特别管控危险化学品目录（第一版）》等提供了重要依据。三是为化学品安全监管工作提供数据支撑。运用危险化学品登记数据开发了"基于GIS的全国危险化学品数据应用系统"，为各级应急管理部门方便、快捷地查询和掌握所在辖区内危险化学品企业基本情况、危险化学品分布情况、涉及的重大危险源和危险化工工艺等信息提供了便捷实用的工具，为执法检查、危险化学品安全生产风险监测预警系统建设、安全风险分级管控和隐患排查治理双体系构建等工作提供了重要的基础数据和依据。四是为事故应急救援与事故调查提供了有力的技术支持。依据危险化学品登记数据，建立了覆盖全国的危险化学品事故应急救援信息支持数据库，为天津港"8·12"、江苏"3·21"等事故提供了所涉及的化学品危险特性、储存安全要求、泄漏应急处置方案，为事故应急处置和原因调查提供了有力的技术支持。五是为社会公众提供权威的化学品安全信息。登记数据为国家危险化学品安全公共服务互联网平台和公共服务咨询电话平台提供了重要的危险化学品登记企业及化学品分类信息数据资源，为公开化学品危害、预防化学品事故发挥了积极作用。

但随着安全生产形势的变化，2020年中共中央办公厅、国务院办公厅发布《关于全面加强危险化学品安全生产工作的意见》，要求完善并严格落实化学品鉴定评估与登记有关规定。《全国危险化学品安全风险集中治理方案》（安委〔2021〕12号）提出推进化学品登记系统升级改造，拓展化工医药企业登记范围，对每个企业每种危险化学品实施

"一企一品一码"管理等。"十四五"国家应急体系规划中要求完善登记数据库，升级优化登记系统。

　　为落实新形势下的监管要求，2022 年 2 月，应急管理部化学品登记中心正式上线新版登记系统——危险化学品登记综合服务系统，2023 年 5 月，印发《2023 年化学品登记和鉴定分类专项执法检查工作方案》。为指导企业更好地开展登记工作，进一步服务社会，应急管理部化学品登记中心联合部分登记办公室推出本手册。

编写委员会

2023 年 6 月

目　　　　次

第一章　危险化学品基础知识

　　化学工业是我国国民经济的支柱产业，在国民生产行业中占据着举足轻重的地位，为我国经济的发展提供了强劲的动力，对人类社会的进步与发展作出了巨大的贡献。2018 年，我国化工行业产值 14.8 万亿元，占全国 GDP 的 13.8%，占全球化工产值的 40%，位居世界第一。2022 年，我国化工行业营业收入达 16.56 万亿元，占全国 GDP 的 13.68%。化工行业对经济社会发展支撑作用十分突出。同时，化学品种类繁多，据统计，截至 2023 年 1 月，在美国 CAS 登记数据库中收录的化学物质总数超过 2.74 亿种，而且每天还有数千种化学物质被分配新 CAS 号。

　　化学工业在促进社会发展、造福人类的同时，其安全问题也不容忽视，其原料、产品甚至生产过程也会给人类和社会带来较大安全风险。其中所涉及的危险化学品具有种类繁多、危险特性各异、工艺过程复杂、高温高压、易燃易爆、有毒有害、腐蚀性强等特点，如果对其特性认识不足或管理不善，则会发生燃烧、爆炸、中毒、灼伤、窒息等事故，危及人类生命与健康，给社会带来严重损失。因此，掌握化学品危险特性，对防止事故发生具有重要意义。

第一节　化学品及危险化学品

　　为了加强化学品的管理，保障化学品作业人员的安全和健康，1990 年 6 月，国际劳工组织通过了《作业场所安全使用化学品公约》(简称第 170 号国际公约)。该公约对化学品进行了定义：化学品是指各种化学元素、化合物及其混合物，无论是天然的还是人造的。从该定义看，所有有形物质（包括固体、液体和气体等）都是化学品。通常情况下，化学品包括下列物质：无机化合物和有机化合物、金属和合金、矿物、配位化合物和有机金属化合物、元素、同位素和核粒子、蛋白质与核酸、聚合物、非结构性材料和未知成分或可变成分的物质或生物材料物质（UVCB）等。

危险化学品是指具有毒害、腐蚀、爆炸、燃烧、助燃等性质，对人体、设施、环境具有危害的剧毒化学品和其他化学品。

为统一全球化学品危险性的分类标准和分类方法，联合国危险货物运输和全球化学品统一分类和标签制度专家委员会于2003年发布了《全球化学品统一分类和标签制度》（简称GHS），该制度确立了化学品危险性的分类方法与分类标准，供各成员国确立化学品危险性分类制度使用。该文件每两年修订一次，2021年版是第九修订版。

根据GHS制度，我国制定了《化学品分类和标签规范》（GB 30000）系列标准。在该系列标准的基础上，基于GHS制度的积木原则，我国制定了危险化学品的确定原则，发布了《危险化学品目录》及其实施指南，为我国危险化学品的安全管理奠定了基础。

第二节　化学品的危害

化学品的危害包括燃烧爆炸危害（简称燃爆危害）、健康危害和环境危害。燃爆危害是指危险化学品自身或受外界作用能引起燃烧、爆炸而造成的危害；健康危害是指根据已确定的科学方法进行研究，由得到的统计资料证实，接触某种化学品对人体健康造成的急性或慢性危害；化学品环境危害是指化学品进入环境后，通过环境蓄积、生物累积、生物转化或化学反应等方式损害人类健康和生存环境，或者通过接触，对人体、环境造成严重危害和具有潜在危害。

绝大多数化学品均具有不同程度的危险性、危害性，主要包括爆炸性、燃烧性（包括易燃、可燃、不燃、助燃）、自反应性、氧化性、金属腐蚀性、毒性、刺激性、致敏性、致癌性、生殖毒性、致突变性、危害水生环境、危害臭氧层等。

一、燃爆危害

（一）燃烧

1. 燃烧的定义

燃烧是一种同时有光和热发生的剧烈的氧化还原反应。在氧化还原反应中，某些物质被氧化而另一些物质被还原。

常见的燃烧都是可燃物和空气中的氧气发生氧化反应。在某些情况下，没有氧气参加的反应，如金属钠在氯气中燃烧、炽热的铁丝在氯气中燃烧所发生的氧化反应，也是燃烧。

可燃物与氧气或其他氧化剂作用引起燃烧，发生放热反应，通常伴有火焰、发光或发烟的现象。

2. 燃烧的特征

燃烧具有如下三个特征：①是一个剧烈的氧化还原反应；②放出大量的热；③发光。

例如，汽油、苯的燃烧满足上述特征，属于燃烧现象，但常见的白炽灯通电后，能发光、放热，由于没有发生氧化还原反应，则不是一种燃烧现象。

3. 燃烧三要素

燃烧必须同时具备以下三个要素：

（1）可燃物。例如，天然气、煤气、氢气、乙醇、汽油、煤炭、木材等。

（2）助燃物。例如，空气中的氧气、氯气、氯酸钾等。

（3）点火源。例如，明火、火花（如电气火花、静电火花、雷电火花、撞击与摩擦火花）、高温物体或高温热表面、化学反应热（如分解热、氧化反应热、发酵热）、绝热压缩、光线和射线等。

燃烧的三个要素必须同时具备，缺一不可，否则不会燃烧。但并非具备了上述三个要素就一定能引起燃烧，而是要达到一定的量。例如，氢气的爆炸极限是4%～75%，当氢气在空气中的浓度低于4%或高于75%时，由于可燃物（氢气）太少或助燃物（氧气）太少而不会燃烧。另外，要使燃烧发生，点火源必须具备一定能量。大多数烃类气体和有机液体蒸气的最小点燃能量都在 $0.01 \sim 0.1$ mJ 之间。例如，在空气中乙炔和氢气的最小点燃能量是 0.019 mJ，悬浮粉尘云的最小点燃能量多数为数十毫焦。

反之，对于已经发生的燃烧，如果消除其三个要素中的任何一个要素，燃烧便会终止。这就是窒息灭火法、隔离灭火法的原理。

4. 燃烧的过程

可燃物质的状态不同（气态、液态、固态），其燃烧的过程也不同。大多数可燃物质的燃烧是在蒸气或气态下进行的。

可燃气体最易燃烧，只要达到其本身氧化分解所需要的热量，即开始燃烧，其燃烧速度很快。

液体可燃物在火源作用下，首先蒸发，然后蒸气再氧化分解，进行燃烧。

固体可燃物分为简单物质和复杂物质。简单物质，如硫、磷等，受热后首先熔化，然后蒸发、燃烧。复杂物质在受热时分解成气态和液态产物，然后气态产物和液态产物的蒸气着火燃烧。固体可燃物在蒸发、分解过程中会留下一些不分解、不挥发的固体，这些固体的燃烧在固相界面进行。如木材受热后，在温度 $200 \ ℃$ 以上时，将分解放出一氧化碳、氢和碳氢化合物，开始燃烧，到 $300 \ ℃$ 时分解加剧，放出的气体产物最多，燃烧也最剧烈，当燃烧到最后，不再有可燃气体产生，此时没有可见火焰，仅仅在固相表面进行燃烧。

5. 燃烧形式

1）按燃烧时可燃物状态分类

按燃烧时可燃物状态，燃烧分为气相燃烧、液相燃烧和固相燃烧三类。

（1）气相燃烧。燃烧时，可燃物与助燃物均为气相，称为气相燃烧。

气相燃烧是均相燃烧。例如，天然气、氢气、煤气在空气中的燃烧。

气相燃烧是一种最基本的燃烧形式，多数可燃物（气体、多数液体和固体）在燃烧时呈气相燃烧。

对可燃气体来讲，其燃烧又分为混合燃烧和扩散燃烧两种形式。

可燃气体燃烧前与空气或氧气混合，然后进行的燃烧叫作混合燃烧，又称预混燃烧。例如，天然气泄漏后，与空气形成混合物，遇火源引起的燃烧就属于混合燃烧。混合燃烧反应迅速，温度高，火焰传播速度快，通常的爆炸反应即属于这种情况。

可燃气体与空气或氧气在发生燃烧反应之前未进行混合，依靠扩散机制将可燃气体与空气或氧气输送到火焰面而进行的燃烧称为扩散燃烧，又称非预混燃烧。例如，可燃气体从容器或管道中喷出，同周围的空气或氧气接触，遇火源而引起的燃烧。扩散燃烧的燃烧速度主要受扩散过程控制，边混合边燃烧。

（2）液相燃烧。液体可燃物在空气中的燃烧称为液相燃烧。

大部分液体燃烧，是通过蒸发、分解成可燃气体，或者蒸发后的蒸气再进一步分解为低分子量的可燃气体而开始燃烧。液体产生的蒸气直接进行的燃烧称为蒸发燃烧，而由液体热分解产生的可燃气体进行的燃烧叫作分解燃烧。蒸发燃烧和分解燃烧都属于气相燃烧。

（3）固相燃烧。固体可燃物在空气中的燃烧称为固相燃烧。

对组成相对简单的固体，如硫、磷、萘等物质，受热时首先熔化为液体，然后蒸发，蒸发后的气体与氧气反应引起燃烧，这类燃烧叫作蒸发燃烧。对组成较为复杂的固体，如沥青、木材、煤等则是受热后首先分解成气态产物和液态产物，然后气态产物和液态产物的蒸气着火燃烧，这种燃烧称为分解燃烧，属于气相燃烧。固体可燃物在蒸发、分解过程中会留下一些不分解、不挥发的固体，这些固体的燃烧可在气－固相界面进行，即呈固相燃烧。

蒸发燃烧和分解燃烧均有火焰产生，这种燃烧称为火焰型燃烧。当可燃固体燃烧到最后，分解不出可燃气体时，此时没有可见火焰，这种燃烧称为表面燃烧，又称均热型燃烧。金属的燃烧即属于表面燃烧。

2）按参加燃烧反应的可燃物、助燃物相态的不同分类

可燃物存在的状态不同，燃烧形式多种多样。按参加燃烧反应的可燃物、助燃物相态的不同，分为均一系燃烧和非均一系燃烧。均一系燃烧是指可燃物、助燃物的燃烧反应在同一相中进行。如天然气、煤气、

氢气等易燃气体在空气中的燃烧均属于均一系燃烧。反之，可燃物、助燃物在不同相内进行的燃烧叫作非均一系燃烧。如石油、木材、煤等液体、固体的燃烧均属于非均一系燃烧。

6. 闪燃与闪点

可燃液体挥发的蒸气与空气混合达到一定浓度，遇明火发生一闪即灭的燃烧现象，称为闪燃。

在规定的试验条件下，可燃液体产生的蒸气在试验火焰作用下发生闪燃的最低温度称为闪点。闪点与可燃液体的沸点有关，沸点越低，饱和蒸气压越大，一般其闪点越低。闪点是衡量液体化学品危险性的一个重要参数，液体的闪点越低，其火灾危险性越大。

在闪点温度下，闪燃后新的易燃或可燃液体的蒸气来不及补充，其与空气的混合浓度还不足以构成持续燃烧的条件，故闪燃后瞬间即熄灭。

液体的闪点随其浓度变化而变化。例如，无水乙醇的闪点是 13 ℃，当水溶液中乙醇含量为 80%、40%、20%、5% 时，其闪点分别为 19 ℃、26.75 ℃、36.75 ℃、62 ℃。

某些易升华的固体，如樟脑（1，7，7 - 三甲基二环 ［2.2.1］ 庚烷 - 2 - 酮）、萘等，在室温下能挥发出易燃蒸气，也有闪点。

7. 燃点

在规定的试验条件下，可燃物在外部引火源作用下能持续燃烧一定时间（101.3 kPa 下，一般至少 5 s）的最低温度称为燃点，又称着火点。

一般来说，燃点比闪点高 5 ~ 20 ℃，闪点越低，燃点与闪点差值越小。例如，易燃液体的燃点比闪点仅高出 1 ~ 5 ℃，可燃液体的闪点在 100 ℃ 以上时，燃点与闪点相差 30 ℃ 以上。

8. 自燃与自燃点

可燃物在没有外部火源的作用时，因受热或自身发热并蓄热所导致的燃烧称为自燃。在规定的试验条件下发生自燃的最低温度称为自燃点，又称自燃温度、引燃温度。

自燃分为受热自燃和自热自燃。受热自燃是指可燃物在外界热源作用下，温度升高，当达到其自燃点时，即着火燃烧。自热自燃是指在没有外部热源的情况下，可燃物由于自身的化学反应或生物作用而产生热量，这些热量在适当的条件下逐渐积累起来，以致使可燃物质温度升高，达到自燃点而着火燃烧。造成自热自燃的原因有氧化热、分解热、聚合热和发酵热等。

9. 爆炸极限

在一定温度和压力下，可燃气体、可燃液体蒸气或可燃粉尘与空气（氧气或其他助燃气体）组成的混合物，遇火源能够引起燃烧或爆炸的浓度范围称为爆炸极限，又称燃烧极限、着火极限。其中，能够引起燃烧或爆炸的最低浓度称为爆炸下限，能够引起燃烧或爆炸的最高浓度称为爆炸上限，爆炸上限与爆炸下限之间的浓度范围称为爆炸范围。在爆炸极限内的混合气称为可燃混合气。当浓度低于爆炸下限或高于爆炸上限时，均不能着火燃烧或爆炸。可燃气体的爆炸极限随混合物的温度和压力增加而加宽，同时可燃气体与氧气的混合物比与空气的混合物爆炸极限要宽得多。

某些可燃气体和可燃液体蒸气在空气中的爆炸极限见表 1 - 1。

表 1 - 1　某些可燃气体和可燃液体蒸气在空气中的爆炸极限　　％

可燃物名称	爆炸下限（体积分数）	爆炸上限（体积分数）
氢气	4.0	75
一氧化碳	12.5	74
氨	16	25
天然气	5	15
液化石油气	5	33
氯乙烯	3.6	33
甲烷	5	15
乙烷	3.0	12.5
乙烯	3.1	36
乙炔	2.5	81
丙烷	2.2	9.5

表 1 – 1（续）   %

可燃物名称	爆炸下限（体积分数）	爆炸上限（体积分数）
丁烷	1.9	8.5
戊烷	1.5	7.8
己烷	1.2	7.5
环己烷	1.3	8.0
苯	1.4	7.1
庚烷	1.2	6.7
甲苯	1.4	6.7
辛烷	1.0	6.5
二甲苯	1.0	6.0
乙醚	1.9	48
丙酮	3.0	11
甲醇	7.3	36
乙醇	4.3	19

10. 最小点燃能量

在常温常压时，影响物质点燃的各种因素均处于最敏感的条件下，点燃该物质所需的最小能量，即最小点燃能量。

最小点燃能量是描述可燃气体、蒸气、粉尘与空气形成的混合物爆炸危险性的重要参数，是混合物起火所必需的能量临界值。如果引燃源的能量低于这个临界值，一般情况下不能着火。

（二）爆炸

1. 爆炸的定义

物质由一种状态迅速转变为另一种状态，并在瞬间以光、热、机械功等形式放出大量能量的现象称为爆炸。

爆炸是物质发生的急剧物理、化学变化，在瞬间释放出大量能量并伴有巨大声响的过程。在爆炸过程中，爆炸物质所含能量的快速释放，变为对爆炸物质本身、爆炸产物及周围介质的压缩能或运动能。物质爆炸时，大量能量在极短的时间内突然释放并聚积，造成高温高压，对邻近介质形成急剧的压力突变并引起随后的复杂运动。爆炸介质在压力作用下，表现出不寻常的运动或机械破坏效应，以及爆炸介质受振动而产生的声响效应。

爆炸现象具有如下特征：①爆炸过程进行得很快；②爆炸附近瞬间压力急剧上升；③发出声响；④周围建筑物或装置发生震动或遭到破坏。

2. 爆炸的分类

1）按爆炸起因分类

按爆炸起因分类，爆炸分为物理爆炸、化学爆炸和核爆炸三大类。

（1）物理爆炸。物质因状态或压力发生突变等物理变化而引起的爆炸称为物理爆炸。例如，蒸汽锅炉或液化气、压缩气体超压引起的爆炸。物理爆炸发生前后没有新物质生成，物质的化学成分不发生变化。

（2）化学爆炸。由于物质发生极其剧烈的化学反应，产生高温高压而引起的爆炸称为化学爆炸。化学爆炸的能量来源于化学反应产生的能量。例如，可燃气体、蒸气的爆炸，炸药爆炸，可燃液体雾滴的爆炸等。化学爆炸发生前后，物质的性质和化学成分均发生了根本性的变化。化学爆炸按爆炸时所发生的化学变化的不同又可分为三类：

① 简单分解爆炸。引起简单分解爆炸的爆炸物，在爆炸时并不一定发生燃烧反应。爆炸能量是由爆炸物分解时产生的。例如，叠氮铅、叠氮银、乙炔铜、乙炔银等物质的爆炸。这类物质是非常危险的，受震动即能起爆。另外，乙炔在高压情况下的爆炸也属于这种类型的爆炸。

② 复杂分解爆炸。这类物质爆炸时伴有燃烧现象，燃烧所需的氧气由本身分解产生。即爆炸物质在外界激发能（如爆轰波）的作用下，能够发生快速的放热反应，同时形成强烈压缩状态的气体作为引起爆炸的高温、高压气体源。例如，大多种类的炸药和一些有机过氧化物均属此类。这类物质与简单分解爆炸物质相比，其对外界刺激的敏感性较低，相比而言，危险性略低。

③ 爆炸性混合物的爆炸。所有可燃气体、蒸气及粉尘遇空气形成爆炸性混合物，遇火源引起的爆炸均属于此类。该类爆炸是化工行业发生爆炸的一种主要形式。例如，石油化工企业液化石油气、汽油等物质

泄漏后，液化石油气气体、汽油蒸气与空气形成爆炸性混合物，遇火源则极易发生爆炸。

对爆炸性混合物的爆炸来讲，与燃烧在本质上都是可燃物质在空气中的氧化反应，其区别在于氧化速度不同。同一种物质，在一种条件下可以燃烧，在另一种条件下可以爆炸。

（3）核爆炸。从广义角度讲，核爆炸属于化学爆炸，但为了区别于一般的工业爆炸，便于工业防爆技术的研发与应用，将核爆炸单独作为一类爆炸形式进行分类。

核爆炸是指由于核裂变（如 U - 235 的裂变）或核聚变（如氘氚聚变、锂核聚变）反应，在几微秒的瞬间释放出大量能量而引起的爆炸。核爆炸所释放出的能量（核能）比炸药爆炸放出的化学能要大得多，集中得多。核反应释放的能量能使反应区介质温度升高至数百万摄氏度到数千万摄氏度，压强增至数百万兆帕到数亿兆帕。同时还释放出大量的热辐射和极强烈的光。此外，还产生各种对人类及其他生物生存有害的放射性粒子，造成区域性长时间的放射性污染。

核爆炸的能量相当于数万吨到数千万吨 TNT 爆炸的能量。

2）按爆炸传播速度分类

按爆炸传播速度分类，爆炸分为轻爆、爆炸和爆轰。

（1）轻爆。是指爆炸传播速度为每秒数十厘米至数米的过程。

（2）爆炸。是指爆炸传播速度为每秒 10 m 至数百米的过程。

（3）爆轰。是指爆炸传播速度为每秒 1000 m 至数千米以上的爆炸过程。爆轰是在一定浓度极限范围内产生的。表 1 - 2 所列为一些混合气体的爆轰范围。

表 1 - 2　混合气体的爆轰范围　　　　　　　　%

混 合 气 体		爆 轰 范 围	
可燃气体	空气或氧气	下限	上限
氢气	空气	18.3	59.0
氢气	氧气	15.0	50.0

表1-2（续） %

混 合 气 体		爆 轰 范 围	
可燃气体	空气或氧气	下限	上限
一氧化碳	氧气	38.0	90.0
氨	氧气	25.4	75.0
丙烷	氧气	3.2	37.0
乙炔	空气	4.1	50.0
乙炔	氧气	3.5	92.0
乙醚	空气	2.8	4.5
乙醚	氧气	2.6	24.0

3）按反应相分类

（1）气相爆炸。

① 可燃气体混合物爆炸。可燃气体或可燃液体蒸气与助燃气体按一定比例混合，在火源作用下引起的爆炸称为可燃气体混合物爆炸。例如，氢气、天然气、丙烷等气体，汽油、甲醇等液体蒸气与空气形成爆炸性混合物后，遇火源发生的爆炸即属于该类爆炸。

② 气体分解爆炸。单一气体由于分解反应产生大量反应热而引起的爆炸称为气体分解爆炸。例如，乙炔、乙烯、氯乙烯、环氧乙烷、丙二烯、甲基乙炔、乙烯基乙炔等在一定压力下，不需要与空气、氧气或其他助燃物混合即能发生的爆炸。

乙炔分解爆炸反应：

$$C_2H_2 =\!=\!= 2C + H_2 \quad \Delta H = -226.7 \text{ kJ/mol}$$

乙炔分解爆炸时，终压是初压的11倍左右。压力升高，乙炔易发生分解爆炸，乙炔发生分解爆炸的临界压力为0.137 MPa（表压）。

③ 可燃粉尘爆炸。可燃固体的微细粉尘，在一定浓度、呈悬浮状态分散在空气、氧气或其他助燃气体中时，由着火源作用而引起的爆炸称为可燃粉尘爆炸。实验证明，含有小于0.5 mm的可燃粉尘可能发生爆炸。粒径如减小，则最大爆炸压力和最大压力上升速率都会增大，特别是对后者影响更大。粒径小于0.05 mm对爆炸烈度影响更为明显。

例如，分散在空气中的镁粉、铝粉、硫黄粉、面粉、纤维等粉尘遇火源发生的爆炸。

引起粉尘爆炸灾害的最初粉尘爆炸称为原爆。当原爆的火焰和冲击波向四周传播时，将散落、沉积的粉尘层卷起，又形成粉尘云，并将其点燃，形成猛烈的二次爆炸，甚至多次爆炸。由于其点火源为原爆火焰，能量强得多，冲击波使粉尘云紊流度更高。因此，二次爆炸或多次爆炸猛烈得多，在某些情况下，粉尘爆炸还可能从爆燃发展到更猛烈的爆轰。

粉尘爆炸是可燃粉尘快速燃烧的火焰在未燃粉尘云中传播、快速释放能量，引起压力急骤升高的过程。可能发生粉尘爆炸的物质有：自然界中的有机物质，如谷物、纤维、糖、煤炭、木材等；有机合成物质；金属，如铝、镁、锌等。

有机粉尘爆炸是由于粉尘在助燃气体中受外界火源作用，其粒子表面快速热解、气化形成可燃气体而被点燃并迅速燃烧的结果。有机粉尘爆炸的历程如下：

a）粒子表面受热后表面温度上升被热解。

b）粒子表面的分子发生热分解或干馏，产生气体并分布在粒子周围。

c）气体混合物被点燃产生火焰并传播。

d）火焰产生的热量进一步促进粉尘分解，继续放出气体，燃烧持续下去而发生爆炸。

④ 可燃液体雾滴爆炸。可燃液体雾滴与助燃气体形成爆炸性混合物，遇火源引起的爆炸称为可燃液体雾滴爆炸。

可燃液体由于装备破裂、密封失效、喷射、排空、泄压及泄漏等原因易在空气中形成可燃性雾滴，在火源作用下能引起爆炸。当燃料易于汽化、雾滴直径小于 $10 \sim 30 \ \mu m$ 且环境温度较高时，燃料基本上按气相预混的方式进行燃烧；当燃料汽化性能较差、雾滴直径又较大时，燃烧按边汽化边燃烧的方式，各雾滴之间的火焰传播将连成一片；如果雾滴直径大于 $10 \ \mu m$ 且空气供应比较充足时，在每个雾滴四周会形成各自的火焰前锋，整个燃烧区由许多小火焰组成；当雾滴的粒径在 $600 \sim 1500 \ \mu m$ 之间时，燃烧不能传播。例如，液体雾化、热液闪蒸、气体骤冷等都可能形成液相分散雾滴。

⑤ 可燃气云爆炸。气云爆炸是指由于气体或易挥发液体燃料的大量泄漏，与周围空气混合形成覆盖很大范围的可燃气体混合物，在点火能量作用下而产生的爆炸。与一般的燃烧和爆炸相比，气云爆炸的破坏范围要大得多，所造成的危害程度也要严重得多。

气云爆炸的形成一般要经过以下几个阶段：

a）可燃气体或液体在短时间内大量泄漏、液体蒸发为蒸气。

b）可燃气体或蒸气与周围的空气混合形成可燃混合物并聚积于空间。

c）可燃混合物被点燃。

d）点火后气云中常常只发生低速燃烧并迅速覆盖广泛的区域。

e）形成空间爆炸。

（2）凝聚相爆炸。

凝聚相爆炸又分为液相爆炸和固相爆炸。

液相爆炸包括聚合爆炸、蒸气爆炸、过热液体爆炸、不同危险液体混合物引起的爆炸。例如，液化气体钢瓶、储罐破裂后引起的蒸气爆炸，锅炉的爆炸，可燃液体与氧化性物质如硝酸混合后引起的爆炸等。

固相爆炸包括爆炸性物质的爆炸，固体物质混合后引起的爆炸，电流过流引起的电缆爆炸等。例如，炸药的爆炸，硝酸钾与硫黄、木炭混合物遇火星或撞击引起的爆炸，由于电缆绝缘损坏导致击穿而短路，将故障点附近的中性线熔化、分解产生易爆气体而发生的爆炸等。

（三）火灾与爆炸的危害

火灾与爆炸的主要区别是能量释放的速度不同，发生火灾时能量释放较慢，而爆炸时能量释放则非常快。能量释放的速率对事故的后果影响非常大。例如：容器内的压缩气体缓慢释放时不会出现危险，但是容器突然破裂时，由于内部气体突然释放，则可能会导致爆炸。火灾中释放的能量主要以热能的形式造成危害，而爆炸中释放的能量主要以压缩能和动能造成危害。

火灾与爆炸都会带来生产设施的重大破坏和人员伤亡，但两者的发展过程显著不同。火灾是在起火后火场逐渐蔓延扩大，随着时间的延续，损失数量迅速增长，损失大约与时间的平方成比例，如火灾时间延长1倍，损失可能增加4倍。多数火灾是从小到大，由弱到强，逐步成为大火的。在火灾初期15 min之内，即在火灾的初期阶段，火源面积不大，火焰不高，烟和气体的流速不快，辐射热不强，火势向周围发展的速度比较缓慢，这个阶段是灭火的最好时机，在这种情况下，只需少量的人力和简单的灭火工具就可以将火扑灭。爆炸则是猝不及防，爆炸过程可能在1 s内结束，设备损坏、厂房倒塌、人员伤亡等巨大损失也将在瞬间发生。

爆炸通常伴随发热、发光、压力上升、真空和电离等现象，具有很强的破坏作用。它与爆炸物的数量和性质，爆炸时的条件，以及爆炸位置等因素有关。其主要破坏形式有以下几种。

1. 直接的破坏作用

机械设备、装置、容器等爆炸后产生许多碎片，飞出后会在相当大的范围内造成危害。一般碎片在100~500 m内飞散。

2. 冲击波的破坏作用

物质爆炸时，产生的高温高压气体以极高的速度膨胀，像活塞一样挤压周围空气，把爆炸反应释放出的部分能量传递给被压缩的空气层，空气受冲击而发生扰动，使其压力、密度等产生突变，这种扰动在空气中传播就称为冲击波。冲击波是由于物体的高速运动或爆炸而使空气强烈压缩并以超声速传播的高压脉冲波。冲击波的传播速度极快，在传播过程中，可以对周围环境中的机械设备和建筑物产生破坏作用和使人员伤亡。冲击波还可以在它的作用区域内产生震荡作用，使物体因震荡而松散，甚至破坏。

冲击波的破坏作用主要取决于冲击波超压、动压的大小和持续时间的长短。超压是指冲击波内超过周围大气压的那部分压力，超压对目标的作用像静水压力一样，各向相等，且能绕过目标的正面作用到背面。动压则是指波阵面后伴随的瞬时强力风所产生的冲击压力。动压的形成稍滞后于超压，动压具有方向性，能绕过目标的正面作用到背面，对目标物有明显的冲击抛掷和弯折作用。在爆炸中心附近，空气冲击波阵面上的超压可达几个大气压甚至十几个大气压，在这样高的超压作用下，先使物体向冲击波前进的方向偏斜，随后从四面八方挤压物体，使建筑物被摧毁，机械设备、管道等也会受到严重破坏，使人的内脏损伤。例如，当冲击波大面积作用于建筑物时，波阵面超压在 20～30 kPa 内，就足以使大部分砖木结构建筑物受到强烈破坏；超压在 100 kPa 以上时，除坚固的钢筋混凝土建筑外，其余部分将全部破坏。而冲击波动压，就像暴风一样，将人和物体向冲击波前进的方向推动和抛掷等。例如，可使车辆发生位移、车外零件飞散，甚至车辆被倾翻、建筑物被推倒等。

冲击波遇到障碍物（如墙）时，会压缩空气致使压力比冲击波阵面处或后面的静压力大，压缩空气的压力可达入射压力的 5～6 倍，靠近墙的人员受到冲击波的损害将是致命的，而在露天场合下受的伤害则很小。

3. 造成火灾

爆炸是系统的一种非常迅速的物理或化学的能量释放过程，爆炸发生后，爆炸气体产物的扩散只发生在极其短促的瞬间内，对一般可燃物来说，不足以造成起火燃烧，而且冲击波造成的爆炸风还有灭火作用。但是爆炸时产生的高温高压，建筑物内遗留大量的热或残余火苗，会把从破坏的设备内部不断流出的可燃气体、易燃或可燃液体的蒸气点燃，也可能把其他易燃物点燃引起火灾。

当盛装易燃物的容器、管道发生爆炸时，爆炸抛出的易燃物有可能引起大面积火灾，这种情况在油罐、液化气瓶爆破后最易发生。正在运行的燃烧设备或高温的化工设备被破坏，其灼热的碎片可能飞出，点燃附近储存的燃料或其他可燃物，引起火灾。

4. 造成中毒和环境污染

火灾或爆炸发生后会造成环境污染，包括大气污染、水体污染、土壤污染等。一方面，许多物质不仅是可燃的，而且是有毒的，发生爆炸事故时，会使大量有害物质外泄，造成人员中毒和环境污染。另一方面，燃烧的材料或爆炸后会产生大量的有害气体，根据材料的不同产物会各不相同。这些产物不仅对火场的人员有毒害作用，还会进入大气造成大气污染。例如，一些化工产品如塑料等在燃烧的过程中会释放出一氧化碳、氯化氢、二噁英等气体。氯化氢具有强烈的刺激性，遇潮湿空气形成盐酸烟雾，腐蚀性极强，人体大量吸入会严重灼伤呼吸系统；二噁英则具有强烈的致癌、致畸作用，同时还具有生殖毒性、免疫毒性和内分泌毒性等。另外，发生火灾后消防人员进行火灾扑救时，灭火剂等材料的使用，对环境也会有一定污染。

火灾还会对土壤以及周围的河流造成污染。火灾发生时，会产生含有致癌物质苯并芘的黑烟，这些烟尘落入土壤和河流中，会造成污染，最终进入食物链，危害到食物链中的所有动植物。

二、健康危害

随着人类社会的快速发展和科学技术的进步，化学品种类不断增加。据美国 CAS 数据，截至 2021 年 4 月，在美国 CAS 登记数据库中收录的化学物质总数达到 1.82 亿种，至 2023 年 1 月止，化学物质总数则超过 2.74 亿种。在不足 2 年的时间内，化学物质种类数增加 9200 余万种，而且每天还有数千种化学物质被分配新 CAS 号。伴随着化学品种类的快速增长，化学品的应用越来越广泛，在生产、运输及使用量不断增加的同时，种类繁多的化学品也进入了我们的日常生活，涉及衣食住行方方面面，例如，各种类型的化妆品、洗涤剂、消毒剂、黏合剂、涂料、家用杀虫（驱虫）剂等。因而生活于现代社会的人类都有可能通过不同途径，不同程度地接触到各种化学物质，尤其是化学品作业场所的工人接触化学品的机会将会更多。另外，人类也可以通过各种环境介质如空气、水、土壤等，长期持久地接触化学物质。化学品对健康的影响从轻微的皮疹到一些急性、慢性伤害甚至癌症，危害更严重的是一些引人瞩目的化学灾害性事故。例如：1984 年 12 月 3 日，印度博帕尔镇联合碳化物公司农药厂发生的异氰酸甲酯泄漏事故，使 20 万人受害，2500 人丧生；1991 年，江西上饶地区发生一甲胺泄漏事故，中毒人数达 150 人，死亡 41 人；2003 年 12 月 23 日，重庆市开县（今开州区）发生特大井喷事故，导致 243 人因硫化氢中毒死亡，2142 人因硫化氢中毒住院治疗，65000 人被紧急疏散安置。化学危害给国民经济及人民生命财产带来极其严重的损失，因此了解化学物质对人体危害的基本知识，对于加强化学品管理，防止中毒事故的发生是十分必要的。

（一）毒物的定义

毒物是指在一定条件下，给予小剂量后，可与生物体相互作用，引起生物体功能性或器质性改变，导致暂时性或持久性损害，甚至危及生命的化学物质。

化学物质的有毒或无毒是相对的，并不存在绝对的界限。从理论上讲，几乎所有的化学物质，当它进入生物体内超过一定量时，都能产生不良作用。习惯上，人们把那些较小剂量就能引起生物体损害的化学物质叫作毒物。毒物来源主要有工业毒物、环境污染物、药物、植物毒素、动物毒素、其他生物毒素、军用毒剂。

1. 工业毒物

工业毒物（生产性毒物）是指在生产过程中产生的，存在于工作环境空气中的毒物，主要来源于工业生产中的原料、辅料、中间体、成品、副产品、杂质和废弃物等，有时也来自热分解产物及反应产物，如聚氯乙烯塑料加热至160～179 ℃时可分解产生氯化氢，磷化铝遇湿能分解生成磷化氢等。

2. 环境污染物

（1）工业"三废"。

（2）生活性污染物。例如：家庭装修和家具用料中的甲醛、苯系物（苯、甲苯、二甲苯）及其他挥发性有机化合物等；食品被污染，或含有不合格的添加剂、防腐剂或色素等。

（3）农药。例如：各种农药对环境的污染及其在食品中的残留或误服。

3. 药物

常见药物可发生中毒及不良反应；药物滥用，包括吸食酒精、海洛因、吗啡、苯丙胺等。

4. 植物毒素

植物毒素是指存在于天然植物中对人或动物有害的化学物质。例如：蓖麻毒素，土豆芽中的龙葵毒素，毒蘑菇中的鹅膏肽类毒素（毒肽、毒伞肽)、鹅膏毒蝇碱、光盖伞素、鹿花毒素、奥来毒素等。

5. 动物毒素

动物毒素是指动物所产生或具有的有毒物质。例如:蛇毒、斑蝥毒、蜂毒等动物毒腺分泌的毒液,或动物本身、脏器有毒,如河豚、格陵兰鲨。

6. 其他生物毒素

其他生物毒素有细菌毒素、真菌毒素等。

7. 军用毒剂

军用毒剂是指用作化学武器的化学物质,包括以下5种。

1)神经性毒剂

神经性毒剂是指主要用于破坏神经系统功能的毒剂。例如,沙林、梭曼和维埃克斯等。

2)糜烂性毒剂

糜烂性毒剂是指主要破坏机体细胞,以皮肤糜烂为主要伤害特征的毒剂。例如,芥子气、路易氏气和氮芥气。

3)全身中毒性毒剂

全身中毒性毒剂是指主要破坏血液细胞氧化功能,使人缺氧的毒剂。例如,氢氰酸、氯化氰等。

4)窒息性毒剂

窒息性毒剂是指主要损伤肺组织,从而使人呼吸困难的毒剂。例如,光气、双光气、氯气、氯化苦等。

5)失能性毒剂

失能性毒剂是指使人员产生思维和躯体功能障碍,并暂时失去正常活动能力的毒剂。例如,毕兹、麦角酰二乙胺等。

(二)毒物的形态和分类

化学毒物可以固态、液态、气态或气溶胶的形式存于环境中。由于毒物的化学性质各不相同,因此分类方法很多。以下介绍几种常用的分类。

1. 按物理形态分类

在生产环境中,随着加工或反应等不同过程,造成污染的毒物形态主要有以下5种。

1）气体

气体是指在常温常压下呈气态的物质。例如，一氧化碳、氯气、氨气、二氧化硫等。

2）蒸气

蒸气是指液体蒸发、固体升华而形成的气体。例如，苯、异氰酸甲酯等液体化学品挥发形成的蒸气，碘升华、熔磷时形成的碘蒸气、磷蒸气等。

3）烟

烟又称烟尘或烟气，为悬浮在空气中的固体微粒，其直径一般小于$0.1~\mu m$。例如，金属熔融时产生的蒸气在空气中迅速冷凝、氧化可形成烟；有机物加热或燃烧时，也可形成烟，如塑料、橡胶热加工时产生的烟；金属冶炼时也可产生烟，如炼钢、炼铁时产生的烟尘。

4）雾

雾是指悬浮于空气中的液体微粒，多为蒸气冷凝或液体喷射所形成。例如，铬电镀时产生的铬酸雾，喷漆作业时产生的漆雾等。

5）粉尘

粉尘是指悬浮于空气中的固体微粒，其直径一般为$0.1\sim10~\mu m$。固体物质的机械加工、粉碎、研磨，粉状物质在混合、筛分、包装时均可引起粉尘飞扬。飘浮在空气中的粉尘、烟和雾，统称为气溶胶。例如，制造铅丹颜料时产生的铅尘，水泥、耐火材料加工过程中产生的粉尘等。

2. 按化学类别分类

1）无机毒物

无机毒物主要包括金属与金属盐、酸、碱及其他无机化合物。

2）有机毒物

有机毒物主要包括脂肪族碳氢化合物、芳香族碳氢化合物及其他有机物。随着化学合成工业的快速发展，有机化合物的种类日益增多，因此有机毒物的数量也随之增加。

3. 按毒作用性质分类

按毒物对机体产生的毒作用结合其临床特点大致可分为以下9类。

1）刺激性毒物

刺激性毒物是指对眼、皮肤和呼吸道黏膜具有刺激作用，引起机体以急性炎症、肺水肿为主要病理改变的一类气态物质，或者可以通过蒸发、升华或挥发后形成蒸气或气体的液体或固体物质。其引发的症状通常表现有流泪、畏光、结膜充血、喷嚏、流涕、咳嗽、咽痛、咽部充血、皮肤有烧灼感、中毒性肺水肿等。刺激性毒物是化学工业常遇到的毒物，种类甚多，最常见的有氯、氨、氮氧化物、光气、氟化氢、二氧化硫、三氧化硫和硫酸二甲酯等。

2）腐蚀性毒物

皮肤、眼睛接触该类毒物，能导致皮肤坏死、眼睛组织损害或视力下降。典型的皮肤腐蚀反应具有溃疡、出血、血痂。盐酸、硫酸、硝酸、氢氧化钠、氢氧化钾等均属此类毒物。

3）窒息性毒物

窒息性毒物是指被机体吸入其气体或蒸气后，可使氧的供给、摄取、运输和利用发生障碍，使全身组织细胞得不到或不能利用氧，而导致组织细胞缺氧窒息的一类毒物的总称。例如，氮气、甲烷、乙烷、乙烯、一氧化碳、硝基苯的蒸气、氰化氢、硫化氢等。

4）麻醉性毒物

大多数有机溶剂蒸气和烃类对人体具有麻醉作用，机体过量摄入（通过呼吸道或皮肤）后，表现为神志恍惚，有时呈兴奋或酒醉感，严重时进入嗜睡状态或昏迷。常见的麻醉性毒物有醇类、醚类、苯、汽油、丙酮、氯仿等。

5）溶血性毒物

溶血是指红细胞膜因物理因素、化学因素、生物因素等因素受损破裂，致使血红蛋白从红细胞流出的现象。砷化氢是最常见最强烈的溶血性毒物，它引起的溶血是急性中毒早期死亡的主要原因。

6）致敏性毒物

这类毒物吸入后会引起呼吸道过敏反应，或者皮肤接触后引起过敏反应。例如，苯胺、丙烯酸甲酯、铬酸钾等对皮肤有致敏作用，接触后可导致过敏性接触性皮炎；过硫酸铵、过硫酸钾、甲苯 - 2，4 - 二异氰酸酯（TDI）对皮肤、呼吸道均有致敏作用，吸入后可导致哮喘、鼻炎、结膜炎、肺泡炎等。

7）致癌性毒物

该类毒物能诱发癌症或增加癌症发病率。例如，苯、甲醛、氯乙烯、联苯胺均为确认致癌物。

8）生殖细胞致突变性毒物

该类毒物可引起人体生殖细胞中遗传物质的数量或结构发生永久性改变并能遗传给后代。例如，苯、1，3－丁二烯、铬酸钾、铬酸钠、1，2－环氧丙烷、环氧乙烷、2－硝基甲苯、重铬酸钾、重铬酸钠等。

9）生殖毒性毒物

该类毒物能对成年男性或女性的性功能和生育力造成影响，以及造成正在发育的子代死亡、结构畸形、生长不良、功能缺陷等。例如，碘酸铅、二氧化铅、氟化铅、氟硼酸铅、高氯酸铅、氢氧化锂、一氧化碳等。

4. 按损害的器官或系统分类

1）神经毒物

许多毒物可选择性损害神经系统，尤其是中枢神经系统对毒物更为敏感，以中枢和周围神经系统为主要毒作用靶器官或靶器官之一的化学物质统称为神经毒物。生产环境中的常见神经性毒物有金属、类金属及其化合物、窒息性气体、有机溶剂和农药等。例如，铅、汞、锰、一氧化碳、正己烷、有机磷农药。

2）血液毒物

血液毒物是指选择性地损害血液或造血组织，或者以血液或造血系统为主要靶器官的化学毒物。例如，一氧化碳、苯、砷化氢、苯的氨基化合物、苯的硝基化合物及亚硝酸盐等。

3）肝脏毒物

肝脏毒物是指以肝脏为主要靶器官引起健康损害的化学毒物。肝脏是人体主要的解毒器官，能够将血液中的有害物质代谢成无毒的或者毒性小的、溶解度大的物质，随着胆汁及尿液排出体外。肝脏毒物有：卤代烃类化合物，如四氯化碳、氯乙烯；某些金属和类金属，如磷、砷、硒、锑等；硝基化合物，如三硝基甲苯等。

4）肾脏毒物

肾脏毒物是指以肾脏为主要靶器官引起健康损害的化学毒物。肾脏是主要的毒物排泄器官，而且在肾脏毒物及其代谢产物得到浓缩，易对肾小管、肾小球等造成损害，产生肾毒性，出现蛋白尿、尿酶增高、少尿、无尿乃至肾功能衰竭。常致肾脏损害的毒物有：重金属，如铅、汞、镉；氯代烃化合物，如四氯甲烷；环氧丙烷；镉盐及镍盐等；氯化高汞，是典型的肾脏毒物，可引起急性肾功能衰竭。

5）全身中毒性毒物

全身毒性是指毒物被机体吸收并分布至靶器官或全身后所产生的损害作用。全身中毒性毒物经呼吸道吸入后，破坏细胞对氧的利用，造成组织缺氧，导致出现一系列全身中毒症状。主要代表毒物有氢氰酸和氯化氰。

有的毒物主要具有一种作用，有的具有多种或全身性的作用。

（三）毒物进入人体的途径

毒物可经呼吸道、消化道和皮肤进入体内。在工业生产中，毒物进入人体的主要途径是呼吸道，其次是皮肤，单纯从消化道吸收而引起中毒的情况比较少见。

1. 呼吸道

呼吸道是工业生产中毒物进入体内的最重要途径。凡是以气体、蒸气、雾、烟、粉尘形式存在的毒物，均可经呼吸道侵入体内。人的肺脏由亿万个肺泡组成，肺泡壁很薄，扩散面积大（50～100 m²），壁上有丰富的毛细血管，供血丰富，毒物一旦经呼吸道吸收进入肺脏，很快就会通过肺泡壁进入血液循环而未经肝脏的生物转化解毒过程被运送到全身，故其毒作用发生较快。通过呼吸道吸收最重要的影响因素是其在空气中的浓度或分压，浓度越高，毒物在呼吸道内外的分压差越大，进入机体的速度就越快。其次，与毒物的分子量和其血/气分配系数有关，分配系数越大，越容易吸收。例如，甲醇和二硫化碳的血/气分配系数分别为1700和5，故甲醇远比二硫化碳易被吸收。气态毒物进入呼吸道的深度取决于其水溶性，水溶性较大的毒物如氨气，在上呼吸道即可引发刺激症状，除非浓度较高，一般不易达到肺泡；水溶性较小的毒物如氮氧化物，对上呼吸道和咽黏膜的作用小，但其到达呼吸道深部后，可缓慢地溶解于肺泡表面的液体及含水蒸气的肺泡气中，逐渐与水反应，形成硝酸与亚硝酸，对肺组织细胞产生剧烈的刺激与腐蚀作用，使肺毛细血管通透性增加，导致急性肺水肿。亚硝酸与血红蛋白结合可形成高铁血红蛋白，引起组织缺氧。一氧化氮也可引起高铁血红蛋白血症。此外，劳动强度、肺通量与肺血流量以及生产环境的气象条件等因素也可影响毒物在呼吸道中的吸收。

气溶胶（悬浮在空气中的烟、雾和粉尘）形态的毒物在呼吸道的吸收情况较为复杂，受气道的结构特点，粒子的形状、分散度、溶解度，以及呼吸系统的清除功能等多种因素的影响。气溶胶形态中雾的吸收主要受浓度和脂溶性的影响。烟和粉尘等颗粒的吸收与其沉积部位、在肺内的储留率和时间密切相关。沉积在呼吸道表面的颗粒，或能溶解于黏液被吸收，或能被纤毛运动清除，最后被喷嚏、咳嗽等排出，或至咽喉被咽下。到达肺泡的颗粒物可以被吸收并进入血液，也可以通过物理渗透压差抽吸过程，或通过肺泡巨噬细胞吞噬后经黏液－纤毛系统或淋巴系统清除。

2. 皮肤

尽管皮肤是外源性化学物侵入机体的天然屏障，但在工业生产中，毒物经皮吸收引起中毒也比较常见。化学物质通过皮肤吸收需要穿透角质层，通过表皮深层和真皮层，最后透过毛细血管壁进入血液。例如，芳香族氨基和硝基化合物、有机磷酸酯类化合物、氨基甲酸酯类化合物、金属有机化合物（四乙铅）等，可通过完整皮肤吸收进入血液而引起中毒。毒物主要通过表皮细胞，也可通过皮肤的附属器，如毛囊、皮脂腺或汗腺进入真皮而被吸收进入血液。但皮肤附属器所占体表面积非常小，为 0.1% ~ 0.2%，只能吸收少量毒物，故实际意义不大。经皮吸收的毒物也未经肝脏的生物转化解毒过程即直接进入血液循环被运送到全身。

毒物经皮吸收时，首先是毒物穿透皮肤角质层，然后由角质层进入真皮而被吸收进入血液。毒物穿透角质层的能力与其分子量的大小、脂溶性和角质层的厚度有关，分子量大于 300 的物质一般不易透过角质层。角质层下的颗粒层为多层膜状结构，且胞膜富含固醇磷脂，脂溶性物质易透过此层，但水溶性物质难以进入。毒物到达真皮后，如不同时具有一定的水溶性，也很难进入真皮的毛细血管，故经皮易吸收的毒物必须既具有脂溶性又具有一定的水溶性。脂/水分配系数接近于 1 的物质容易经过皮肤吸收。

某些经皮难以吸收的毒物，如汞蒸气在浓度较高时也可经皮吸收。皮肤有病损或遭腐蚀性毒物损伤时，原本难经完整皮肤吸收的毒物也能进入。接触皮肤的部位和面积，毒物的浓度和黏稠度，生产环境的温度和湿度等均可影响毒物经皮吸收。

3. 消化道

在工业生产中，除误服、误食外，毒物经消化道吸收多半是由于个人卫生习惯不良，手沾染的毒物随进食、饮水或吸烟等而进入消化道。进入呼吸道的难溶性毒物被支气管和气管上皮的纤毛运动逆向清除，然后可经由咽部被吞咽而进入消化道。

（四）毒物在体内的过程

1. 分布

毒物被吸收后，随血液循环分布到全身。毒物在体内的分布主要取决于其进入细胞的能力及与组织的亲和力。大多数毒物在体内呈不均匀分布，同一种毒物在不同的组织器官中分布量有多有少。有些毒物相对集中于某组织器官中，我们称这个组织器官为靶器官。例如：氟集中于骨骼中，一氧化碳集中于红细胞中，苯多分布于骨髓及类脂质中。在组织器官内相对集中的毒物随时间推移而呈动态变化。最初，常分布于血流量较大的组织器官，随后则逐渐转移至血液循环较差、组织亲和力较大的部位，当在作用点达到一定浓度时，就可发生中毒。

2. 生物转化

进入机体的毒物，有的直接作用于靶部位产生毒效应，并可以原形排出，但多数毒物吸收后需经生物转化。毒物进入机体后在机体的各种酶的作用下，其化学结构发生一系列改变，形成其衍生物以及分解产物的过程称为生物转化，亦称代谢转化。形成的代谢产物毒性降低，则这个生物转化过程是代谢解毒（解毒作用）；反之，则是代谢产物毒性增强（增毒作用）。有的化学物质无毒，进入体内经过代谢后其产物有毒，这样的生物转化过程属于代谢活化。

生物转化主要包括氧化、还原、水解和结合（或合成）4 类反应。毒物经生物转化后，亲脂物质最终变为更具极性和水溶性的物质，有利于经尿或胆汁排出体外；同时，也使其透过生物膜进入细胞的能力以及与组织的亲和力减弱，从而降低或消除其毒性。但是，也有不少毒物经生物转化后其毒性反而增强，或由无毒转变为有毒。许多致癌物如芳香胺、苯并（a）芘等，均是经代谢转化而被活化。

3. 排出

毒物在体内可经转化后或不经转化而排出。毒物可经肾、呼吸道及消化道排出，其中经肾随尿排出是最主要的途径。排出的速率对其毒效应有较大影响，排出缓慢的，其潜在的毒效应相对较大。尿液中毒物浓度与血液中的浓度密切相关，常测定尿中毒物及其代谢物，以监测和诊断毒物吸收和中毒。

（1）肾脏：是排泄毒物及其代谢物最有效的器官，也是最重要的排泄途径。许多毒物均经肾脏排出，其排出速度除受肾小球滤过率、肾小管分泌及重吸收作用的影响外，还取决于毒物或其代谢物的分子量、脂溶性、极性和离子化程度。

（2）呼吸道：气态毒物可以原形经呼吸道排出，如乙醚、苯蒸气等。排出的方式为被动扩散，排出的速率主要取决于肺泡呼吸膜内外气态毒物的分压差，通气量也影响其排出速度。

（3）消化道：肝脏是毒物排泄的重要器官，尤其对经胃肠道吸收的毒物更为重要。肝脏是许多毒物的生物转化器官，其代谢产物可直接排入胆汁随粪便排出。有些毒物如铅、锰等，可由肝细胞分泌，经胆汁随粪便排出。有些毒物经胆汁排入肠道后可被再吸收，形成肠肝循环。

（4）其他途径：如汞可经唾液腺排出；铅、锰、苯等可经乳腺排入乳汁；有的还可通过胎盘屏障进入胎儿体内，如铅等。头发和指甲虽不是排泄器官，但有的毒物如铅、砷等可富集于此，而排出体外。毒物在排出时可损害排出器官和组织，如镉可引起肾近曲小管损害，汞可产生口腔炎。

4. 蓄积

进入机体的毒物或其代谢产物在接触间隔期内，如未能完全排出而逐渐在体内积累的现象称为毒物的蓄积。蓄积作用是引起慢性中毒的物质基础。当毒物的蓄积部位与其靶器官一致时，则易发生慢性中毒。例如，有机汞化合物蓄积于脑组织，可引起中枢神经系统损害。当毒物的蓄积部位并非其靶器官时，则称为该毒物的"储存库"，如铅蓄积于骨骼内。储存库内的毒物处于相对无活性状态，在急性毒作用期对毒性危害起缓冲作用；但在某些条件下，如感染、服用酸性药物等，体内平衡状态被打破时，储存库内的毒物可释放入血液，有可能诱发或加重毒性反应，如慢性中毒的急性发作。

有些毒物因其代谢迅速，停止接触后，体内含量很快降低，难以检出；但反复接触因损害效应的累积，仍可引起慢性中毒。例如：反复接触低浓度有机磷农药，由于每次接触所致的胆碱酯酶活力轻微抑制的叠加作用，最终引起酶活性明显抑制，而呈现功能蓄积。

（五）影响毒物对机体毒作用的因素

1. 毒物的化学结构

毒物的化学结构是决定毒性和效应的重要物质基础。物质的化学结构不仅直接决定其理化性质，也决定其参与各种化学反应的能力。如结构中具有活性基团，能与生物体内重要的活性物质酶、受体、DNA 等的分子，发生作用而扰乱其功能时，就表现出毒物的特异作用。而另一些毒物虽其化学结构不同，却表现出某些共有的作用，如脂肪族烃类、醇类、醚类，高浓度均有麻醉作用，脂肪族直链饱和烃类化合物的麻醉作用，在 3~8 个碳原子范围内随碳原子数增加而增强，氯代饱和烷烃的肝脏毒性随氯原子取代个数的增加而增大等，此作用常由毒物的整个分子所引起，统称为非电解质作用或物理毒性。据此，可大致推测某些新化学物的毒性和毒作用特点。

毒物的理化性质对其进入途径和体内过程有重要影响。分散度高的毒物，易经呼吸道进入，化学活性也大，如锰的烟尘毒性大于锰的粉尘毒性。挥发性高的毒物，在空气中蒸气浓度高，吸入中毒的危险性大；

一些毒物绝对毒性虽大，但其挥发性很小，其在现场吸入中毒的危险性并不高。毒物的溶解度也和其毒作用特点有关，氧化铅较硫化铅易溶解于血清，故其毒性大于后者；苯的脂溶性强，进入体内主要分布于含类脂质较多的骨髓及脑组织，因此对造血系统、神经系统毒性较大。刺激性气体因其水溶性差异，对呼吸道的作用部位和速度也不尽相同。

2. 剂量、浓度和接触时间

不论毒物的毒性大小如何，都必须在体内达到一定量才会引起中毒。空气中毒物浓度高，接触时间长，若防护措施不力，则吸收进入体内的量大，容易发生中毒。因此，降低空气中毒物的浓度，缩短接触时间，减少毒物进入体内的量，是预防职业中毒的重要措施。

3. 联合作用

两种或两种以上毒物同时或先后作用于机体所产生的毒作用称为联合作用。其按照作用性质可以分为独立作用、相加作用、协同作用、拮抗作用、加强作用五类。

（1）独立作用。两种或两种以上毒物同时或先后作用于机体所产生的毒作用互不影响，彼此独立。

（2）相加作用。两种或两种以上毒物同时或先后作用于机体所产生的毒作用相当于各个化学物质单独所致效应的算术总和。

（3）协同作用。两种或两种以上毒物同时或先后作用于机体所产生的毒作用大于各个化学物质单独对机体的毒性效应总和。

（4）拮抗作用。两种或两种以上毒物同时或先后作用于机体所产生的毒作用低于各个化学物质单独对机体的毒性效应总和。

（5）加强作用。指一种化学物质对某器官或系统无毒性或毒性较低，但与另一种化学物质同时或先后暴露时使其毒性效应增强。

毒物与存在于生产环境中的各种因素，可同时或先后共同作用于人体，其毒效应可表现为独立作用、相加作用、协同作用、拮抗作用和加强作用。特别应注意，毒物和其他有害因素的相加作用和协同作用，以及生产性毒物与生活性毒物的联合作用。环境中的温度、湿度可影响毒物的毒作用。在高温环境下毒物的毒作用一般较常温大。高温环境使毒物的挥发性增加，机体呼吸、循环加快，出汗增多等，均可促进毒物的吸收。体力劳动强度大时，毒物吸收多，机体耗氧量也增多，对毒物更为敏感。

4. 个体易感性

人体对毒物毒作用的敏感性存在着较大个体差异，即使在同一接触条件下，不同个体所出现的反应也可相差很大。造成这种差异的个体因素很多，如年龄、性别、健康状况、生理状况、营养、内分泌功能、免疫状态及个体遗传特征等。研究表明，产生个体易感性差异的决定因素是遗传特征。例如：葡萄糖－6－磷酸脱氢酶缺陷者，对溶血性毒物较为敏感，易发生溶血性贫血；不同 ALAD 基因型者对铅毒作用的敏感性也有明显差异，携带 ALAD2 基因型者较 ALAD1 基因型者更易发生铅中毒。

（六）对人体的危害

毒物对人体的危害有引起刺激、过敏、缺氧、昏迷和麻醉、全身中毒、致癌、致畸、致突变、尘肺等。

1. 刺激

人体接触毒物后，一般受刺激的部位为皮肤、眼睛和呼吸系统。酸、碱可致皮肤烧伤，吸入强酸、强碱气雾也可致呼吸道烧伤。

1）皮肤

当某些化学品与皮肤接触时，化学品可使皮肤瘙痒、刺痛、发红、出现疱疹，继而引起皮肤脱屑、干燥、皲裂，这种情况称作接触性皮炎。许多化学品还能引起过敏性皮炎。

2）眼睛

眼部接触毒物导致的伤害轻至轻微的、暂时性的不适，重至永久性的伤残，伤害严重程度取决于中毒的剂量，以及采取急救措施的快慢。

3）呼吸系统

上呼吸道（鼻和咽喉）接触雾状、气态、蒸气化学刺激物后，会产生火辣感觉，这一般是由可溶物引起的，如氨水、甲醛、二氧化硫、酸、碱，它们易被鼻咽部湿润的表面所吸收。操作这类化学品时要做好防护，避免吸入该类蒸气。

一些刺激物对气管的刺激可引起气管炎，甚至严重损害气管和肺组织，如二氧化硫、氯气、光气、氨等。一些化学物质和肺组织接触后会立即或几小时后引起肺水肿。这种症状由强烈的刺激开始，随后会出现咳嗽、咳泡沫状血性痰、呼吸困难（气短）、缺氧紫绀。例如，二氧化氮、臭氧及光气等。

2. 过敏

接触某些化学品可引起过敏，开始接触时可能不会出现过敏症状，然而长时间的暴露会引起身体的反应。即便是接触低浓度化学物质也会产生过敏反应，过敏反应的强度与接触剂量不存在线性关系。皮肤和呼吸系统可能会受到过敏反应的影响。

1）皮肤

皮肤过敏是一种看似皮炎（皮疹或水疱）的症状，这种症状不一定在接触的部位出现，而可能在身体的其他部位出现。引起这种症状的化学品有环氧树脂、胺类硬化剂、偶氮染料、煤焦油衍生物和铬酸。

2）呼吸系统

呼吸系统对化学物质的过敏可引起职业性哮喘，这种症状的反应常包括咳嗽，特别是在夜间，表现出呼吸困难，如气喘和呼吸短促。引起这种反应的化学品有甲苯、福尔马林。

3. 缺氧（窒息）

窒息涉及对身体组织氧化作用的干扰，这种症状分为三种：单纯窒息、血液窒息和细胞内窒息。

1）单纯窒息

这种情况是由于周围氧气被惰性气体所代替，如氮气、二氧化碳、乙烷、氢气或氦气，而使氧气量不足以维持生命的继续。一般情况下，空气中氧含量约为21%。如果空气中氧含量降到17%以下，机体组织的供氧不足，就会引起头晕、恶心、软弱无力等症状。这种情况一般发生在空间有限的工作场所，缺氧严重时导致昏迷，甚至死亡。

2）血液窒息

这种情况是由于化学物质直接影响血液传送氧的能力，典型的血液窒息性物质就是一氧化碳。空气中一氧化碳含量达到0.05%时就会导致血液携氧能力严重下降。

3）细胞内窒息

这种情况是由于化学物质直接影响机体组织细胞利用氧的能力，如氰化氢、硫化氢这些物质影响细胞利用氧的能力，尽管血液中含氧充足。

4. 昏迷和麻醉

接触某些高浓度的化学品，如乙醇、丙醇、丙酮、丁酮、乙炔、汽油、乙醚、异丙醚会导致中枢神经抑制。这些化学品有类似醉酒的作用，一次大量接触可导致昏迷甚至死亡。

5. 全身中毒

人体是由许多系统组成的，全身中毒是指化学物质引起的对一个或多个系统产生有害影响并扩展到全身的现象，这种作用不局限于身体的某一点或某一区域。

肝脏的作用就是净化血液中的有毒物质并在排泄前将它们转化成无害的和水溶性的物质。然而有一些物质对肝脏是有害的，根据接触的剂量和频率，反复损害肝脏组织可能造成伤害引起病变（肝硬化）和降低肝脏的功能，如溶剂酒精、四氯化碳、三氯乙烯、氯仿，也可能被误认为病毒性肝炎，因为这些化学物质引起肝损伤的症状（黄疸、转氨酶升高）类似于病毒性肝炎。

肾是泌尿系统的一部分，它的作用是排除由身体新陈代谢产生的废物，维持水、盐平衡，并控制和维持血液中的酸度。泌尿系统各部位都可能受到有毒物质损害，如慢性铍中毒常伴有尿路结石，杀虫脒中毒可出现出血性膀胱炎等，但常见的还是肾损害。不少生产性毒物对肾有毒性，尤以重金属和卤代烃最为突出，如汞、铅、铊、镉、四氯化碳、氯仿、六氟丙烯、二氯乙烷、溴甲烷、溴乙烷、碘乙烷等。

神经系统控制机体的活动功能，它也能被一定的化学物质所损害。长期接触一些有机溶剂会引起疲劳、失眠、头痛、恶心，更严重的将导致运动神经障碍、瘫痪、感觉神经障碍；神经末梢不起作用（外周神经类）与接触己烷、锰和铅有关，导致腕垂病；接触有机磷酸酯类化合物（如对硫磷）可能导致神经系统失去功能；接触二硫化碳可引起精神紊乱（精神病）。

接触一定的化学物质可能对生殖系统产生影响，导致男性不育、怀孕妇女流产，如二溴化乙烯、苯、氯丁二烯、铅、有机溶剂和二硫化碳等化学物质与男性不育有关，流产与接触麻醉性气体、戊二醛、氯丁二烯、铅、有机溶剂、二硫化碳和氯乙烯等化学物质有关。

6. 致癌

长期接触一定的化学物质可能引起细胞的无节制生长，形成恶性肿瘤。这些肿瘤可能在第一次接触这些物质以后许多年才表现出来，这一时期被称为潜伏期，一般为 4～40 年。造成职业肿瘤的部位是变化多样的，不局限于接触区域，如砷、石棉、铬、镍等物质可能导致肺癌，鼻腔癌和鼻窦癌是由铬、镍、木材、皮革粉尘等引起的，膀胱癌与接触联苯胺、β-萘胺、皮革粉尘等有关，皮肤癌与接触砷、煤焦油和石油产品等有关，接触氯乙烯单体可引起肝血管肉瘤，接触苯可引起再生障碍性贫血和白血病。

7. 致畸

接触化学物质可能对未出生胎儿造成危害，干扰胎儿的正常发育。在孕期的前三个月，胎儿的脑、心脏、胳膊和腿等重要器官正在发育，一些研究表明化学物质（如麻醉性气体、水银和有机溶剂）可能会干扰正常的细胞分裂过程，从而导致胎儿畸形。

8. 致突变

某些化学品对人体遗传物质的影响可能导致基因突变，体细胞的基因突变是致癌的基础，性细胞（精子和卵子）的基因突变可以致畸。

9. 尘肺

尘肺是由于在肺的换气区域发生了小尘粒的沉积以及肺组织对这些沉积物的反应，很难在早期发现肺的变化，当 X 射线检查发现这些变化时病情已经较重。尘肺病患者肺的换气功能下降，在紧张活动时将发生呼吸短促症状，这种作用是不可逆的。能引起尘肺病的物质有石英粉尘、石棉、滑石粉、煤尘、电焊尘和铍等。

化学毒物引起的中毒往往是多器官、多系统的损害。如常见毒物铅可引起神经系统、消化系统、造血系统及肾脏损害，三硝基甲苯中毒可出现白内障、中毒性肝病、贫血、高铁血红蛋白血症等。同一种毒物引起的急性和慢性中毒，其损害的器官及表现也有很大差别。例如，苯急性中毒主要表现为对中枢神经系统的麻醉作用，而慢性中毒主要为造血系统的损害。这在有毒化学品对机体的危害作用中是一种很常见的现象。此外，有毒化学品对机体的危害，尚取决于一系列因素和条件，如毒物本身的特性（化学结构、理化特性），毒物的剂量、浓度和作用时间，毒物的联合作用，个体的敏感性等。总之，机体与有毒化学品之间的相互作用是一个复杂的过程，中毒后的表现千变万化。

三、环境危害

进入环境的有害化学物质对人体健康和环境造成了严重危害或潜在危害。例如：冷冻与空调设备释放出的氯氟烃气体造成大气平流层的臭氧层破坏，引起地球表面紫外线辐射增强，使人的皮肤癌发病率上升。燃煤发电厂等排放的二氧化硫引起的酸雨导致河流湖泊酸化，影响鱼类繁殖甚至种群消失；土壤酸度增高可使细菌种类减少，肥力减退，影响作物生长；酸雨还使土壤中锰、铜、铅、镉和锌等重金属转化为可溶性化合物，转移进入江河湖泊引起水质污染。

有毒有害化学品进入环境后，能通过环境蓄积、生物蓄积、生物转化或化学反应等方式损害人类和生存环境，或者通过接触，对人体、环境造成严重危害和具有潜在危害。随着化学工业的发展，各种化学品的产量大幅度增加，新化学品也不断涌现。人们在充分利用化学品的同时，也产生了大量的化学废物，其中不乏有毒有害物质。由于各种原因的排放、泄放，对人类的生存环境带来了很大影响，化学品污染已成为影响环境质量的一个比较严重的问题。如何认识化学品的污染危害，最大限度地降低化学品的污染，加强环境保护力度，已是人们急待解决的重大问题。

（一）化学品进入环境的途径

化学品进入环境的途径主要有4种。

（1）事故排放。在生产、储存和运输过程中由于着火、爆炸、泄漏等突发性化学事故，致使大量有害化学品外泄进入环境。

（2）生产废物排放。在生产、加工、储存过程中，以废水、废气、废渣等形式排放进入环境。

（3）人为施用直接进入环境。如农药、化肥的施用等。

（4）人类活动中废弃物的排放。在石油、煤炭等燃料燃烧过程中以及家庭装修等日常生活使用中直接排入或者使用后作为废弃物进入环境。

（二）化学品对环境的危害

1. 对大气的危害

大气污染物对人类的威胁比较大，影响范围较大的主要是粉尘和有害气体。其中，有害气体主要包括二氧化硫、一氧化碳和二氧化氮。细小的粉尘可进入肺细胞而沉积，并可通过血液送往全身。粉尘粒子表面还会携带有毒物质进入人体，使人患慢性气管炎、肺气肿、肺癌等。二氧化硫被氧化后往往与水汽结合变成硫酸酸雾，具有极强的腐蚀性。工业和汽车排放的一氧化碳是无色无味的剧毒气体，数量大、累积性强，而且其排出的氮氧化物和碳氢化合物经太阳紫外线照射后会生成有毒的光化学烟雾，可以让人眼睛红肿、呼吸困难，植物枯死，橡胶品失去弹性。

有毒有害危险化学品对大气的污染主要有以下四方面不良后果。

1）破坏臭氧层

全氯氟烃（CFCs）、氢氯氟烃（HCFCs）、四氯化碳等物质进入大气会破坏平流层中的臭氧。臭氧可以减少太阳紫外线对地表的辐射，臭氧减少导致地面接收的紫外线辐射量增加，从而导致皮肤癌的发病率大量增加。

2）导致温室效应

大气层中的某些微量组分能使太阳的短波辐射透过而加热地面，地面增温后所放出的热辐射都被这些组分吸收，使大气增温，这种现象即温室效应。这些大气中的微量组分被称为温室气体。主要的温室气体有二氧化碳（CO_2）、甲烷（CH_4）、氧化亚氮（N_2O）、氢氟碳化合物（HFCs）、全氟碳化合物（PFCs）、六氟化硫（SF_6）等，其中二氧化碳是造成全球变暖的主要因素。

3）引起酸雨

由于硫氧化物（主要为二氧化硫）和氮氧化物的大量排放，在空气中遇水蒸气形成酸雨，对动物、植物、人类等均会造成严重影响。

4）形成光化学烟雾

光化学烟雾主要有伦敦型烟雾和洛杉矶型烟雾两类。

（1）伦敦型烟雾。1952 年 12 月 4—9 日，英国的伦敦市上空受稳定的高气压所控制，大量工厂生产和居民燃煤取暖排出的废气难以扩散，积聚在城市上空。伦敦城被黑暗的迷雾所笼罩，马路上几乎没有车，人们小心翼翼地沿着人行道摸索前进。大街上的电灯在烟雾中若明若暗，犹如黑暗中的点点星光。直至 12 月 10 日，强劲的西风才吹散了笼罩在伦敦上空的恐怖烟雾。

当时，伦敦空气中的污染物浓度持续上升，许多人出现胸闷、窒息等不适感，发病率和死亡率急剧增加。据英国官方的统计，12 月 5—8 日英国几乎全境为浓雾覆盖，4 天中死亡人数较常年同期约多 4000 人，45 岁以上的死亡人数最多，约为平时的 3 倍；1 岁以下的死亡人数约为平时的 2 倍。事件发生的一周中因支气管炎死亡的人数是事件前一周同类人数的 93 倍。在大雾过去之后的两个月内有 8000 多人相继死亡。此次事件被称为伦敦烟雾事件。

伦敦烟雾事件发生的内因就是大气污染物的大量积累。当时，煤是英国的主要能源，工厂使用煤作为原料或燃料，而且事发时正处冬季，伦敦居民基本上是用烟煤来进行取暖的。烟煤中硫的含量较高，燃烧时向空中排放大量的粉尘、二氧化硫等空气污染物。其中，二氧化硫与空气中的水汽以细小的粉尘为中心不断聚积，在空气中形成亚硫酸酸性浓雾，人们大量吸入这样的烟雾最终导致不适、中毒甚至死亡。

大气中未燃烧的煤尘、二氧化硫与空气中的水蒸气混合并发生化学反应所形成的烟雾，称为伦敦型烟雾，也称为硫酸烟雾。

（2）洛杉矶型烟雾。美国洛杉矶光化学烟雾事件是世界有名的公害事件之一，发生在 20 世纪中叶。光化学烟雾是大量碳氢化合物在阳光作用下，与空气中其他成分起化学作用而产生的。20 世纪 40 年代，美国洛杉矶市拥有汽车 250 多万辆，每天消耗汽油约 1600×10^4 L，向大气排放大量碳氢化合物、氮氧化物等空气污染物，这些污染物在空气中发生光化学反应，生成臭氧和过氧乙酰硝酸酯。其中，臭氧毒性较高，有强氧化性、强刺激性；过氧乙酰硝酸酯有毒，刺激性较强。该市临海依山，处于 50 km 长的盆地中，汽车排出的废气在日光作用下，形成的以臭氧、过氧乙酰硝酸酯为主的光化学烟雾，滞留市区久久不散。在 1952 年 12 月的一次光化学烟雾事件中，洛杉矶市 65 岁以上的老人死亡 400 多人。1955 年 9 月，由于大气污染和高温，短短 2 天之内，65 岁以上的老人死亡 400 余人，许多人出现眼睛痛、头痛、呼吸困难等症状。

由汽车、工厂废气等排入大气中的氮氧化物或碳氢化合物，经光化学作用生成的由臭氧、过氧乙酰硝酸酯为主要污染物的烟雾称为洛杉矶型烟雾。

2. 对土壤的危害

有毒有害化学品对土壤的污染，通常包含农药化学污染、企业排放化学污染、废弃化学品污染等，其中农药化学品、化学污染物排放而造成的土壤污染情况，为最主要、最常见的土壤污染。农药在农业生产中的过量使用，不仅会使小麦、水稻、蔬果中残留大量农药，也容易造成土壤中生物群落减少、生物灭绝等。此外，化工生产中废气、废水、废渣的无控制排放，也会经过挥发、沉积的作用，出现多环芳烃、可溶性汞盐、溴等化学品污染，使土壤产生盐渍化、酸化及生态恶化的状况，导致土壤酸化、碱化和土壤板结。

3. 对水体的污染

造成水体的水质、生物、底质质量恶化的各种物质称为水体污染物。随着工业的发展和人类生活的丰富和提高，排入水体中的污染物质不断增加。其中，化学性污染物是当代最重要的一大类污染物，其种类多、数量大、毒性强，有一些还是致癌物质，严重地影响着人体健康。

污染物在水环境中的迁移转化主要取决于其本身的性质以及水体的环境条件。可溶性污染物溶解在水中，然后逐步在水体中扩散，随水的流动向下游扩散。非水溶性污染物进入水体后，会很快沉降到水体底部，而在风的作用下，又可重新在水体中悬浮。水体中的污染物也可通过各种物理作用、化学反应及生物富集等过程而发生迁移转化。

1）水体中溶解氧降低导致水生生物死亡

在湖泊、水库和海湾等封闭性或半封闭性的水体以及某些滞留（流速小于 1 m/min）河流水体，污染物中氮、磷等营养元素的污染严重时，会导致水体富营养化，某些藻类（主要是蓝藻、绿藻等）异常增殖，致使水体透明度下降，阳光难以穿透水层，从而影响水中植物的光合作用和氧气的释放，使水体中溶解氧降低。同时，藻类繁殖迅速，生长周期短，藻类及其他浮游生物死亡后被需氧微生物分解，不断消耗水中的溶解氧。另外，死亡后的藻类及其他浮游生物被厌氧微生物分解，不断产生硫化氢等气体，使水质进一步恶化，造成鱼类和其他水生生物大量死亡。藻类及其他浮游生物残体在腐烂过程中，又把大量的氮、磷等营养物质释放入水中，供新的一代藻类等生物利用。因此，富营养化了的水体，即使切断外界营养物质的来源，水体也很难自净和恢复到正常状态。

由于占优势的浮游藻类颜色不同，水面往往呈现蓝、红、棕、乳白等颜色，在海水中出现的这种现象叫赤潮，在淡水中出现的这种现象叫水华。

有些藻类，尤其是蓝藻能合成和释放生物毒素类次级代谢物，如藻毒素等。因此，人们在富营养化的水体洗澡、游泳及做其他水上运动时，含藻毒素的水体可引起眼睛和皮肤过敏；少量饮用可引起急性肠胃炎，长期饮用则可能引发神经中毒症状甚至肝癌。

另外，排入水体中的有机污染物，以悬浮或溶解状态存在于污水中，可通过微生物的生物化学作用而分解，在其分解过程中需要消耗氧气而造成水中溶解氧减少，影响鱼类和其他水生生物的生长。当水中溶解氧降至 4 mg/L 以下时，将严重影响鱼类生存。水中溶解氧耗尽后，有机物将进行厌氧分解，产生硫化氢、氨和硫醇等难闻气味，使水质进一步恶化，将不能用作饮用水源和其他用途。

2）水体酸化导致鱼类生长受阻甚至消亡

通常鱼类生长的最适宜 pH 值为 5~9。pH＜5.5，鱼类生长受阻，产量下降；pH＜5，鱼类生殖功能失调，繁殖停止甚至消亡。调查结果表明，在 pH＜5 的湖泊中 40%~50% 完全无鱼。

研究显示，水体酸化能导致某些金属离子的毒性增强。例如，铝离子是导致鱼类死亡的重要因素之一，在酸雨影响下的酸化水体中通常含有较高浓度的铝离子，铝离子能破坏鱼鳃分泌黏液和离子交换。在低 pH 值条件下铝的毒性加强，是酸化水体中水生生物受到危害的原因之一。对鱼而言，当 pH = 5 时，铝的毒性最强。

3）底泥中重金属导致鱼发育不良或死亡

大量重金属污染物排入江河，重金属通过离子交换、吸附、絮凝、沉淀等作用，最终绝大部分进入河床表层沉积物中，相对使水质中重金属含量降低。在条件变化时，又有一部分重金属由于扩散、解吸、溶解、氧化还原和络合作用，以及在物理、生物等因素的作用下，从沉积物中向水相释放，造成次生污染。不过释放速率是很缓慢的，而底质中重金属不断在沉积物中积累，可超过水中含量几个数量级。底泥中重金属的大量积累具有潜在性的污染与危害。

重金属对鱼类和鱼胎均有明显的毒性。汞、镉、银、铜等在水中的浓度达到 $0.005 \sim 0.01$ mg/L 时，即能引起鱼、刺鱼、鲑鱼卵等发育不良或死亡。毒性实验结果表明，0.112 mg/L 的氯化汞能使草鱼卵胚在 9 h 内死亡率达到 30%，3 mg/L 的醋酸苯汞能使卵胎全部死亡；0.16 mg/L 的铜和银、1 mg/L 的铅及 10 mg/L 的镉等，均能引起草鱼、鲢鱼胚胎发育迟缓，出现怪胎及畸形鱼苗。

重金属混合物对鱼类及其胚胎毒性，往往比它们单一的成分具有更大的危害。例如，铜、锌，铜、镉，以及铜、汞、银等三种混合液，对草鱼的胚胎发育与相同浓度的单一重金属比较，孵化率下降 5% ~ 10%。由此可见，金属混合物有协同作用。

另外，重金属对鱼类有致畸性。研究表明，银对鱼胎的毒性约为锌的 8 倍、铜的 20 倍、汞的 10 倍。对草鱼、鲢鱼胚胎毒性，最大的为银、汞、铜，其次为镉、砷、锌，再次为铬。

4）食物链生物富集对人体健康造成危害

有些化学物污染水体以后可以通过人类的食物链富集而达到对人体造成中毒的水平。据报道，在 DDT 浓度为 0.00005 ppm 的水中生长的藻类，体内 DDT 含量为 0.04 ppm（浓缩 800 倍），鱼类 DDT 含量达

2.07 ppm（浓缩 41400 倍），人类以这种鱼为食就会对人体健康造成危害。除 DDT 外，多氯联苯、六六六、甲基汞、铜、铅等多种化学污染物也有生物富集作用。

水生生物对放射性物质也有浓缩和蓄积能力。如生长在铀矿废水污染的池塘里的鱼、虾，其体内的放射性比没有受到铀污染的鱼、虾分别高 20 倍和 150 倍，被人食用后可在人体产生放射性铀的内照射危害。

5）各类污染物的主要危害

（1）悬浮固体。固体物会淤塞水体的排水道，窒息水中的底栖生物，破坏鱼类的产卵地；悬浮小颗粒物会堵塞鱼类的鳃，使之呼吸困难，导致死亡；颗粒物含量高时会使水中植物因见不到阳光而难以生长或死亡；悬浮固体物会降低水质，增加净化水的难度和成本；现代生活垃圾中的难降解固体成分（如塑料包装）进入水体之后，会使水生动物误食后死亡。

（2）有机质和病原体。存在于食物、植物、粪便、动物尸体中的有机成分，会大量消耗水中的溶解氧，危及鱼类的生存；导致水中缺氧，使需氧微生物死亡。这类微生物能够分解水中的有机质，维持水体的自净功能，由于其死亡而导致水体发黑、变臭、毒素积累，伤害人畜。

（3）重金属。汞、铅、镉、镍、硒、砷、铬、铊、铋、钒、金、铂、银等重金属对人畜有直接的生理毒性；用含有重金属的水来灌溉庄稼，会使作物受到重金属污染，致使农产品有毒性；沉积到水体底部，通过水生植物或微生物进入食物链，经鱼类等水产品进入人体。

（4）合成化学品。苯酚、多氯联苯、二噁英、呋喃等合成化学品，多数是难降解、对水生动物和人有毒性的物质，具有致癌、干扰内分泌系统、扰乱生殖行为、影响免疫系统等特性。它们进入水体会危害水中生物，尤其是引起生物的繁殖行为发生明显变化，进而影响整个水体的生态系统；它们的毒性会积累在水生生物体内，通过食物链进入其他生物体，最终进入人体；它们污染过的水体难以被净化，使人类和其他生物的饮水安全和健康受到威胁。

（5）酸性废水。降低水体的 pH 值，杀死幼鱼和其他水生动物种群，并使成年鱼类无法繁殖；酸化的水体使金属和其他有毒物质更易溶解于水中，这会进一步损害水体的生态系统；酸化作用会杀死一些大型的鱼类；酸化水体中水生生物的灭绝会导致依赖它们为食物的其他物种（如一些鸟类）的灭绝。

（6）磷酸盐。增加水体中藻类生长所需的重要元素磷，由于富营养化而引起藻类疯长，逐步出现赤潮或水华现象，进而使水体的含氧量急剧下降，更多的水中生物，如鱼、虾、贝类等因缺氧而窒息死亡。

（7）含氮化合物。是能帮助藻类生长的营养物质，因此能协同磷，造成水体的富营养化。

（8）油类物质。在水面形成薄膜，阻断空气中的氧溶解于水，水中氧浓度减少后，发生水质恶化，危害水生生物的生态环境；引起水产量下降，并污染水和水产食品，危及人和其他动物的健康。

4. 对人体的危害

大多数化学品进入水体后的污染特征是对生物的毒性危害。水体受化学有毒物质污染后，人们通过饮水或食物链可能引起急性或慢性中毒，对人体健康产生危害，如甲基汞中毒（水俣病）、镉中毒、砷中毒、铬中毒、氰化物中毒、农药中毒、多氯联苯中毒等。铅、钡、氟等也能对人体造成危害。某些有致癌作用的化学物质，如砷、铬、镍、铍、苯胺、苯并芘和其他多环芳烃、卤代烃污染水体后，可以在悬浮物、底泥和水生生物体内蓄积，长期饮用含有这类物质的水，或食用体内蓄积有这类物质的生物就有可能诱发癌症。

进入环境的有害化学物质对人体健康造成的危害或潜在危害如下。

1）急性毒性作用

急性毒性作用是指机体一次或 24 h 内多次大剂量接触环境化学物后，在短时间内所引起的毒性效应。例如，一氧化碳、硫化氢或氰化物等的急性中毒，严重者能导致大量人员死亡。这种情况多发生在危险化学品火灾、爆炸、泄漏等事故后，由于大量有毒有害物质进入环境而出现人员中毒、死亡现象。

2）迟发性毒性作用

一次或多次接触某些环境化学物时并没有对机体引起明显的异常，

经一段时间后才呈现的毒性效应，称为迟发性毒性作用。例如，有机磷农药三邻甲苯磷酸酯，在接触机体后往往经几天才显示神经毒性作用。又如，重度一氧化碳中毒，经治疗恢复神志后，过后若干天又可能出现一氧化碳中毒的精神或神经症状的现象。

3）慢性毒性作用

慢性毒性作用是指由于长期，甚至终生接触小剂量环境化学物而缓慢产生的毒性效应。环境化学物一般浓度较小，对机体的作用一般属于慢性毒性作用。例如，在沙尘暴频发区，沙尘暴颗粒引起长期暴露的人员发生非典型性尘肺，在不知不觉中缓慢发病。在环境污染一般情况下，环境化学物的慢性毒性作用较多见，但由于发病缓慢和早期临床表现不明显而往往被忽视。

亚慢性毒性作用是指机体连续多日接触外源化学物所引起的毒性效应。接触期限一般为 30 天到人生命周期的 1/10。

4）远期毒性作用

环境化学物与机体接触后，经若干年后出现突变、畸变或癌变的"三致作用"称为远期毒性作用。环境致癌物与人体初次接触后，一般 10～20 年才可检出肿瘤。

第三节　化学品及危险化学品分类

一、我国化学品危险性分类

根据《化学品分类和标签规范》（GB 30000—2013）系列标准，我国化学品危险性分为 28 类。

（一）总体分类情况

1. 物理危险

物理危险共 16 类：

（1）爆炸物。

（2）易燃气体。

（3）气溶胶（又称气雾剂）。

（4）氧化性气体。

（5）加压气体。

（6）易燃液体。

（7）易燃固体。

（8）自反应物质和混合物。

（9）自燃液体。

（10）自燃固体。

（11）自热物质和混合物。

（12）遇水放出易燃气体的物质和混合物。

（13）氧化性液体。

（14）氧化性固体。

（15）有机过氧化物。

（16）金属腐蚀物。

2. 健康危害

健康危害共 10 类：

（1）急性毒性。

（2）皮肤腐蚀/刺激。

（3）严重眼损伤/眼刺激。

（4）呼吸道或皮肤致敏。

（5）生殖细胞致突变性。

（6）致癌性。

（7）生殖毒性。

（8）特异性靶器官毒性　一次接触。

（9）特异性靶器官毒性　反复接触。

（10）吸入危害。

3. 环境危害

环境危害共 2 类：

（1）对水生环境的危害。

（2）对臭氧层的危害。

（二）化学品危险性分类

1. 爆炸物

1）定义

爆炸物是指能通过化学反应在内部产生一定速度、一定温度与压力的气体，且对周围环境具有破坏作用的一种固体或液体物质（或其混合物）。烟火物质或混合物无论其是否产生气体都属于爆炸性物质。

爆炸物包含以下三类：

（1）爆炸性物质和混合物。

（2）爆炸品，不包括那些含有一定数量的爆炸物或其混合物的装置，在这些装置内的爆炸物当不小心或无意中被点燃或引爆时产生迸射、着火、冒烟、放热或巨响等效果不会在装置外产生任何效应。

（3）上面两项均未提及的，而实际上又是以产生爆炸或焰火效果而制造的物质、混合物和物品，如烟火制品。

例如，叠氮钠、黑索金、2，4，6－三硝基甲苯（TNT）、三硝基苯酚等均属于爆炸物。

2）分类

根据爆炸物所具有的危险特性分为不稳定爆炸物、1.1项、1.2项、1.3项、1.4项、1.5项、1.6项。

不稳定爆炸物：对热不稳定和/或正常搬运和使用过程中太敏感。

1.1项：具有整体爆炸危险的物质、混合物和物品（整体爆炸是实际上瞬间引燃几乎所有内装物的爆炸）。

例如，三硝基甲苯（梯恩梯）、黑火药、二硝基重氮苯酚、二硝基苯酚、高氯酸铵等均属于1.1项爆炸物。

1.2项：具有迸射危险但无整体爆炸危险的物质、混合物和物品。

1.3项：具有燃烧危险和较小的爆轰危险或较小的迸射危险或两者兼有，但没有整体爆炸危险的物质、混合物和物品。

（1）燃烧产生显著辐射热。

（2）一个接一个地燃烧，同时产生较小的爆轰或迸射作用或两者兼有。

例如，二硝基苯酚的碱金属盐、二硝基邻甲苯酚钠、苦氨酸钠、二亚硝基苯等。

1.4 项：不存在显著爆炸危险的物质、混合物和物品，如被点燃或引爆也只存在较小危险，并且可以最大限度地控制在包装件内，抛出碎片的质量和抛射距离不超过有关规定；外部火烧不会引发包装件内装物发生整体爆炸。

例如，四唑－1－乙酸、5－巯基四唑－1－乙酸。

1.5 项：具有整体爆炸危险，但本身又很不敏感的物质或混合物，虽然具有整体爆炸危险，但极不敏感，以至于在正常条件下引爆或由燃烧转至爆轰的可能性非常小。

1.6 项：极不敏感且无整体爆炸危险的物品，这些物品只含极不敏感爆轰物质或混合物和那些被证明意外引发的可能性几乎为零的物品。

3）标签要素的分配

爆炸物标签要素的分配见表1－3。

表1－3 爆炸物标签要素的分配

不稳定爆炸物	1.1 项	1.2 项	1.3 项	1.4 项	1.5 项	1.6 项
危险 不稳定爆炸物	危险 爆炸物；整体爆炸危险	危险 爆炸物；严重迸射危险	危险 爆炸物；燃烧、爆轰或迸射危险	警告 燃烧或迸射危险	无象形图1.5，底色橙色 危险 遇火可能整体爆炸	无象形图1.6，底色橙色 无信号词 无危险性说明
联合国《关于危险货物运输的建议书 规章范本》中无指定象形图（不允许运输）	1.1 *1	1.2 *1	1.3 *1	1.4 *1	1.5 *1	1.6 *1

4）主要特性

（1）爆炸性强。具有化学不稳定性，在一定的作用下，能以极快的速度发生猛烈的化学反应，产生的大量气体和热量在短时间内无法逸散开去，致使周围的温度迅速上升和产生巨大的压力而引起爆炸。

（2）敏感度高。爆炸物在一定条件下，可被引发快速的化学反应，导致燃烧和爆炸。能引起爆炸物爆炸反应的能量有热、火花、撞击、摩擦、冲击波、静电等。任何一种爆炸品的爆炸都需要外界供给它一定的能量，即起爆能或初始冲能。爆炸品所需的最小起爆能，即为敏感度。不同的爆炸物需要不同的起爆能。

在外界能量作用下，爆炸物受到初始冲能作用发生燃烧或爆炸的难易程度，称为感度。例如：热感度，是指在热的作用下，爆炸物发生燃烧或爆炸的难易程度；撞击感度，是指在机械撞击作用下，爆炸物发生燃烧或爆炸的难易程度。感度（敏感度）越高，所需要的起爆能或初始冲能就越小，爆炸危险性越大。

通常能引起爆炸品爆炸的外界作用有热、机械撞击、摩擦、冲击波、爆轰波、光、电等。某一爆炸品的起爆能越小，则敏感度越高，其危险性也就越大。

（3）殉爆。当炸药爆炸时，能引起位于一定距离之外的炸药也发生爆炸，这种现象称为殉爆。

殉爆发生的原因是冲击波的传播作用，距离越近，冲击波强度越大。

（4）毒害性。有些炸药，如苦味酸、TNT、硝化甘油、雷汞、氮化铅等本身具有一定的毒性。

2. 易燃气体

1）定义

易燃气体是指在20℃和标准压力101.3 kPa时与空气混合有一定易燃范围的气体。例如：甲烷、氢气、乙炔。

其中，气体是指：在50℃时蒸气压大于300 kPa，或在20℃和标准压力101.3 kPa下完全是气态的物质。

2）分类

根据爆炸下限及爆炸极限范围，易燃气体分为2个类别：易燃气体，类别1；易燃气体，类别2。

易燃气体分类标准见表1-4。

表 1-4 易 燃 气 体 分 类 标 准

类别	标 准
1	在 20 ℃ 和标准大气压 101.3 kPa 时的气体： （1）爆炸下限小于或等于 13% 的气体；或 （2）不论爆炸下限如何，与空气混合，爆炸极限范围至少为 12% 的气体
2	在 20 ℃ 和标准大气压 101.3 kPa 时，除类别 1 中的气体之外，与空气混合时能引起燃烧或爆炸的气体

注：1. 在有法规规定时，氨和甲基溴化物可以视为特例。

  2. 气溶胶不应分类为易燃气体，见《化学品分类和标签规范　第 4 部分：气溶胶》（GB 30000.4—2013）。

易燃气体含化学不稳定气体，化学不稳定气体是指一种甚至在没有空气或氧气时也能极为迅速反应的易燃气体，如乙炔、丙二烯等。

化学不稳定性应按联合国《试验和标准手册》第三部分通过试验或计算来确定。如果按《化学品危险性分类试验方法　气体和混合物燃烧潜力和氧化能力》（GB/T 27862—2011）计算结果显示该气体混合物不是易燃的，为分类目的测定化学不稳定性的试验则不必进行。

表明气体化学不稳定性的官能团有三键、相邻双键或共轭双键、卤化双键和张力环等。《试验和标准手册》列出了部分化学不稳定性气体名单：乙炔、溴代三氟代乙烯、1，2-丁二烯、1，3-丁二烯、1-丁炔（乙基乙炔）、三氟氯乙烯、环氧乙烷、乙烯基甲基醚、丙二烯、丙炔、四氟乙烯、三氟乙烯、乙烯基溴、氯乙烯、乙烯基氟。

化学不稳定性气体分为以下 2 个类别：化学不稳定性气体，类别 A；化学不稳定性气体，类别 B。

化学不稳定性气体分类标准见表 1-5。

表 1-5 化学不稳定性气体分类标准

类别	标 准
A	在 20 ℃ 和标准大气压 101.3 kPa 时化学不稳定性的易燃气体
B	在温度超过 20 ℃ 和/或气压高于 101.3 kPa 时化学不稳定性的易燃气体

某些易燃气体的分类情况见表 1-6。

表1-6 易燃气体的分类举例   %

名　称	爆炸下限	爆炸上限	分　类
甲烷	5	15	易燃气体，类别1
液化石油气	5	33	易燃气体，类别1
甲乙醚	2	10.1	易燃气体，类别1
硫化氢	4.3	46	易燃气体，类别1
氨	16	25	易燃气体，类别2
乙炔	2.5	81	易燃气体，类别1 化学不稳定性气体，类别A
氯乙烯	3.6	33	易燃气体，类别1 化学不稳定性气体，类别B

3）标签要素的分配

易燃气体标签要素的分配见表1-7。

表1-7 易燃气体标签要素的分配

易燃气体（包括化学不稳定气体）			
易燃气体		化学不稳定气体	
类别1	类别2	类别A	类别B
	无象形图	无象形图	无象形图
危险	警告	无信号词	无信号词
极易燃气体	易燃气体	无空气也能迅速反应	压力或温度升高时无空气也能迅速反应
	联合国《关于危险货物运输的建议书　规章范本》中未作要求		

3. 气溶胶

1）定义

气溶胶是指喷雾器（系任何不可重新灌装的容器,该容器用金属、玻璃或塑料制成）内装压缩、液化或加压溶解的气体（包含或不包含液体、膏剂或粉末）,并配有释放装置以使内装物喷射出来,在气体中形成悬浮的固态或液态微粒或形成泡沫、膏剂或粉末或者以液态或气态形式出现。

2）分类

气溶胶分类原则如下：

（1）如果气溶胶含有任何根据 GHS 分类为易燃物成分时，该气溶胶应考虑分类（GB 30000.4 为"应分类"）为易燃物，即该气溶胶含易燃液体、易燃气体、易燃固体。

> 注：1. 易燃成分不包括自燃物质、自热物质或遇水反应物质和混合物，因为这些成分从来不用作喷雾器内装物。
>
> 2. 易燃气溶胶不再另属易燃气体、加压气体、易燃液体和易燃固体的范围。

（2）气溶胶根据其成分、化学燃烧热，以及视具体情况根据泡沫试验（用于泡沫气溶胶）、点火距离试验和封闭空间试验（用于喷雾气溶胶）的结果分为 3 个类别中的 1 个类别。未列入类别 1 或者类别 2 的（极易燃或易燃气溶胶）应列入类别 3（不易燃气溶胶）。

3）标签要素的分配

气溶胶标签要素的分配见表 1-8。

表 1-8　气溶胶标签要素的分配

类别 1	类别 2	类别 3
🔥	🔥	无象形图
危险	警告	警告
极易燃气溶胶	易燃气溶胶	

表 1-8（续）

类别 1	类别 2	类别 3
带压力容器： 如受热可能爆裂	带压力容器： 如受热可能爆裂	带压力容器： 如受热可能爆裂

4. 氧化性气体

1）定义

氧化性气体是指一般通过提供氧气，比空气更能导致或促使其他物质燃烧的任何气体。

"比空气更能导致或促使其他物质燃烧的任何气体"，系指采用《化学品危险性分类试验方法 气体和混合物燃烧潜力和氧化能力》（GB/T 27862—2011）规定的方法，确定的氧化能力大于 23.5% 的纯净气体或气体混合物。

2）分类

氧化性气体分为 1 个类别：氧化性气体，类别 1。

氧化性气体分类标准见表 1-9。

表 1-9 氧化性气体分类标准

类别	标　　准
1	一般通过提供氧气，比空气更能导致或促使其他物质燃烧的任何气体

3）标签要素的分配

氧化性气体标签要素的分配见表 1-10。

表 1 - 10　氧化性气体标签要素的分配

类别 1
危险
可引起燃烧或加剧燃烧； 氧化剂

5. 加压气体

1）定义

加压气体是指 20 ℃下，压力等于或大于 200 kPa（表压）下装入贮器的气体，或是液化气体或冷冻液化气体。

2）分类

加压气体分为 4 个类别：压缩气体、液化气体、冷冻液化气体、溶解气体。

加压气体分类标准见表 1 - 11。

表 1 - 11　加 压 气 体 分 类 标 准

类别	标　　准
压缩气体	在 - 50 ℃加压封装时完全是气态的气体；包括所有临界温度小于或等于 - 50 ℃的气体
液化气体	在高于 - 50 ℃的温度下加压封装时部分是液体的气体。它又分为： （1）高压液化气体：临界温度在 - 50 ~ 65 ℃之间的气体。 （2）低压液化气体：临界温度高于 65 ℃的气体

表 1 – 11（续）

类别	标　准
冷冻液化气体	封装时由于其温度低而部分是液体的气体
溶解气体	加压封装时溶解于液相溶剂中的气体

注：临界温度是指高于此温度无论压缩程度如何纯气体都不能被液化的温度。

3）标签要素的分配

加压气体标签要素的分配见表 1 – 12。

表 1 – 12　加压气体标签要素的分配

压缩气体	液化气体	冷冻液化气体	溶解气体
警告	警告	警告	警告
内装加压气体；遇热可能爆炸	内装加压气体；遇热可能爆炸	内装冷冻气体；可能造成低温灼伤或损伤	内装加压气体；遇热可能爆炸

4）气体、气溶胶类化学品的危险性

当受热、撞击或强烈震动时，容器内压会急剧增大，致使容器破裂爆炸，或导致气瓶阀门松动漏气，酿成火灾或中毒事故。

（1）扩散性。气体无固定的形状和体积，泄漏后极易扩散，某些比空气重的气体易在低洼处积聚，如液化石油气、氯气等。

（2）可压缩性。气体具有可压缩性，压力增大，体积缩小。

（3）膨胀性。气体受高热后，分子热运动加剧，体积增大。容器中气体受热后则压力升高，超过容器的承压能力后则会发生爆炸。

（4）易燃易爆性。气体比液体、固体容易燃烧，且燃烧速度快，泄漏、扩散后与空气能形成爆炸性混合物，遇火源极易发生燃烧、爆炸。

（5）毒性、窒息性和腐蚀性。毒性、窒息性和腐蚀性气体泄漏、扩散后，极易造成大面积人员、动物中毒、窒息甚至死亡。例如，氯气、氮气、溴化氢、氯化氢等。

（6）氧化性。氧化性气体泄漏后，遇易燃、可燃物在明火、火花等作用下，易引起易燃、可燃物的燃烧或者爆炸。

6. 易燃液体

1）定义

易燃液体是指闪点不大于 93 ℃ 的液体。

2）分类

根据闪点和初沸点的大小，将易燃液体分为 4 个类别：易燃液体，类别 1；易燃液体，类别 2；易燃液体，类别 3；易燃液体，类别 4。

易燃液体分类标准见表 1-13。

表 1-13 易燃液体分类标准

类别	标准	类别	标准
1	闪点 < 23 ℃ 和初沸点 ≤ 35 ℃	3	23 ℃ ≤ 闪点 ≤ 60 ℃
2	闪点 < 23 ℃ 和初沸点 > 35 ℃	4	60 ℃ < 闪点 ≤ 93 ℃

3）标签要素的分配

易燃液体标签要素的分配见表 1-14。

4）易燃液体的危险特性

表1-14 易燃液体标签要素的分配

类别1	类别2	类别3	类别4
危险	危险	警告	无象形图
极易燃液体和蒸气	高度易燃液体和蒸气	易燃液体和蒸气	警告 可燃液体
(象形图 3)	(象形图 3)	(象形图 3)	联合国《关于危险货物运输的建议书 规章范本》中未作要求

易燃液体大都是有机化合物，其中很多属于石油化工产品，在常温下遇火源易着火燃烧，如汽油、乙醇、苯等。易燃液体危险特性如下：

（1）易燃易爆性。易燃液体具有较低的闪点、燃点，可以在温度较低的情况下被火焰或热源点燃，同时容易挥发，挥发出的蒸气与空气能形成爆炸性混合物，遇火源能发生燃烧、爆炸。另外，易燃液体与氧化剂接触，也有发生燃烧、爆炸的危险。

（2）易挥发性。易燃液体沸点一般较低，具有较高的挥发性，它们可以在空气中快速挥发，与空气混合能形成爆炸性混合物，从而具有火灾或爆炸危险。

（3）受热膨胀性。易燃液体的膨胀系数比较大。储存于密闭容器中的易燃液体受热后体积膨胀，若超过容器的承压能力，就会造成容器膨胀，甚至爆裂，在容器爆裂时会产生火花而引起燃烧爆炸。

（4）易流动扩散性。易燃液体具有流动性和扩散性，泄漏后由于扩散导致其表面积扩大，促进了液体的挥发，形成的易燃蒸气大多比空气重，容易积聚，从而增加了燃烧爆炸的危险性。

（5）易产生或积聚静电。因其所具有的流动性，与不同性质的物体如容器壁相互摩擦或接触时易积聚静电，静电积聚到一定程度时就会放电，产生静电放电火花而引起可燃性蒸气混合物的燃烧爆炸。

（6）有毒。大多数易燃液体及其蒸气均具有不同程度的毒性，很多易燃液体毒性还比较大，吸入后能引起急性、慢性中毒。

7. 易燃固体

1）定义

易燃固体是指容易燃烧或可通过摩擦引起或促进着火的固体。

易燃固体与点火源（如着火的火柴）短暂接触后，能容易被点燃且火焰迅速蔓延，这类固体包括粉状、颗粒状或糊状物质。

2）分类

根据燃烧速度的大小，将易燃固体分为 2 个类别：易燃固体，类别 1；易燃固体，类别 2。

易燃固体分类标准见表 1 – 15。

表 1 – 15　易燃固体分类标准

类别	标　准
1	燃烧速率试验： 除金属粉末之外的物质或混合物： 潮湿部分不能阻燃，而且燃烧时间 < 45 s 或燃烧速率 > 2.2 mm/s。 金属粉末： 燃烧时间 ≤ 5 min
2	燃烧速率试验： 除金属粉末之外的物质或混合物： 潮湿部分可以阻燃至少 4 min，而且燃烧时间 < 45 s 或燃烧速率 > 2.2 mm/s。 金属粉末： 5 min < 燃烧时间 ≤ 10 min

注：1. 对于固态物质或混合物的分类试验，试验应按所提供的物质或混合物进行。例如，对于供应或运输目的，如果同种化学品其提交的形状不同于试验时的形状，而且被认为可能实际上不同于分类试验时的性能时，则该物质还应以新的形状进行试验。

　　2. 气溶胶不能分类在易燃固体，见《化学品分类和标签安全规范　第 4 部分：气溶胶》（GB 30000.4—2013）。

3）标签要素的分配

易燃固体标签要素的分配见表 1 – 16。

表 1 – 16　易燃固体标签要素的分配

类别 1	类别 2
 危险 易燃固体	 警告 易燃固体

4）易燃固体的危险特性

（1）易燃性。易燃固体着火点比较低，一般都在 300 ℃ 以下，在常温下只要有能量很小的着火源与之作用即能燃烧。

（2）可分散性与可氧化性。固体具可分散性，物质的颗粒越细，其表面积越大，分散能力就越强。当固体粒度小于 0.01 mm 时，可悬浮于空气中，能与空气中的氧气发生氧化作用。固体的可分散性受许多因素影响，但主要受物质比表面积的影响，比表面积越大，和空气的接触机会就越多，氧化作用也就越容易，燃烧也就越快，则具有爆炸危险性。另外，易燃固体与氧化剂接触能发生剧烈反应而引起燃烧或爆炸。例如：赤磷与氯酸钾接触，硫黄粉与氯酸钾或过氧化钠接触，均会立即发生燃烧爆炸。

（3）热分解性。有的易燃固体受热后不熔融而发生分解现象，有的易燃固体受热后边熔融边分解。热分解的温度高低直接影响危险性大小，受热分解温度越低的物质，其火灾爆炸危险性就越大。

（4）对撞击、摩擦、震动的敏感性。有些易燃固体对撞击、摩擦、震动等很敏感，如红磷、闪光粉等受撞击、摩擦、震动能引起燃烧甚至爆炸。

（5）本身或燃烧产物有毒。许多易燃固体有毒，或者燃烧产物有毒或有腐蚀性，如二硝基苯酚、硫黄、五硫化二磷等。

8. 自反应物质和混合物

1）定义

自反应物质或混合物是指即使没有氧（空气）也容易发生激烈放热分解的热不稳定液态或固态物质或者混合物。本定义不包括根据 GHS 分类为爆炸物、有机过氧化物或氧化性物质和混合物的物质和混合物。

自反应物质或混合物如果在实验室试验中其组分容易起爆、迅速爆燃或在封闭条件下加热时显示剧烈效应，应视为具有爆炸性质。

2）分类

根据下列原则，自反应物质和混合物划入本类中的 7 个类别之一：

（1）任何自反应物质或混合物，如在包装件中可能起爆或迅速爆燃，将定为 A 型自反应物质。

（2）具有爆炸性质的任何自反应物质或混合物，如在包装件中不会起爆或迅速爆燃，但在该包装件中可能发生热爆炸，将定为 B 型自反应物质。

（3）具有爆炸性质的任何自反应物质或混合物，如在包装件中不可能起爆或迅速爆燃或发生热爆炸，将定为 C 型自反应物质。

（4）任何自反应物质或混合物，在实验室试验中：

部分地起爆，不迅速爆燃，在封闭条件下加热时不呈现任何剧烈效应；

根本不起爆，缓慢爆燃，在封闭条件下加热时不呈现任何剧烈效应；或

根本不起爆和爆燃，在封闭条件下加热时呈现中等效应；

将定为 D 型自反应物质。

（5）任何自反应物质或混合物，在实验室试验中，根本不起爆也根本不爆燃，在封闭条件下加热时呈现微弱效应或无效应，将定为 E 型自反应物质。

（6）任何自反应物质或混合物，在实验室试验中，根本不在空化状态下起爆也根本不爆燃，在封闭条件下加热时只呈现微弱效应或无效应，而且爆炸力弱或无爆炸力，将定为 F 型自反应物质。

（7）任何自反应物质或混合物，在实验室试验中，既绝不在空化状态下起爆也绝不爆燃，在封闭条件下加热时显示无效应，而且无任何

爆炸力，将定为 G 型自反应物质，但该物质或混合物应是热稳定的（50 kg 包装件的自加速分解温度为 60 ~ 75 ℃），对于液体混合物，所用脱敏稀释剂的沸点大于或等于 150 ℃。如果混合物不是热稳定的，或者所用脱敏稀释剂的沸点低于 150 ℃，则该混合物应定为 F 型自反应物质。

注：G 型自反应物质无对应的危险公示要素，但应考虑属于其他危险类别的性质。

3）标签要素的分配

自反应物质和混合物标签要素的分配见表 1 – 17。

表 1 – 17　自反应物质和混合物标签要素的分配

A 型	B 型	C 型和 D 型	E 型和 F 型	G 型
危险 加热可能爆炸	危险 加热可能起火或爆炸	危险 加热可能起火	警告 加热可能起火	本危险类别没有分配标签要素
不得接受在所试验的包装中运输				联合国《关于危险货物运输的建议书　规章范本》中未作要求

9. 自燃液体

1）定义

自燃液体是指即使数量小也能在与空气接触后 5 min 内着火的液体。

2）分类

自燃液体分为 1 个类别：自燃液体，类别 1。

自燃液体分类标准见表 1-18。

表 1-18　自燃液体分类标准

类别	标　　准
1	液体加至惰性载体上并暴露在空气中 5 min 内燃烧，或与空气接触 5 min 内燃着或碳化滤纸

例如，三溴化三甲基二铝、二甲基锌、二氯化乙基铝、三异丁基铝等均属于自燃液体，类别 1。

3）标签要素的分配

自燃液体标签要素的分配见表 1-19。

表 1-19　自燃液体标签要素的分配

类别 1

危险

暴露在空气中自燃

10. 自燃固体

1）定义

自燃固体是指即使数量小也能在与空气接触后 5 min 内着火的固体。

2）分类

自燃固体分为 1 个类别：自燃固体，类别 1。

自燃固体分类标准见表 1 - 20。

表 1 - 20　自燃固体分类标准

类别	标　　准
1	该固体与空气接触后 5 min 内发生燃烧

注：对于固态物质或混合物的分类试验，试验应该使用所提供形状的物质或混合物。例如，如果以供应或运输为目的，所提供的同一化学品的物理形状不同于前次试验时的物理形状，而且据认为这种形状很可能实质性地改变它在分类试验中的性能，那么对该种物质或混合物也应以新的形态进行试验。

例如，白磷、二苯基镁、二甲基镁、金属锶等均属于自燃固体，类别 1。

3）标签要素的分配

自燃固体标签要素的分配见表 1 - 21。

表 1 - 21　自燃固体标签要素的分配

类别 1

危险

暴露在空气中自燃

11. 自热物质和混合物

1）定义

自热物质或混合物是指除自燃液体或自燃固体外，与空气反应不需要能量供应就能够自热的固态或液态物质或混合物；此物质或混合物与自燃液体或自燃固体不同之处在于仅在大量（公斤级）并经过长时间（数小时或数天）才会发生自燃。

物质或混合物的自热是一个过程，其中物质或混合物与空气中的氧气逐渐发生反应，产生热量。如果热产生的速度超过热损耗的速度，该物质或混合物的温度便会上升。经过一段时间，可能导致自发点火和燃烧。

2）分类

自热物质和混合物分为 2 个类别：自热物质和混合物，类别 1；自热物质和混合物，类别 2。

自热物质和混合物分类标准见表 1 – 22。

表 1 – 22　自热物质和混合物分类标准

类别	标　　准
1	用边长 25 mm 立方体试样在 140 ℃下做试验时取得肯定结果
2	（1）用边长 100 mm 立方体试样在 140 ℃下做试验时取得肯定结果，用边长 25 mm 立方体试样在 140 ℃下做试验取得否定结果，并且该物质或混合物将装在体积大于 3 m^3 的包装件内；或 （2）用边长 100 mm 立方体试样在 140 ℃下做试验时取得肯定结果，用边长 25 mm 立方体试样在 140 ℃下做试验取得否定结果，用边长 100 mm 立方体试样在 120 ℃下做试验取得肯定结果，并且该物质或混合物将装在体积大于 450 L 的包装件内；或 （3）用边长 100 mm 立方体试样在 140 ℃下做试验时取得肯定结果，用边长 25 mm 立方体试样在 140 ℃下做试验取得否定结果，并且用边长 100 mm 立方体试样在 100 ℃下做试验取得肯定结果

注：1. 对于固态物质或混合物的分类试验，试验应该使用所提供形状的物质或混合物。例如，如果以运输为目的，所提供的同一化学品的物理形状不同于前次试验时的物理形状，而且据认为这种形状很可能实质性地改变它在分类试验中的性能，那么对该种物质或混合物也应以新的形状进行试验。

2. 该标准基于木炭的自燃温度，即 27 m^3 的试样立方体的自燃温度 50 ℃。体积 27 m^3 的自燃温度高于 50 ℃的物质和混合物不划入本类别。体积 450 L 的自燃温度高于 50 ℃的物质和混合物不应划入类别 1。

部分自热物质和混合物的分类情况见表 1-23。

表1-23 自热物质和混合物的分类举例

名　称	分　类
二氨基镁、甲醇钠、甲醇钾、连二亚硫酸钠、活性炭[水蒸气活化法生产的除外]	自热物质和混合物，类别1
二硫化钛、金属钙粉、黄原酸盐	自热物质和混合物，类别2

3）标签要素的分配

自热物质和混合物标签要素的分配见表 1-24。

表1-24 自热物质和混合物标签要素的分配

类别1	类别2
危险 自热；可能燃烧	警告 数量大时自热；可能燃烧

4）自燃、自热、自反应性物质的危险特性

（1）极易氧化。非常活泼，具有极强的还原性，接触空气后能迅速与空气中的氧化合，并产生大量的热，达到其自燃点而着火。例如，黄磷、硫化亚铁、硫化钠、烷基铝、油棉纱等。

（2）易分解。这类物质特别是自反应性物质受热后极易分解，分解放出的热量又会加速分解反应的进行，温度越来越高，达到其自燃点而着火，严重时还会发生爆炸。

12. 遇水放出易燃气体的物质和混合物

1）定义

遇水放出易燃气体的物质和混合物是指通过与水作用，容易燃烧或放出危险数量的易燃气体的固态或液态物质和混合物。

2）分类

遇水放出易燃气体的物质和混合物分为 3 个类别：遇水放出易燃气体的物质和混合物，类别 1；遇水放出易燃气体的物质和混合物，类别 2；遇水放出易燃气体的物质和混合物，类别 3。

遇水放出易燃气体的物质和混合物分类标准见表 1 – 25。

表 1 – 25　遇水放出易燃气体的物质和混合物分类标准

类别	标　　准
1	在环境温度下遇水起剧烈反应并且所产生的气体通常显示自燃的倾向，或在环境温度下遇水容易发生反应，释放易燃气体的速度等于或大于每千克物质在任何 1 min 内释放 10 L 的任何物质或混合物
2	在环境温度下遇水容易发生反应，释放易燃气体的最大速度等于或大于每千克物质每小时释放 20 L，并且不符合类别 1 的标准的任何物质或混合物
3	在环境温度下遇水容易发生反应，释放易燃气体的最大速度等于或大于每千克物质每小时释放 1 L，并且不符合类别 1 和类别 2 的标准的任何物质或混合物

部分遇水放出易燃气体的物质和混合物的分类情况见表 1 – 26。

表 1 – 26　遇水放出易燃气体的物质和混合物的分类举例

名　　称	分　　类
金属钠、金属钾、磷化铝、碳化钙、苯基溴化镁［浸在乙醚中的］	遇水放出易燃气体的物质和混合物，类别 1
金属钡、金属钙、氨基化锂、硅钙、铝粉	遇水放出易燃气体的物质和混合物，类别 2
钙锰硅合金、硅铁［30% ≤ 含硅 < 90%］、硅铝、钙锰硅合金、氰氨化钙［含碳化钙> 0.1%］	遇水放出易燃气体的物质和混合物，类别 3

3）标签要素的分配

遇水放出易燃气体的物质和混合物标签要素的分配见表 1 – 27。

表 1 – 27　遇水放出易燃气体的物质和混合物标签要素的分配

类别 1	类别 2	类别 3
危险	危险	警告
遇水放出可自燃的易燃气体	遇水放出易燃气体	遇水放出易燃气体

4）遇水放出易燃气体物质的危险特性

这类物质遇水或空气中的水蒸气能发生反应，产生易燃气体并放出热量，有引起火灾或爆炸的危险。有的化学品遇水后发生剧烈的化学反应，释放出的热量能把反应产生的可燃气体加热到自燃点，不需要点火也会引起燃烧，如金属钠、金属钾。有的化学品遇水能发生化学反应，但释放出的热量相对较少，不足以把反应产生的可燃气体加热至自燃点，但当可燃气体一旦接触火源也会立即着火燃烧，如氢化钙、保险粉等。遇水放出易燃气体物质的危险特性如下：

（1）遇水或遇酸发生化学反应放出易燃气体，有的立即能着火燃烧，有的遇火源能着火甚至发生爆炸。这是此类物质的共同危险性，着火时，不能用水、泡沫、酸碱等含水、酸的灭火剂灭火，应用干砂、干粉、二氧化碳灭火剂等进行扑救。这类物质有金属钠、金属钾、铝粉、金属氢化物、碳化钙、磷化锌等。

（2）自燃性。有些遇水放出易燃气体的物质如金属钠、金属钾、三乙基铝、硼氢化铝等，暴露于空气中能自燃。因此，这类物质储存时必须与水及潮气隔离。

（3）毒性。有些物质与水反应的生成物除具有易燃性外，还有毒性。例如，磷化铝与水反应后会产生剧毒且具有自燃特性的磷化氢气体（自燃点为 38 ℃）。

13. 氧化性液体

1）定义

氧化性液体是指本身未必可燃，但通常会放出氧气可能引起或促使其他物质燃烧的液体。

2）分类

氧化性液体分为 3 个类别：氧化性液体，类别 1；氧化性液体，类别 2；氧化性液体，类别 3。

氧化性液体分类标准见表 1 – 28。

表 1 – 28　氧 化 性 液 体 分 类 标 准

类别	标　　准
1	受试物质（或混合物）与纤维素之比按质量 1：1 的混合物进行试验时可自燃；或受试物质与纤维素之比按质量 1：1 的混合物的平均压力上升时间小于 50% 高氯酸与纤维素之比按质量 1：1 的混合物的平均压力上升时间的任何物质或混合物
2	受试物质（或混合物）与纤维素之比按质量 1：1 的混合物进行试验时，显示的平均压力上升时间小于或等于 40% 氯酸钠水溶液与纤维素之比按质量 1：1 的混合物的平均压力上升时间；并且不属于类别 1 的标准的任何物质或混合物
3	受试物质（或混合物）与纤维素之比按质量 1：1 的混合物进行试验时，显示的平均压力上升时间小于或等于 65% 硝酸水溶液与纤维素之比按质量 1：1 的混合物的平均压力上升时间；并且不符合类别 1 和类别 2 的标准的任何物质或混合物

部分氧化性液体的分类情况见表 1 – 29。

表 1 – 29　氧化性液体的分类举例

名　　称	分　　类
过氧化氢溶液［含量 > 8%］、四硝基甲烷、硝酸、发烟硝酸、高氯酸［浓度 > 50%］	氧化性液体，类别 1

表 1 - 29（续）

名　称	分　类
高氯酸［浓度≤50%］、氯酸溶液［浓度≤10%］	氧化性液体，类别 2
高氯酸醋酐溶液、氯酸钾溶液、氯酸钙溶液	氧化性液体，类别 3

3）标签要素的分配

氧化性液体标签要素的分配见表 1 - 30。

表 1 - 30　氧化性液体标签要素的分配

类别 1	类别 2	类别 3
危险	危险	警告
可引起燃烧或爆炸；强氧化剂	可加剧燃烧；氧化剂	可加剧燃烧；氧化剂
5.1	5.1	5.1

14. 氧化性固体

1）定义

氧化性固体是指本身未必可燃，但通常会放出氧气可能引起或促使其他物质燃烧的固体。

2）分类

氧化性固体分为 3 个类别：氧化性固体，类别 1；氧化性固体，类别 2；氧化性固体，类别 3。

氧化性固体分类标准见表 1 - 31。

表 1-31 氧化性固体分类标准

类别	标　　准
1	受试样品（或混合物）与纤维素 4:1 或 1:1（质量比）的混合物进行试验时，显示的平均燃烧时间小于溴酸钾与纤维素之比按质量 3:2（质量比）的混合物的平均燃烧时间的任何物质或混合物
2	受试样品（或混合物）与纤维素 4:1 或 1:1（质量比）的混合物进行试验时，显示的平均燃烧时间等于或小于溴酸钾与纤维素 2:3（质量比）的混合物的平均燃烧时间，并且未满足类别 1 的标准的任何物质或混合物
3	受试样品（或混合物）与纤维素 4:1 或 1:1（质量比）的混合物进行试验时，显示的平均燃烧时间等于或小于溴酸钾与纤维素 3:7（质量比）的混合物的平均燃烧时间，并且未满足类别 1 和类别 2 的标准的任何物质或混合物

部分氧化性固体的分类情况见表 1-32。

表 1-32 氧化性固体的分类举例

名　　称	分　　类
超氧化钠、过二碳酸钠、高氯酸钾、氯酸钡、氯酸钾、氯酸钠	氧化性固体，类别 1
次氯酸钙［含有效氯 >10%］、高碘酸、碘酸钾、碘酸钠	氧化性固体，类别 2
过硫酸铵、过硫酸钠、硝酸钙、硝酸钠	氧化性固体，类别 3

3）标签要素的分配

氧化性固体标签要素的分配见表 1-33。

4）氧化性物质的危险特性

（1）强氧化性。多数氧化性物质氧化价态高，活泼性强，有强氧化性，本身不燃烧，但与易燃、可燃物质接触能引起着火或爆炸。如高锰酸钾与甘油、乙二醇接触，过氧化钠与甲醇、醋酸接触等，都能起火。

表1-33 氧化性固体标签要素的分配

类别1	类别2	类别3
危险	危险	警告
可引起燃烧或爆炸；强氧化剂	可加剧燃烧；氧化剂	可加剧燃烧；氧化剂
5.1	5.1	5.1

（2）助燃性。氧化性物质在火场中能增大火势，对易燃、可燃物质的燃烧有促进作用。

（3）易分解。氧化性物质受热、震动、摩擦或撞击时易分解出氧气，若接触易燃物、有机物，特别是与木炭粉、硫黄粉、淀粉等混合时，能引起着火和爆炸。

（4）毒性、腐蚀性。有些氧化性物质有毒或有腐蚀性，能毒害人体，烧伤皮肤。如三氧化铬、重铬酸钾、铬酸钠、硝酸铊、亚硝酸钠、硝酸、高氯酸等。

15. 有机过氧化物

1）定义

有机过氧化物是指含有过氧基—O—O—结构和可视为过氧化氢的一个或两个氢原子被有机基团取代的衍生物的液态或固态有机物。本定义还包括有机过氧化物配制物（混合物）。有机过氧化物是可发生放热自加速分解、热不稳定的物质或混合物。此外，它们可具有一种或多种下列性质：

（1）易于爆炸分解。

（2）迅速燃烧。

（3）对撞击或摩擦敏感。

（4）与其他物质发生危险反应。

如果其配制品在实验室试验中容易爆炸、迅速爆燃或在封闭条件下加热时显示剧烈效应，则认为有机过氧化物具有爆炸性质。

2）分类

任何有机过氧化物应考虑划分为这一类，除非有机过氧化物混合物中：

其有机过氧化物的有效氧含量不超过 1.0%，而且过氧化氢含量不超过 1.0%；或者

其有机过氧化物的有效氧含量不超过 0.5%，而且过氧化氢含量超过 1.0% 但不超过 7.0%。

有机过氧化物混合物的有效氧含量（%）的计算式为

$$有机氧化物混合物的有效氧含量 = 16 \sum_{i}^{n} \frac{n_i c_i}{m_i}$$

式中　　n_i——每个分子有机过氧化物 i 的过氧化基团数；

c_i——有机过氧化物 i 的浓度（质量百分数），%；

m_i——有机过氧化物 i 的分子量。

根据下列原则，有机过氧化物可划分为下列 7 个类别之一：

（1）任何有机过氧化物，如在包装件中可能起爆或迅速爆燃，将定为 A 型有机过氧化物。

（2）任何具有爆炸性质的有机过氧化物，如在包装件中既不起爆也不迅速爆燃，但在该包装件中可能发生热爆炸，将定为 B 型有机过氧化物。

（3）任何具有爆炸性质的有机过氧化物，如在包装件中不可能起爆或迅速爆燃或发生热爆炸，将定为 C 型有机过氧化物。

（4）任何有机过氧化物，如果在实验室试验中：

部分起爆，不迅速爆燃，在封闭条件下加热时不呈现任何剧烈效应；或者

根本不起爆，缓慢爆燃，在封闭条件下加热时不呈现任何剧烈效应；或者

根本不起爆或爆燃，在封闭条件下加热时呈现中等效应；

将定为 D 型有机过氧化物。

（5）任何有机过氧化物，在实验室试验中，既绝不起爆也绝不爆燃，在封闭条件下加热时只呈现微弱效应或无效应，将定为 E 型有机过氧化物。

（6）任何有机过氧化物，在实验室试验中，既绝不在空化状态下起爆也绝不爆燃，在封闭条件下加热时只呈现微弱效应或无效应，而且爆炸力弱或无爆炸力，将定为 F 型有机过氧化物。

（7）任何有机过氧化物，在实验室试验中，既绝不在空化状态下起爆也绝不爆燃，在封闭条件下加热时显示无效应，而且无任何爆炸力，将定为 G 型有机过氧化物，但该物质或混合物应是热稳定的（50 kg 包装件的自加速分解温度为 60 ℃或更高），对于液体混合物，所用脱敏稀释剂的沸点不低于 150 ℃。如果有机过氧化物不是热稳定的，或者所用脱敏稀释剂的沸点低于 150 ℃，将定为 F 型有机过氧化物。

注：G 型有机过氧化物没有划定的危险公示要素，但需考虑属于其他危险类别的性质。

部分有机过氧化物的分类情况见表 1 - 34。

表 1 - 34　有机过氧化物的分类举例

名　　称	分　　类
过氧化二苯甲酰［51% < 含量≤100%，惰性固体含量≤48%］	有机过氧化物，B 型
过氧化二苯甲酰［35% < 含量≤51%，惰性固体含量 > 48%］	有机过氧化物，D 型
过氧化二苯甲酰［36% < 含量 < 42%，含 A 型稀释剂≥18%，含水≤40%］	有机过氧化物，E 型
过氧化二苯甲酰［含量≤42%，在水中稳定弥散］	有机过氧化物，F 型

3）标签要素的分配

有机过氧化物标签要素的分配见表 1 - 35。

表 1-35　有机过氧化物标签要素的分配

A 型	B 型	C 型和 D 型	E 型和 F 型	G 型
危险 加热可引起 爆炸	危险 加热可引起 燃烧或爆炸	危险 加热可引起 燃烧	警告 加热可引起 燃烧	本危险类别 没有分配标签要素
不得接受在 所试验的包装 中运输	5.2 / 1	5.2	5.2	联合国《关于危险 货物运输的建议书 规章范本》中 不使用

4）有机过氧化物的危险特性

（1）分解爆炸性。有机过氧化物含有过氧键 O—O，过氧键键能为 84～209 kJ/mol，与碳碳键 C—C 键能 347.3 kJ/mol、碳氢键 C—H 键能 414.2 kJ/mol 相比，过氧键键能低很多，故有机过氧化物稳定性较差，对热、震动、冲击和摩擦都极为敏感，在外力作用下极易分解。

（2）易燃性。有机过氧化物不仅极易分解爆炸，而且特别易燃，燃烧也比较剧烈。如过氧化叔丁醇的闪点为 26.67 ℃。所以扑救有机过氧化物火灾时应特别注意爆炸的危险性。

（3）身体伤害性。有机过氧化物对人体有刺激性，有的对眼睛有伤害作用，有的对皮肤有致敏作用。例如，过氧化环己酮、叔丁基过氧化氢、过氧化二乙酰等，对眼睛有伤害作用。

16. 金属腐蚀物

1）定义

金属腐蚀物是指通过化学作用会显著损伤甚至毁坏金属的物质或混合物。

2）分类

金属腐蚀物分为 1 个类别：金属腐蚀物，类别 1。

金属腐蚀物分类标准见表 1 – 36。

表 1 – 36　金属腐蚀物分类标准

类别	标　　准
1	在试验温度 55 ℃下，钢或铝表面的腐蚀速率超过 6.25 mm/a

注：如果对钢或铝进行的第一个试验表明，接受试验的物质或混合物具有腐蚀性，则无须再对另一金属进行试验。

部分金属腐蚀物的分类情况见表 1 – 37。

表 1 – 37　金属腐蚀物的分类举例

名　　称	分　　类
硫酸、盐酸、苯酚磺酸、氯酸溶液〔浓度≤10%〕	金属腐蚀物，类别 1

3）标签要素的分配

金属腐蚀物标签要素的分配见表 1 – 38。

4）金属腐蚀物的危险特性

（1）强烈的腐蚀性。金属腐蚀物对金属设备及构筑物有很强的腐蚀破坏能力，能和很多金属、有机化合物、动植物机体等发生化学反应。例如，多数酸可以腐蚀溶解金属材料，氢氟酸可以腐蚀玻璃。一些金属腐蚀物对有机物质有很强的破坏力。例如，浓硫酸能够迅速破坏木材、衣物、皮革、纸张的组织成分使之碳化；浓度较大的氢氧化钠溶液能够使棉质物和毛纤维的纤维组织破坏溶解。这类物质有硫酸、盐酸、硝酸、氢氧化钠、氢氧化钾等。

表 1-38　金属腐蚀物标签要素的分配

类别 1
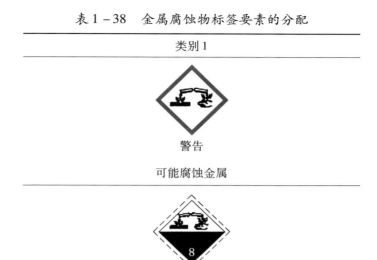
警告
可能腐蚀金属

（2）氧化性。有些金属腐蚀物本身虽然不燃烧，但具有较强的氧化性，是氧化性很强的氧化剂，当它与某些可燃物接触时有着火或爆炸的危险。例如，硝酸、浓硫酸、发烟硫酸、高氯酸、溴等与木屑、纱布、纸张、稻草、甘油、乙醇等接触都可氧化自燃起火。

（3）毒害性。多数金属腐蚀物有不同程度的毒性，有很多腐蚀品可以产生不同程度的有毒气体和蒸气，能造成人体中毒。例如，氢氟酸能挥发出既有强烈腐蚀性又有毒害性的气体，发烟硝酸能挥发出有毒的二氧化氮气体，发烟硫酸能挥发出有毒的三氧化硫，它们都对人体有相当大的毒害作用。

17. 急性毒性

1）定义

急性毒性是指经口或经皮给予物质的单次剂量或在 24 h 内给予的多次剂量，或者 4 h 的吸入接触发生的急性有害影响。

急性毒性值用 LD_{50} 值（经口、经皮），或 LC_{50} 值（吸入）表示，或用急性毒性估计值（ATE）表示。

2）分类

按照经口、经皮、吸入等侵入途径的不同，急性毒性各分为 5 个类别。

（1）经口：急性毒性－经口，类别1；急性毒性－经口，类别2；急性毒性－经口，类别3；急性毒性－经口，类别4；急性毒性－经口，类别5。

（2）经皮：急性毒性－经皮，类别1；急性毒性－经皮，类别2；急性毒性－经皮，类别3；急性毒性－经皮，类别4；急性毒性－经皮，类别5。

（3）吸入：急性毒性－吸入，类别1；急性毒性－吸入，类别2；急性毒性－吸入，类别3；急性毒性－吸入，类别4；急性毒性－吸入，类别5。

急性毒性分类标准见表1－39。

表1－39　急性毒性分类标准

暴露方式	单位	类别1	类别2	类别3	类别4	类别5
经口	mg/kg	5	50	300	2000	5000
经皮	mg/kg	50	200	1000	2000	
气体[①]	mL/L	0.1	0.5	2.5	20	
蒸气[①,②]	mg/L	0.5	2.0	10	20	
粉尘和烟雾[①]	mg/L	0.05	0.5	1.0	5	

注：① 表中吸入的最大值是基于4 h接触试验得出的。如现有1 h接触的吸入毒性数据，对于气体和蒸气应除以2加以转换，对于粉尘和烟雾应除以4加以转换。

② 对于某些化学品所试气体不会正好是蒸气，而会由液相与蒸气相的混合物组成。对于另一些化学品，所试气体可由几乎为气相的蒸气组成。对后者，应按照气体分类。

3）标签要素的分配

急性毒性标签要素的分配见表1－40。

18. 皮肤腐蚀/刺激

1）定义

（1）皮肤腐蚀。对皮肤能造成不可逆损害的结果，即施用试验物质4 h内，可观察到表皮和真皮坏死。典型的腐蚀反应具有溃疡、出血、血痂的特征，而且在14天观察期结束时，皮肤、完全脱发区域和结痂处由于漂白而褪色。应通过组织病理学检查来评估可疑的病变。

表 1 - 40　急性毒性标签要素的分配（经口、经皮、吸入）

类别 1	类别 2	类别 3	类别 4	类别 5
☠	☠	☠	❗	无象形图
危险	危险	危险	警告	警告
吞咽（皮肤接触、吸入）致命	吞咽（皮肤接触、吸入）致命	吞咽（皮肤接触、吸入）会中毒	吞咽（皮肤接触、吸入）有害	吞咽（皮肤接触、吸入）可能有害
6	6	6		

注：气体或气溶胶时底角用 2 代替 6。

（2）皮肤刺激。施用试验物质达到 4 h 后对皮肤造成可逆损害的结果。

2）分类

皮肤腐蚀/刺激分为 3 个类别：皮肤腐蚀/刺激，类别 1（包括 3 个子类别：皮肤腐蚀/刺激，类别 1A；皮肤腐蚀/刺激，类别 1B；皮肤腐蚀/刺激，类别 1C）；皮肤腐蚀/刺激，类别 2；皮肤腐蚀/刺激，类别 3。

皮肤腐蚀分类标准见表 1 - 41。

表 1 - 41　皮肤腐蚀分类标准*

类别 1：腐蚀	腐蚀子类别	3 只试验动物中有 1 只或 1 只以上出现腐蚀	
		涂皮时间	观察时间
腐蚀	1A	≤3 min	≤1 h
	1B	>3 min 且≤1 h	≤14 d
	1C	>1 h 且≤4 h	≤14 d

注：＊为了分类，在评价一种化学品对人类的健康危险时，应体现与化学品对人类影响有关的可靠的流行病学数据和经验（如职业数据、事故数据库的数据）。

皮肤刺激分类标准见表 1 - 42。

表 1-42   皮 肤 刺 激 分 类 标 准①

类别	标 准
刺激 （类别2）	（1）在斑贴除掉之后的24 h、48 h、72 h分级试验中，或者如果反应延迟，在皮肤反应开始后的连续3天的分级试验中，3只试验动物至少有2只试验动物的红斑或水肿平均值②不小于2.3和不大于4.0；或 （2）炎症在至少2只动物中持续到正常14天观察期结束，特别注意到脱发（有限区域）、过度角化、过度增生和脱皮；或 （3）在某些情况下，不同动物之间的反应会有明显变化，只有1只动物有非常明确的与化学品接触有关的阳性反应，但低于上述标准
轻度刺激 （类别3）	在24 h、48 h和72 h分级试验中，或者如果反应延迟，在皮肤反应开始后的连续3天的分级试验中（当不包括在上述刺激类别时），3只试验动物中至少有2只试验动物的红斑/焦痂或水肿的平均值为1.5～2.3

注：① 为了分类，在评价一种化学品对人类的健康危险时，应体现与化学品对人类影响有关的可靠的流行病学数据和经验（如职业数据、事故数据库的数据）。

　　② 来自皮肤刺激试验。

3）标签要素的分配

皮肤腐蚀/刺激标签要素的分配见表1-43。

表 1-43   皮肤腐蚀/刺激标签要素的分配

类别 1			类别 2	类别 3
类别 1A	类别 1B	类别 1C		
				无象形图
危险	危险	危险	警告	警告
造成严重 皮肤灼伤 和眼睛损伤	造成严重 皮肤灼伤 和眼睛损伤	造成严重 皮肤灼伤 和眼睛损伤	造成皮肤 刺激	造成轻微 皮肤刺激

19. 严重眼损伤/眼刺激

1）定义

（1）严重眼损伤。将受试物滴入眼睛内表面，引起眼部组织损伤，或出现严重的视觉衰退，且在暴露后的 21 天内尚不能完全恢复。

（2）眼刺激。将受试物滴入眼内表面，引起眼睛变化，但在滴眼 21 天内可完全恢复。

2）分类

严重眼损伤/眼刺激分为 2 个类别：严重眼损伤/眼刺激，类别 1；严重眼损伤/眼刺激，类别 2（包括 2 个子类别：严重眼损伤/眼刺激，类别 2A；严重眼损伤/眼刺激，类别 2B）。

严重眼损伤（眼部不可逆效应）分类标准见表 1 - 44。

表 1 - 44　严重眼损伤（眼部不可逆效应）分类标准

类别	标　　准
1	试验物质有以下情况，分类为眼刺激类别 1（对眼部不可逆效应）： （1）至少 1 只动物的角膜、虹膜或结膜受到影响，并预期不可逆或在正常 21 天观察期内无法完全恢复；和/或 （2）3 只试验动物，至少 2 只有如下阳性反应： 角膜浑浊度≥3；和/或 虹膜炎＞1.5。 在受试物施用之后 24 h、48 h 和 72 h 分级的平均值计算

眼刺激（眼部可逆效应）分类标准见表 1 - 45。

表 1 - 45　眼刺激（眼部可逆效应）分类标准

类别	标　　准
2	试验物质有以下情况，分类为眼刺激类别 2A： （1）3 只试验动物中至少 2 只有如下项目的阳性反应： 角膜浑浊度≥1；和/或 虹膜炎≥1；和/或 结膜红度≥2；和/或 结膜浮肿≥2。 在受试物质施加之后 24 h、48 h、72 h 的分级平均值计算，而且在正常 21 天观察期内完全恢复。 （2）在本类别范围，如以上所列效应在 7 天观察期内完全恢复，则被认为是轻微眼刺激（类别 2B）

3）标签要素的分配

严重眼损伤/眼刺激标签要素的分配见表1-46。

表1-46　严重眼损伤/眼刺激标签要素的分配

类别1	类别2	
	类别2A	类别2B
 危险 造成严重眼损伤	 警告 造成严重眼刺激	无象形图 警告 造成眼刺激

注：严重眼损伤/眼刺激在联合国《关于危险货物运输的建议书　规章范本》中不作要求。

20. 呼吸道或皮肤过敏

1）定义

（1）呼吸道致敏物。吸入后会导致呼吸道过敏的物质。

（2）皮肤致敏物。皮肤接触后会导致过敏的物质。

2）分类

（1）呼吸道致敏物。呼吸道致敏物分为1个类别：呼吸道致敏物，类别1。该类别细分为2个子类别：呼吸道致敏物，类别1A；呼吸道致敏物，类别1B。

呼吸道致敏物分类标准见表1-47。

表1-47　呼吸道致敏物分类标准

类别	标　准
1	呼吸道致敏物质。 满足以下条件划为呼吸道致敏物质： （1）如果有人类证据，该物质可导致特定的呼吸道过敏；和/或 （2）如果有合适的动物试验的阳性结果*

表 1 – 47（续）

类别	标　　准
1A	物质显示在人类中有高发生率；或根据动物或其他试验，可能对人有高过敏率*。反应的严重程度也可考虑在内
1B	物质显示在人类中过敏的发生率为低度到中度；或根据动物或其他试验，可能发生人的低度到中度过敏率*。反应的严重程度也可考虑在内

注：＊目前还没有公认和有效的用来进行呼吸道致敏试验的动物模型。在某些情况下，对动物的研究数据，在作证据权重评估中，可提供重要信息。

（2）皮肤致敏物。皮肤致敏物分为 1 个类别：皮肤致敏物，类别1。该类别细分为 2 个子类别：皮肤致敏物，类别 1A；皮肤致敏物，类别 1B。

皮肤致敏物分类标准见表 1 – 48。

表 1 – 48　皮 肤 致 敏 物 分 类 标 准

类别	标　　准
1	皮肤致敏物质。 满足以下条件划为皮肤致敏物质： （1）如果有人类证据显示，有较大数量的人在皮肤接触后可造成过敏。 （2）如果有适当的动物试验的阳性结果
1A	物质显示在人类中的发生率较高；或在动物身上有较大的可能性，则可以假定该物质有可能在人类身上产生严重过敏作用。还应结合反应的严重程度
1B	物质显示在人类有低到中度的发生率；或对动物有低到中度的可能性，可以假定有可能造成人的过敏。还应结合反应的严重程度

3）标签要素的分配

呼吸道致敏物和皮肤致敏物标签要素的分配见表 1 – 49 和表 1 – 50。

表 1-49　呼吸道致敏物标签要素的分配

类别1（1A、1B）
危险
吸入可能引起过敏或哮喘症状或呼吸困难

注：呼吸道致敏物在联合国《关于危险货物运输的建议书　规章范本》中不作要求。

表 1-50　皮肤致敏物标签要素的分配

类别1（1A、1B）
警告
可能导致皮肤过敏反应

注：皮肤致敏物在联合国《关于危险货物运输的建议书　规章范本》中不作要求。

21. 生殖细胞致突变性

1）定义

（1）突变。是指细胞中遗传物质的数量或结构发生的永久性改变。

（2）生殖细胞致突变性。是指化学品引起人类生殖细胞发生可遗传给后代的突变。

2）分类

生殖细胞致突变性分为2个类别：生殖细胞致突变性，类别1（包括2个子类别：生殖细胞致突变性，类别1A；生殖细胞致突变性，类别1B）；生殖细胞致突变性，类别2。

生殖细胞致突变性分类标准见表1-51。

表 1-51　生殖细胞致突变性分类标准

类别	标　准
1	已知能引起人类生殖细胞发生可遗传突变或可能引起人类细胞可遗传突变的物质。 类别1A：已知能引起人类生殖细胞发生可遗传突变的物质。 判断标准：人类流行病学研究的阳性证据。 类别1B：应被认为可能引起人类生殖细胞可遗传突变的物质。 判断标准： （1）哺乳动物体内遗传的生殖细胞突变试验的阳性结果；或 （2）哺乳动物体内体细胞突变性试验的阳性结果，结合一些证据表明该物质具有诱发生殖细胞突变的可能。例如，这种支持性证据可由体内生殖细胞中突变性/遗传毒性试验推导，或由该物质或其代谢物与生殖细胞的遗传物质的相互作用证实；或 （3）显示人类的生殖细胞突变影响的试验的阳性结果，不遗传给后代，例如，接触该物质的人群的精液细胞中非整倍体频度的增加
2	由于可能导致人类生殖细胞可遗传性突变而引起人们关注的物质。 判断标准： 哺乳动物试验和/或某些情况下体外试验得到的阳性结果。 （1）哺乳动物体内的体细胞致突变性试验；或 （2）其他体外致突变性试验的阳性结果支持的体内细胞遗传毒性试验

注：体外哺乳动物细胞致突变性试验为阳性，并且从化学品结构活性关系已知为生殖细胞突变的化学品，应考虑分为类别 2 致突变物。

3）标签要素的分配

生殖细胞致突变性标签要素的分配见表 1-52。

表 1-52　生殖细胞致突变性标签要素的分配

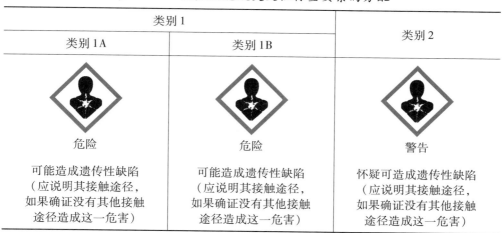

类别 1		类别 2
类别 1A	类别 1B	
危险	危险	警告
可能造成遗传性缺陷（应说明其接触途径，如果确证没有其他接触途径造成这一危害）	可能造成遗传性缺陷（应说明其接触途径，如果确证没有其他接触途径造成这一危害）	怀疑可造成遗传性缺陷（应说明其接触途径，如果确证没有其他接触途径造成这一危害）

注：生殖细胞致突变性联合国《关于危险货物运输的建议书　规章范本》中不作要求。

22. 致癌性

1) 定义

致癌物是指能导致癌症或增加癌症发病率的物质或混合物。

在实施良好的动物试验研究中诱发良性和恶性肿瘤的物质和混合物，也被认为是假定的或可疑的人类致癌物，除非有确切证据显示肿瘤形成的机制与人类无关。将物质或混合物按具有致癌危害分类，是根据物质本身的性质，并不提供使用该物质或混合物可能产生的人类致癌风险高低的信息。

2) 分类

致癌性分为 2 个类别：致癌性，类别 1（包括 2 个子类别：致癌性，类别 1A；致癌性，类别 1B）；致癌性，类别 2。

致癌性分类标准见表 1 – 53。

表 1 – 53 致癌性分类标准

类别	标 准
1	已知或假定的人类致癌物。 根据流行病学和/或动物的致癌性数据，可将物质划分为类别 1。个别物质可以进一步分类。 类别 1A：已知对人类有致癌可能，对物质的分类主要根据人类的证据。假定对人类有致癌可能，对物质的分类主要根据动物的证据。 类别 1B：以证据的充分程度以及附加的考虑事项为基础，这样的证据可来自人类研究，即研究确定，人类接触物质与癌症发病间的因果关系（已知的人类致癌物）。或者，证据也可来自动物试验，即动物试验以充分的证据证明动物致癌性（假定的人类致癌物）。此外，在个案基础上，从人类致癌性的有限证据结合动物试验的致癌性有限证据中，经过科学判断可以合理地确定假定的人类致癌物
2	可疑的人类致癌物。 可根据人类和/或动物研究得到的证据将物质划分为类别 2，但前提是这些证据不能令人信服地将物质划分为类别 1。根据证据的充分程度以及附加考虑事项，这些证据可来自人类研究中有限的致癌性证据，或来自动物研究中有限的致癌性证据

3) 标签要素的分配

致癌性标签要素的分配见表 1 – 54。

表 1-54 致癌性标签要素的分配

类别 1		类别 2
类别 1A	类别 1B	
危险	危险	警告
可能致癌（如果最终证明没有其他接触途径会产生这一危害时，则说明接触途径）	可能致癌（如果最终证明没有其他接触途径会产生这一危害时，则说明接触途径）	怀疑致癌（如果最终证明没有其他接触途径会产生这一危害时，则说明接触途径）

注：致癌性在联合国《关于危险货物运输的建议书 规章范本》中不作要求。

23. 生殖毒性

1）定义

（1）生殖毒性。对成年雄性和雌性的性功能和生育能力的有害影响，以及对子代的发育毒性。

在此分类系统中，生殖毒性被细分为两个主要方面：对性功能和生育能力的有害影响以及对子代发育的有害影响。

（2）对性功能和生殖能力的有害影响。化学品干扰性功能和生殖能力的任何效应，包括（但不限于）雌性和雄性生殖系统的变化，对青春期的开始、生殖细胞的产生和输送、生殖周期的正常状态、性行为、生育能力、分娩、怀孕结果的有害影响，生殖能力的早衰或与生殖系统完整性有关的其他功能的改变。

对经过哺乳造成的有害影响也属于生殖毒性的范围，但是出于分类目的，应分别处理这种效应。这是因为希望能将化学品对哺乳的有害影响作专门分类，以便将这种影响的特定的危险警告提供给哺乳的母亲。

（3）对子代发育的有害影响。从最广泛的意义上来说，发育毒性包括在出生前或出生后干扰胎儿正常发育的任何影响，这种影响的产生是由于受孕前父母一方的接触，或者正在发育之中的后代在出生前或出生后至性成熟之前这一期间的接触。但是，对发育毒性的分类，其主要目的是对孕妇及有生育能力的男性与女性提供危险性警告。因此，对于分类的实用目的而言，发育毒性主要指对怀孕期间的有害影响，或由于父母的接触造成的有害影响。这些影响能在生物体生存时间的任何阶段显露出来。发育毒性的主要表现形式包括发育中的生物体死亡、结构畸形、生长改变及功能缺陷。

2）分类

生殖毒性分为3个类别：生殖毒性，类别1（包括2个子类别：生殖毒性，类别1A；生殖毒性，类别1B）；生殖毒性，类别2；生殖毒性，附加类别。

生殖毒性分类标准见表1-55。

表1-55 生殖毒性分类标准

类别	标 准
1	已知或假定的人类生殖毒物。 此类别包括对人类的生殖能力或发育已产生有害影响的物质，或有动物研究的证据，及可能用其他信息补充提供其具有妨碍人生殖能力的物质。根据其分类的证据来源可作进一步区分，主要来自人的数据（类别1A）或来自动物的数据（类别1B）。 类别1A：已知的人类生殖毒物。 将物质划分为这一类别主要是根据人类证据。 类别1B：推测可能的人类生殖毒物。 将物质划分为这一类别主要是依据试验动物的数据。动物研究数据应提供清楚的、没有其他毒性作用的和特异性生殖毒性的证据，或者当有害生殖效应与其他毒性效应一起发生时，这种有害生殖效应不被认为是继发的、非特异性的其他毒性效应。但是，当存在有机制方面的信息怀疑这种效应对人类的相关性时，将其分类至类别2也许更合适
2	可疑人类的生殖毒物。 此类别的物质应有人或动物试验研究证据（可能还有其他补充材料）表明对生殖能力、发育的有害效应而不伴发其他毒性效应；但如果生殖毒性效应伴发其他毒性效应，这种生殖毒性效应不被认为是其他毒性效应的继发的非特异性结果；同时，没有充分证据支持分为类别1。例如，研究中的欠缺可以使证据的说服力较差，基于此原因，分类至类别2可能更合适

表 1 - 55（续）

类别	标　准
附加类别	影响哺乳或通过哺乳产生影响。 　对哺乳的影响单独划分为一个类别。已知许多物质不存在经哺乳对子代引起有害影响的信息。但是，已知一些物质被妇女吸收后显示干扰哺乳，或该物质（包括代谢物）可能存在于乳汁中，而且其含量足以影响哺乳期婴儿的健康，那么应标示出该物质分类对哺乳期婴儿造成危害的性质。这一分类可根据如下情况确定： 　（1）对该物质吸收、代谢、分布和排泄的研究应指出该物质在乳汁中存在，且其含量达到可能产生毒性的水平；和/或 　（2）在动物试验中一代或二代的研究结果表明，物质转移至乳汁中对子代的有害影响或对乳汁质量的有害影响的清楚证据；和/或 　（3）人的试验证据包括对哺乳期婴儿的危害

3）标签要素的分配

生殖毒性标签要素的分配见表 1 - 56。

表 1 - 56　生殖毒性标签要素的分配

类别 1		类别 2	附加类别
类别 1A	类别 1B		
			无象形图
危险	危险	警告	无信号词
可能对生育能力或胎儿造成伤害（如果已知，说明具体影响；应说明接触途径，如果确证无其他接触途径造成这一危害）	可能对生育能力或胎儿造成伤害（如果已知，说明具体影响；应说明接触途径，如果确证无其他接触途径造成这一危害）	怀疑对生育能力或胎儿造成伤害（如果已知，说明具体影响；应说明接触途径，如果确证无其他接触途径造成这一危害）	可能对母乳喂养的儿童造成伤害

注：生殖毒性在联合国《关于危险货物运输的建议书　规章范本》中不作要求。

24. 特异性靶器官毒性　一次接触

1）定义

特异性靶器官毒性　一次接触是指一次接触物质和混合物引起的特

异性、非致死性靶器官毒性作用，包括所有明显的健康效应，可逆的和不可逆的、即时的和迟发的功能损害。

2）分类

特异性靶器官毒性 一次接触分为 3 个类别：特异性靶器官毒性 – 一次接触，类别 1；特异性靶器官毒性 – 一次接触，类别 2；特异性靶器官毒性 – 一次接触，类别 3。

特异性靶器官毒性 一次接触分类标准见表 1 – 57。

表 1 – 57 特异性靶器官毒性 一次接触分类标准

类别	标准
1	对人类产生显著毒性的物质，或者根据试验动物研究得到的证据，可假定在一次接触之后可能对人类产生显著毒性的物质。 将物质划分为类别 1 的根据是： （1）人类的病例报告或流行病学研究的可靠和高质量的证据；或 （2）试验动物研究的观察结果，在试验中，在一般低浓度接触时产生与人类健康有关的明显和/或严重的特异性靶器官系统毒性效应
2	根据试验动物研究的证据，可假定在一次接触之后可能对人类健康产生危害的物质。 根据试验动物研究的观察结果将物质分类至类别 2，其中在一般适度接触浓度时即会产生与人类健康相关的显著或严重毒性效应。 在特别情况，人类的证据也能用于将物质分类至类别 2
3	暂时性靶器官效应。 有些靶器官效应可能不符合把物质/混合物划入上述类别 1 或类别 2 的标准。这些效应在接触后短暂时间内有时改变人类功能，但可在合理的时间恢复而不留下组织或功能改变。如麻醉效应、呼吸道刺激

3）标签要素的分配

特异性靶器官毒性 一次接触标签要素的分配见表 1 – 58。

25. 特异性靶器官毒性 反复接触

1）定义

特异性靶器官毒性 反复接触是指反复接触物质和混合物引起的特异性、非致死性的靶器官毒性作用，包括所有明显的健康效应，可逆的和不可逆的、即时的和迟发的功能损害。

表 1-58 特异性靶器官毒性 一次接触标签要素的分配

类别 1	类别 2	类别 3
危险	警告	警告
对器官造成损害（或说明已知的所有受影响器官）（如果已明确证明没有其他接触途径引起这一危险，则说明接触途径）	可能对器官造成损害（或说明已知的所有受影响器官）（如果已明确证明没有其他接触途径引起这一危险，则说明接触途径）	（呼吸道刺激）可能引起呼吸道刺激或（麻醉效应）可能引起昏昏欲睡或眩晕

注：特异性靶器官毒性 一次接触在联合国《关于危险货物运输的建议书 规章范本》中不作要求。

2）分类

特异性靶器官毒性 反复接触分为 2 个类别：特异性靶器官毒性－反复接触，类别 1；特异性靶器官毒性－反复接触，类别 2。

特异性靶器官毒性 反复接触分类标准见表 1-59。

表 1-59 特异性靶器官毒性 反复接触分类标准

类别	标　准
1	对人类产生显著毒性的物质，或根据试验动物研究得到的证据，可假定在反复接触后有可能对人类产生显著毒性的物质。 将物质划分为类别 1 是根据： （1）人类的病例报告或流行病学研究的可靠和高质量的证据；或 （2）试验动物研究的观察资料，其中在低接触浓度时产生与人类健康有关的明显和/或严重的特异性靶器官系统毒性效应
2	根据试验动物研究的证据，可假定在反复接触之后有可能危害人类健康的物质。 将物质分类至类别 2 是根据试验动物研究的观察资料，其中在中等接触浓度时产生与人类健康有关的明显特异性靶器官系统毒性。 在特别情况，分类至类别 2 也可使用人类证据

3）标签要素的分配

特异性靶器官毒性　反复接触标签要素的分配见表1－60。

表1－60　特异性靶器官毒性　反复接触标签要素的分配

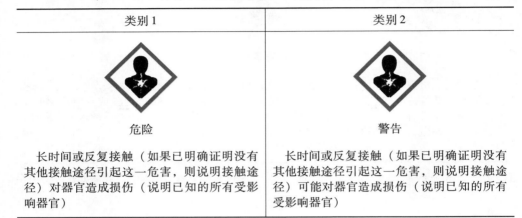

类别1	类别2
危险	警告
长时间或反复接触（如果已明确证明没有其他接触途径引起这一危害，则说明接触途径）对器官造成损伤（说明已知的所有受影响器官）	长时间或反复接触（如果已明确证明没有其他接触途径引起这一危害，则说明接触途径）可能对器官造成损伤（说明已知的所有受影响器官）

注：特异性靶器官　反复接触在联合国《关于危险货物运输的建议书　规章范本》中不作要求。

26. 吸入危害

1）定义

吸入是指液态或固态化学品通过口腔或鼻腔直接进入或者因呕吐间接进入气管和下呼吸系统。

2）分类

吸入危害分为2个类别：吸入危害，类别1；吸入危害，类别2。

吸入危害分类标准见表1－61。

表1－61　吸入危害分类标准

类别	标　准
1	已知引起人类吸入毒性危险的化学品或者被看作会引起人类吸入毒性危险的化学品。 物质被划分为类别1： （1）根据可靠的优质人类证据[①]。 （2）如果是烃类并且在40 ℃测量的运动黏度≤20.5 mm^2/s

表 1 – 61（续）

类别	标　　准
2	因假定它们会引起人类吸入毒性的危险而令人关注的化学品。 根据现有的动物研究以及专家考虑到表面张力、水溶性、沸点和挥发性作出的判断，在 40 ℃测量的运动黏度≤14 mm²/s 的物质，被划入第 1 类的物质除外②

注：① 划入类别 1 的物质如某些烃类、松节油和松树油。

　　② 在这些条件下，有些政府主管部门可能会考虑将下列物质划入这一类别：至少有 3 个但不超过 13 个碳原子的正伯醇、异丁醇和不超过 13 个碳原子的酮类。

3）标签要素的分配

吸入危害标签要素的分配见表 1 – 62。

表 1 – 62　吸入危害标签要素的分配

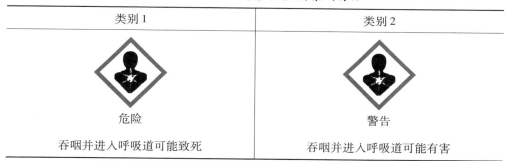

类别 1	类别 2
危险	警告
吞咽并进入呼吸道可能致死	吞咽并进入呼吸道可能有害

注：吸入危害在联合国《关于危险货物运输的建议书　规章范本》中不作要求。

27. 对水环境的危害

1）定义

（1）急性水生毒性。是指水生生物短时间（以小时或天计）接触相对高浓度受试物后产生的致死、活动抑制或生长抑制等不良效应。毒性终点通常以受试生物致死率、活动抑制率或生长抑制率等表示，常选用鱼类 96 h LC_{50}、甲壳类 48 h EC_{50}、藻类 72 h 或 96 h EC_{50}。

（2）慢性水生毒性。是指水生生物长时间（以天或周计）接触相对低浓度受试物后产生的致死效应或亚致死效应（如生长抑制、生殖障碍、功能障碍、行为变化、畸形）等不良效应。毒性终点通常以受试生物致死率、繁殖率、生长抑制率等表示，常选用无可观察效应浓度（NOEC）或其他等效的 EC_x。

（3）急性（短期）水生危害。是指一种化学品的急性毒性对短期暴露于该化学品的水生生物造成的危害。

（4）长期水生危害。是指一种化学品的慢性毒性对长期暴露于该化学品的水生生物造成的危害。

（5）降解。是指有机分子分解为更小的分子，并最后分解为二氧化碳、水和盐类。

（6）半数致死浓度（LC_{50}）。是指在给定测试周期内，导致 50% 受试生物死亡的受试物浓度。

（7）效应浓度（EC_x）。是指在给定测试周期内，与对照组相比，导致 x% 受试生物出现某观察效应的受试物浓度。

（8）半数效应浓度（EC_{50}）。是指在给定测试周期内，导致 50% 受试生物出现某观察效应的受试物浓度。

（9）半数效应浓度（藻类生长率）（ErC_{50}）。是指在特定时间内，与对照组样品相比较，会造成藻类细胞生长率减少 50% 的浓度。也可以说是基于生长率下降的半数效应浓度。

（10）无可观察效应浓度（NOEC）。是指在给定测试周期内，与对照组相比，在统计学意义上对受试生物未产生显著效应（$p \geqslant 0.05$）的最高受试物浓度。

（11）生物富集系数（BCF）。是指受试物在水生生物中的浓度与该物质在周围水介质中浓度的比值。

（12）辛醇/水分配系数（K_{ow} 或 P_{ow}）是指受试物在辛醇与水两相介质中达到平衡时的浓度比值。通常用以 10 为底的对数（$\lg K_{ow}$ 或 $\lg P_{ow}$）表示。

2）分类

（1）急性（短期）水生危害。

急性（短期）水生危害分为 3 个类别：危害水生环境-急性危害，类别 1；危害水生环境-急性危害，类别 2；危害水生环境-急性危害，类别 3。

急性（短期）水生危害分类标准见表 1 - 63。

表 1 - 63　急性（短期）水生危害分类标准　　　mg/L

类别	标　　准	数　值
1	96 h LC_{50}（鱼类）和/或 48 h EC_{50}（甲壳纲动物）和/或 72 h 或 96 h ErC_{50}（藻类或其他水生植物）	≤1
2	96 h LC_{50}（鱼类）和/或 48 h EC_{50}（甲壳纲动物）和/或 72 h 或 96 h ErC_{50}（藻类或其他水生植物）	>1 且 ≤10
3	96 h LC_{50}（鱼类）和/或 48 h EC_{50}（甲壳纲动物）和/或 72 h 或 96 h ErC_{50}（藻类或其他水生植物）	>10 且 ≤100

（2）长期水生危害，物质不能快速降解，已掌握充分慢性毒性资料。

已掌握充分慢性毒性资料，物质不能快速降解的情况下，长期水生危害分为 2 个类别：危害水生环境 - 长期危害,类别 1;危害水生环境 - 长期危害，类别 2。

已掌握充分慢性毒性资料，物质不能快速降解的情况下，长期水生危害分类标准见表 1 - 64。

表 1 - 64　长期水生危害，物质不能快速降解，已掌握充分慢性
毒性资料情况下的分类标准　　　mg/L

类别	标　　准	数　值
1	鱼类、甲壳纲动物、藻类或其他水生植物中任意一种的慢性毒性 NOEC 或 EC_x	≤0.1
2	鱼类、甲壳纲动物、藻类或其他水生植物中任意一种的慢性毒性 NOEC 或 EC_x	>0.1 且 ≤1

（3）长期水生危害，物质能快速降解，已掌握充分慢性毒性资料。

已掌握充分慢性毒性资料，物质能快速降解的情况下，长期水生危

害分为 3 个类别：危害水生环境 – 长期危害，类别 1；危害水生环境 – 长期危害，类别 2；危害水生环境 – 长期危害，类别 3。

已掌握充分慢性毒性资料，物质能快速降解的情况下，长期水生危害分类标准见表 1 – 65。

表 1 – 65　长期水生危害，物质能快速降解，已掌握充分
慢性毒性资料情况下的分类标准　　　　　　　　mg/L

类别	标　　准	数　　值
1	鱼类、甲壳纲动物、藻类或其他水生植物中任意一种的慢毒 NOEC 或 EC_x	≤0.01
2	鱼类、甲壳纲动物、藻类或其他水生植物中任意一种的慢性毒性 NOEC 或 EC_x	>0.01 且≤0.1
3	鱼类、甲壳纲动物、藻类或其他水生植物中任意一种的慢性毒性 NOEC 或 EC_x	>0.1 且≤1

（4）长期水生危害，尚未掌握充分的慢毒性资料。

尚未掌握充分的慢毒性资料的情况下，长期水生危害分为 3 个类别：危害水生环境 – 长期危害，类别 1；危害水生环境 – 长期危害，类别 2；危害水生环境 – 长期危害，类别 3。

尚未掌握充分的慢毒性资料的情况下，长期水生危害分类标准见表 1 – 66。

表 1 – 66　长期水生危害，尚未掌握充分的慢毒性资料情况下的分类标准

类别	标　　准
1	急性 1 的条件，且物质不能快速降解和/或试验 BCF ≥ 500（如无试验数据，$\lg K_{ow} ≥ 4$）
2	急性 2 的条件，且物质不能快速降解和/或试验 BCF ≥ 500（如无试验数据，$\lg K_{ow} ≥ 4$）
3	急性 3 的条件，且物质不能快速降解和/或试验 BCF ≥ 500（如无试验数据，$\lg K_{ow} ≥ 4$）

（5）"安全网"分类，危害水生环境－长期危害，类别4。

对于不易溶解的物质，如在水溶性水平之下没有显示急性毒性，而且不能快速降解，$\lg K_{ow} \geq 4$（表现出生物积累潜力），将划分为危害水生环境－长期危害，类别4，除非有其他科学证据表明不需要分类。这种证据包括经试验确定的 BCF ＜ 500，或者慢性毒性 NOECs ＞ 1 mg／L，或者在环境中快速降解的证据。

3）标签要素的分配

（1）急性（短期）水生危害标签要素的分配见表1－67。

表1－67　急性（短期）水生危害标签要素的分配

类别1	类别2	类别3
![象形图]	无象形图	无象形图
警告	无信号词	无信号词
对水生生物毒性极大	对水生生物有毒	对水生生物有害

（2）长期水生危害标签要素的分配见表1－68。

表1－68　长期水生危害标签要素的分配

类别1	类别2	类别3	类别4
![象形图]	![象形图]	无象形图	无象形图
警告	无信号词	无信号词	无信号词
对水生生物毒性极大并且有长期持续影响	对水生生物有毒并且有长期持续影响	对水生生物有害并且有长期持续影响	可能对水生生物造成长期持续有害影响

28. 对臭氧层的危害

1）定义

臭氧消耗潜能值是指某种化学品的差量排放相对于同质量的三氯氟甲烷而言，对整个臭氧层的综合扰动的比值。

2）分类

对臭氧层的危害分 1 个类别：危害臭氧层，类别 1。

对臭氧层的危害分类标准见表 1 – 69。

表 1 – 69　对臭氧层的危害分类标准

类别	标　准
1	《蒙特利尔议定书》附件中列出的任何受管制物质；或 任何混合物至少含有一种浓度不小于 0.1% 的被列入《蒙特利尔议定书》附件的组分

3）标签要素的分配

对臭氧层的危害标签要素的分配见表 1 – 70。

表 1 – 70　对臭氧层的危害标签要素的分配

类别 1

警告

破坏高层大气中的臭氧，危害公共健康和环境

二、危险化学品目录及实施指南

（一）简介

《危险化学品目录》是落实《危险化学品安全管理条例》的重要基

础性文件，是企业落实危险化学品安全管理主体责任，以及相关部门实施监督管理的重要依据。2015 年 2 月 27 日，国家安全监管总局会同工业和信息化部、公安部、环境保护部、交通运输部、农业部、国家卫生计生委、质检总局、铁路局、民航局制定并发布了《危险化学品目录（2015 版）》（国家安全监管总局等十部门公告 2015 年第 5 号），于 2015 年 5 月 1 日起实施。按照《危险化学品安全管理条例》规定，应急管理部等十部门可根据化学品危险特性的鉴别和分类标准确定、公布，并适时调整危险化学品目录。2022 年 10 月 13 日，应急管理部、工业和信息化部、公安部、生态环境部、交通运输部、农业农村部、卫生健康委、市场监管总局、铁路局、民航局发布联合公告（应急管理部等十部门公告 2022 年第 8 号），对《危险化学品目录（2015 版）》进行了调整，将"1674 柴油［闭杯闪点≤60 ℃］"调整为"1674 柴油"，不再区分闪点。

为有效实施《危险化学品目录（2015 版）》（简称《目录》），2015 年 8 月 19 日国家安全监管总局发布了《危险化学品目录（2015 版）实施指南（试行）》（简称《实施指南》）。2022 年 11 月 28 日，为配合危险化学品目录的调整，应急管理部局部修订了《实施指南》中涉及柴油的内容。《实施指南》作为《目录》的重要配套技术文件，进一步明确了需要实施安全生产行政许可的危险化学品，提供了危险化学品的危险性分类信息，对指导各级应急管理部门落实危险化学品监督管理，帮助监管部门、企业和公众识别危险化学品危害发挥了重要作用。

（二）《目录》主要内容及解读

《目录》由两个部分构成：一是说明，对《目录》相关事项进行了说明，该部分主要包括危险化学品的定义和确定原则，剧毒化学品的定义和判定界限，《目录》各栏目的含义，其他事项共 4 个部分；二是危险化学品的目录清单，列举了 2828 个危险化学品条目。主要内容解读如下。

1. 危险化学品的定义和确定原则

根据《危险化学品安全管理条例》，危险化学品是指具有毒害、腐蚀、爆炸、燃烧、助燃等性质，对人体、设施、环境具有危害的剧毒化学品和其他化学品。因此，所有剧毒化学品都属于危险化学品，危险化学品的危险特性除腐蚀、爆炸、燃烧、助燃等物理危险特性外，还包括健康和环境危害，通过危险化学品确定原则可以精准确定危险化学品的危险特性。

根据《化学品分类和标签规范》（GB 30000）系列标准，从化学品28 类 95 个危险类别中，选取了其中危险性较大的 81 个类别作为危险化学品的确定原则（表 1 - 71）；14 个危险性较小的危险性类别的化学品，不纳入《目录》管理，其中，物理危险性类别 8 个、健康危害类别 4 个、环境危害类别 2 个。随着《化学品分类和标签规范》（GB 30000）系列标准的更新以及国家危险化学品安全监管的需要，在不久的将来危险化学品的确定原则很可能会发生变化。

表 1 - 71　危险化学品的确定原则

危险和危害种类		类　别	
		确定原则范围的	确定原则范围外的
物理危险	爆炸物	不稳定爆炸物、1.1 项、1.2 项、1.3 项、1.4 项	1.5 项、1.6 项
	易燃气体	1、2；A（化学不稳定性气体）、B（化学不稳定性气体）	—
	气溶胶	1	2、3
	氧化性气体	1	—
	加压气体	压缩气体、液化气体、冷冻液化气体、溶解气体	—
	易燃液体	1、2、3	4
	易燃固体	1、2	
	自反应物质和混合物	A 型、B 型、C 型、D 型、E 型	F 型、G 型
	自燃液体	1	—
	自燃固体	1	—
	自热物质和混合物	1、2	—

表 1 - 71 （续）

危险和危害种类		类　别	
		确定原则范围的	确定原则范围外的
物理危险	遇水放出易燃气体的物质和混合物	1、2、3	—
	氧化性液体	1、2、3	—
	氧化性固体	1、2、3	—
	有机过氧化物	A 型、B 型、C 型、D 型、E 型、F 型	G 型
	金属腐蚀物	1	—
健康危害	急性毒性	1、2、3	4、5
	皮肤腐蚀/刺激	1 （1A、1B、1C）、2	3
	严重眼损伤/眼刺激	1，2 （2A、2B）	—
	呼吸道或皮肤致敏	呼吸道致敏物 1 （1A、1B），皮肤致敏物 1 （1A、1B）	—
	生殖细胞致突变性	1 （1A、1B），2	—
	致癌性	1 （1A、1B），2	—
	生殖毒性	1 （1A、1B），2，附加类别	—
	特异性靶器官毒性 - 一次接触	1、2、3	—
	特异性靶器官毒性 - 反复接触	1、2	—
	吸入危害	1	2
环境危害	水生环境的危害	急性危害 1、2，长期危害 1、2、3	急性危害 3，长期危害 4
	臭氧层的危害	1	—

对于符合危险化学品确定原则的化学品，根据国家危险化学品安全监管和履行国际公约的需要，经过专家论证、应急管理部等十部门同意后，可纳入《目录》。

2. 剧毒化学品的定义和判定界限

剧毒化学品是指具有剧烈急性毒性危害的化学品，包括人工合成的化学品及其混合物和天然毒素，还包括具有急性毒性易造成公共安全危害的化学品。因此，剧烈急性毒性危害是确定剧毒化学品的重要依据之一（注意不是唯一的判定依据，需根据安全监管需要，并经应急管理部等十部门同意后才纳入剧毒化学品管理），而剧烈急性毒性判定界限是危险化学品可分类为急性毒性，类别1；同时，根据国家危险化学品安全监管的需要，对于某些容易造成公共安全危害的危险化学品，只要具有较高的急性毒性（可分类为急性毒性，类别2），经应急管理部等十部门同意后纳入剧毒化学品管理。

对于纳入剧毒化学品管理的危险化学品，均在《目录》条目对应的"备注"栏中标记有"剧毒"。现行《目录》共包括了148种剧毒化学品。

3. 《目录》中规定的其他重要事项

《目录》中除列明的条目外，无机盐类同时包括无水和含有结晶水的化合物。例如，《目录》中第1477项条目为"氯化铜"，CAS号为7447-39-4，虽然氯化铜一水合物的品名和CAS号（10125-13-0）与第1477项条目均不一致，但是也属于"氯化铜"条目，应按列入《目录》的危险化学品进行管理。

用作农药用途的危险化学品是指其原药。对于没有浓度限制的农药，如《目录》中第390项条目"O，O-二甲基-O-（4-甲硫基-3-甲基苯基）硫代磷酸酯"，只有其原药按《目录》的危险化学品进行管理，而其最终产品如倍硫磷50%乳剂等则不属于列入《目录》的危险化学品。对于有浓度限制的农药（一般为剧毒农药），如《目录》中第393项条目"（E）-O,O-二甲基-O-[1-甲基-2-（二甲基氨基甲酰)乙烯基]磷酸酯[含量>25%]"，其原药及其含量大于25%的最终产品均应按《目录》的危险化学品进行管理。

有关第2828项条目和产品浓度的问题在《实施指南》部分详细说明。

4. 使用《目录》的注意事项

《目录》是动态变化的，随着新化学品的不断出现，以及对化学品危险性认识的不断提高，根据《危险化学品安全管理条例》的规定，应急管理部等十部门将适时对《目录》进行调整，不断补充和完善。

我国对危险化学品的管理实行目录管理制度，列入《目录》的危险化学品将依据国家的有关法律法规采取行政许可等手段进行重点管理。

未列入《目录》的化学品并不表明其不符合危险化学品确定原则，企业有义务根据《化学品物理危险性鉴定与分类管理办法》(安全监管总局令第60号) 确定其危险特性，符合确定原则的应按照国家有关规定进行管理。

（三）《实施指南》的主要内容及解读

《实施指南》由两个部分构成：一是对落实《目录》有关要求作进一步的明确，尤其是需要实施安全生产行政许可的危险化学品；二是根据《化学品分类和标签规范》(GB 30000) 系列标准和危险化学品确定原则，对列入《目录》的危险化学品进行了危险性分类，提供了危险化学品分类信息表。主要内容解读如下。

1. 有关产品浓度的问题

《目录》说明四其他事项（四）规定：“《危险化学品目录》中除混合物之外无含量说明的条目，是指该条目的工业产品或者纯度高于工业产品的化学品，用作农药用途时，是指其原药。” 该说明中提及了一个重要概念“工业产品”，为解释这一概念，《实施指南》规定《危险化学品目录（2015版）》所列化学品是指达到国家、行业、地方和企业的产品标准的危险化学品（国家明令禁止生产、经营、使用的化学品除外），即工业产品是指达到国家、行业、地方和企业的产品标准的危险化学品；同时，《目录》中有部分危险化学品是国家明令禁止的化学品，没有产品标准。

2. 有关 CAS 号的问题

企业有对产品自主命名的权利，因此产品的名称很可能与《目录》中的名称不一致，但是其 CAS 号通常是一致的。因此，《实施指南》规定：“工业产品的 CAS 号与《目录》所列危险化学品 CAS 号相同时（不论其中文名称是否一致），即可认为是同一危险化学品。”

但是，需要注意的是 CAS 号与《目录》不一致的产品，并非一定没有列入《目录》。某些条目实际上是指一类物质或各种异构体，但是《目录》所列 CAS 号可能是这类物质整体的 CAS 号或其中一种典型异构体的 CAS 号。例如：二硝基间苯二酚，《目录》给的 CAS 号 519－44－8，该 CAS 号实际上是典型异构体 2，4－二硝基间苯二酚的 CAS 号，对于其他异构体虽然有不同的 CAS 号，但也应认为列入《目录》。

3. 70% 原则的问题

《实施指南》规定："主要成分均为列入《目录》的危险化学品，并且主要成分质量比或体积比之和不小于 70% 的混合物（经鉴定不属于危险化学品确定原则的除外），可视其为危险化学品并按危险化学品进行管理，安全监管部门在办理相关安全行政许可时，应注明混合物的商品名称及其主要成分含量。"对于混合物，其组分中列入《目录》成分的质量比或体积比之和大于或等于 70%，就可以直接认定该混合物属于危险化学品，除非在对该混合物进行鉴定分类后判定不符合危险化学品确定原则。如炼厂干气，主要成分为乙烯、丙烯和甲烷、乙烷、丙烷、丁烷等，由于其主要成分均属于列入《目录》的危险化学品，且体积比之和大于 70%，因此，虽然《目录》中没有对应的条目，但是炼厂干气仍然需要按列入《目录》的危险化学品进行管理。

需要注意的是：对于《目录》中为混合物的条目是不适用 70% 原则的。如 20% 副产盐酸，虽然作为混合物其不满足 70% 原则，但是 20% 副产盐酸在《目录》中对应的是第 2507 项条目"盐酸"，该条目本身就是混合物，而 20% 副产盐酸满足《副产盐酸》(HG/T 3783—2021) 的标准，因此 20% 副产盐酸仍然属于列入《目录》的危险化学品。《目录》中常见的混合物条目包括盐酸、硝酸等酸类危险化学品条目，氨溶液［含氨 > 10%］、苯酚溶液等品名中带"溶液"字样的条目，第 2828 项条目等。

4. 有关第 2828 项的问题

《实施指南》规定："化学品只要满足《目录》中序号第 2828 项闪点判定标准即属于第 2828 项危险化学品。为方便查阅，危险化学品分类信息表中列举部分品名。"根据现行的规定，混合物闪点 ≤60 ℃（闪点高于 35 ℃，但不超过 60 ℃的液体如果在持续燃烧性试验中得到否定结果的除外），即属于第 2828 项危险化学品（需要注意的是对于闪点 ≤60 ℃的纯物质并不属于第 2828 项危险化学品）。"闪点高于 35 ℃，但不超过 60 ℃的液体如果在持续燃烧性试验中得到否定结果的"不作为第 2828 项危险化学品进行管理。

5. 危险化学品在改变物质状态后进行销售的问题

《危险化学品经营许可证管理办法》（安全监管总局令第 55 号）第三十七条第一款规定："购买危险化学品进行分装、充装或者加入非危险化学品的溶剂进行稀释，然后销售的，依照本办法执行。"因此，为了进一步明确相关要求，《实施指南》规定："企业将《目录》中同一品名的危险化学品在改变物质状态后进行销售的，应取得危险化学品经营许可证"。

同时，还需要注意的是，如果企业在危险化学品改变物质状态后进行销售的过程中进行了危险化学品的提纯，那么根据《危险化学品生产企业安全生产许可证实施办法》（安全监管总局令第 41 号发布，安全监管总局令第 89 号修正）第五十三条的规定，即"将纯度较低的化学品提纯至纯度较高的危险化学品的，适用本办法。购买某种危险化学品进行分装（包括充装）或者加入非危险化学品的溶剂进行稀释，然后销售或者使用的，不适用本办法"，该企业需要取得危险化学品生产许可证。

6. 有关柴油的问题

根据 2022 年 11 月 28 日应急管理部为配合《危险化学品目录》的调整对《实施指南》进行的局部修订，不论柴油的闪点，对生产、经营柴油的企业按危险化学品企业进行管理。

7. 未列入《目录》的危险化学品管理

《实施指南》规定："对于主要成分均为列入《目录》的危险化学品，并且主要成分质量比或体积比之和小于 70% 的混合物或危险特性尚未确定的化学品，生产或进口企业应根据《化学品物理危险性鉴定与分类管理办法》（安全监管总局令第 60 号）及其他相关规定进行鉴定分类，经过鉴定分类属于危险化学品确定原则的，应根据《危险化学品登记管理办法》（安全监管总局令第 53 号）进行危险化学品登记，但不需要办理相关安全行政许可手续。"因此，对于未列入《目录》但经鉴定符合危险化学品确定原则的化学品，应按照有关规定的要求进行危险化学品登记，但不需要办理相关安全行政许可手续。

8. 危险化学品分类信息表

相对于《目录》，危险化学品分类信息表增加了英文名、危险性类别（GHS分类）两个栏目，并对《目录》第2828项进行了举例。

为帮助公众了解危险化学品的危害特性，危险化学品分类信息表提供了危险化学品GHS分类。由于数据的限制，在确定危险化学品GHS分类时采用了两个基本原则：一是不完全分类原则，由于缺乏数据，只对有数据的危险性类别进行分类，所以如果有充分数据表明化学品有其他危险性，企业可以根据自己掌握的资料补充其他危险性类别。例如，对于第2828项条目，《实施指南》中只给出了易燃液体的分类，很多涂料、胶粘剂等会有健康危害和环境危害，但是不能一一列出，企业可根据产品的实际情况进行补充。二是最低分类原则，对于健康危害，由于动物试验结果重复性较低，造成不同来源的指标参数之间可能存在较大差异，为此对于部分危险性采用保守数据作为分类的依据，相关危险性类别标记有"＊"号，如海葱糖甙，其在分类信息表中的分类为"急性毒性－经口，类别2＊"。因此，企业可以基于自身掌握数据和管理的需要，采用比指导分类更严格的类别。

为方便查阅，危险化学品分类信息表中列举部分品名。其中：涂料（油漆）品名16个，相关产品以成膜物为基础确定归类；胶粘剂品名20个，相关产品以粘料为基础确定归类；油墨品名5个，相关产品以《油墨术语》的定义进行归类；其他常见产品的品名47种，其中树脂18种。根据监管的需要，预计后续会补充常见的品名。

三、我国目前的GHS制度与最新修订版的差异

我国目前的GHS制度是以GHS第四修订版（2011年版）为基础制定的，GHS制度每两年修订一次，现最新版是第九修订版（2021年版）。

GHS关于分类的修改历程及主要变化如下：

（1）2015年第六修订版将化学品危险性分类调整为29类，物理危险分类增加"退敏爆炸物"。

（2）2017 年第七修订版修改"易燃气体"分类，使分类和标识更合理。

（3）2019 年第八修订版在"气雾剂"中增加了加压化学品，构成"气雾剂和加压化学品"，解决了功能与内容物相似但可以反复充装化学品物品的分类问题。

（4）2021 年第九修订版对"爆炸物"分类进行了调整。

具体修订情况如下所述。

（一）爆炸物

1. 定义

初级包装，是指划给某一项别的配置的、用于在使用有关爆炸性物质、混合物或物品之前予以保存的最低包装水平。

2. 分类

爆炸物分为 2 个类别：爆炸物，类别 1；爆炸物，类别 2（包括 3 个子类别：爆炸物，类别 2A；爆炸物，类别 2B；爆炸物，类别 2C）。

爆炸物分类标准见表 1 - 72。

表 1 - 72　爆炸物分类标准（GHS）

类别	子类别	标准
1		以下爆炸性物质、混合物和物品： （1）未划定项别，并且 是为产生爆炸或烟火效应而制造的；或 是在《试验和标准手册》试验系列 2（注：联合国隔板试验、克南试验、时间/压力试验）的试验中显示结果为"＋"的物质或混合物。 或： （2）当已经划入特定运输项别（例如，1.3 项）的爆炸品，更换了包装形式。①（注：这种情况在爆炸品的分销和使用过程中很常见，从一个大包装变成一个小包装，或者进行重新包装销售等，此时包装形式的改变会直接影响其危险性，因此出于风险控制的角度，GHS 将此类危险性未知的爆炸品也划入类别 1） 例外情况，如果满足以下任一条件，可以不划入类别 1： 该爆炸品原来划入特定运输项别时，没有包装；或 有充分的证据证明原包装本身（包括包装的材质、大小）不会降低其爆炸性

表 1 – 72（续）

类别	子类别	标　准
2	2A	已划入以下项别的爆炸性物质、混合物和物品： （1）1.1 项、1.2 项、1.3 项、1.5 项或 1.6 项；或 （2）1.4 项，并且不符合子类别 2B 或 2C 的标准②
	2B	已划入 1.4 项和 S 以外的其他配装组，并且符合以下条件的爆炸性物质、混合物和物品： （1）正常发挥作用时不引爆、不碎裂；并且 （2）在《试验和标准手册》实验 6（a）或 6（b）中未显示高度危险事件③；并且 （3）除初级包装可能提供的减爆设计外，不需要减爆设计来减轻高度危险事件③
	2C	已划入 1.4 项配装组 S，并且满足以下所有条件的爆炸性物质、混合物和物品： （1）正常发挥作用时不起爆、不碎裂；并且 （2）在《试验和标准手册》试验 6（a）或 6（b）中未显示高度危险事件③，或者在未取得这些试验结果的情况下，未显示试验 6（d）的类似结果；并且 （3）除初级包装可能提供的减爆设计外，不需要减爆设计以减轻高度危险事件③

注：① 从初级包装中取出以供使用的类别 2 爆炸物仍划分为类别 2。

② 1.4 项的爆炸物即使符合子类别 2B 或 2C 的技术标准，制造商、供应商或主管部门也可以根据数据或其他考虑因素将其划分为子类别 2A。

③ 根据《试验和标准手册》，在进行试验 6（a）或 6（b）时，高度危险事件通过以下方式显示：

验证板形状发生重大变化，如穿孔、凿痕、明显凹损或弯曲；或

大部分封闭材料瞬间四散。

3. 标签要素的分配

爆炸物标签要素的分配见表 1 – 73。

（二）易燃气体

1. 定义

（1）易燃气体。是指在 20 ℃和 101.3 kPa 标准压力下，与空气有易燃范围的气体。

表 1－73　爆炸物标签要素的分配（GHS）

类别 1	类别 2			
	类别 2A		类别 2B	类别 2C
 危险 爆炸物	 危险 爆炸物		 警告 起火或 迸射危险	 警告 起火或 迸射危险
联合国《关于危险货物运输的建议书　规章范本》中不适用	1.1 项	1.2 项	1.3 项	1.5 项	1.6 项	1.4 项
联合国《关于危险货物运输的建议书　规章范本》中不要求					

（2）发火气体。是指在等于或低于 54 ℃时在空气中可能自燃的易燃气体。

（3）化学性质不稳定的气体。是指在即使没有空气或氧气的条件下也能起爆炸反应的易燃气体。

2. 分类

易燃气体分为 2 个类别：易燃气体，类别 1（包括 5 个子类别：易燃气体－类别 1A，易燃气体；易燃气体－类别 1A，发火气体；易燃气体－类别 1A，化学性质不稳定的气体 A；易燃气体－类别 1A，化学性质不稳定的气体 B；易燃气体，类别 1B）；易燃气体，类别 2。

易燃气体分类标准见表 1－74。

表 1 - 74　易燃气体分类标准（GHS）

类别	子类别		标　　准
1A	易燃气体		在 20 ℃和 101.3 kPa 标准压力下： （1）爆炸下限小于或等于 13% 的气体；或 （2）不论气体爆炸下限如何，与空气混合，爆炸极限范围至少为 12%，除非数据表明气体符合类别 1 B 的标准
	发火气体		在温度低于或等于 54 ℃时会在空气中自燃的易燃气体
	化学性质 不稳定 的气体	A	在 20 ℃和 101.3 kPa 标准压力下化学性质不稳定的易燃气体
		B	在温度高于 20 ℃和/或压力大于 101.3 kPa 时化学性质不稳定的易燃气体
1B	易燃气体		符合类别 1A 的易燃性标准，但既非发火又非化学性质不稳定且至少具下列情形之一的气体： （1）在空气中爆炸下限大于 6%；或 （2）燃烧速率小于 10 cm/s
2	易燃气体		类别 1A 或类别 1B 以外，在 20 ℃和 101.3 kPa 标准压力下与空气混合时有某个易燃范围的气体

注：1. 有些管理制度将氨气和甲基溴视为特例。

　　2. 气雾剂不应被分类为易燃气体。

　　3. 在没有数据可确定应划分为类别 1B 时，符合类别 1A 标准的易燃气体默认划分为类别 1A。

　　4. 发火气体自燃不一定立即发生，有可能延时发生。

　　5. 在不掌握易燃气体混合物发火性数据的情况下，如所含发火性成分（按体积）超过 1%，则应将其划分为发火气体。

3. 标签要素的分配

易燃气体标签要素的分配见表 1 - 75。

（三）气雾剂和加压化学品

1. 定义

1）气雾剂

气雾剂，亦即喷雾器，是任何不可再充装的贮器，用金属、玻璃或塑料制成，内装压缩、液化或加压溶解气体，包含或不包含液体、膏剂或粉末，配有释放装置，可使内装物喷射出来，形成在气体中悬浮的固态或液态微粒或形成泡沫、膏剂或粉末，或处于液态或气态。

表1-75 易燃气体标签要素的分配（GHS）

类别1A				类别1B	类别2
易燃气体	发火气体	化学性质不稳定的气体			
		A	B		
					无象形图
危险	危险	危险	危险	危险	警告
极易燃气体	极易燃气体，暴露在空气中可自燃	极易燃气体，即使在没有空气的条件下仍可能发生爆炸反应	极易燃气体，在高压和/或高温条件下，即使没有空气仍可能发生爆炸反应	易燃气体	易燃气体
或					联合国《关于危险货物运输的建议书规章范本》中未作要求
(符号：黑色，底色：正红色)		(符号：白色，底色：正红色)			

气雾剂的特点：

（1）贮器是不可再装的、一次性的，不可重复使用。

（2）内装气体作为推进剂，如丙烷、丁烷等。

（3）要有释放装置。

例如，雷达杀虫气雾剂属于气雾剂类，但六神花露水尽管有释放装置，不满足前两个条件，故不属于气雾剂。

2）加压化学品

加压化学品是指装在除气雾剂喷罐之外的其他压力贮器内、20 ℃条件下用某种气体加压到等于或高于200 kPa（表压）的液体或固体（如糊状物或粉末）。

注：加压化学品通常含有50%或更多（按质量）液体或固体，而气体含量超过50%的液体或固体则通常视为加压气体。

2. 分类

1）气雾剂

气雾剂分为 3 个类别：气雾剂，类别 1；气雾剂，类别 2；气雾剂，类别 3。

气雾剂分类标准见表 1 – 76。

表 1 – 76　气雾剂分类标准（GHS）

类别	标　　准
1	（1）所含易燃成分（按质量）≥85% 并且燃烧热≥30 kJ/g 的任何气雾剂； （2）点火距离试验中测得点火距离≥75 cm、可喷出气雾的任何气雾剂；或 （3）泡沫易燃性试验中测得下列数值的、可喷出泡沫的任何气雾剂： 火焰高度≥20 cm 且火焰持续时间≥2 s；或 火焰高度≥4 cm 且火焰持续时间≥7 s
2	（1）点火距离试验表明不符合类别 1 的标准且测得下列数值的、可喷出气雾的任何气雾剂： ① 燃烧热≥20 kJ/g； ② 燃烧热＜20 kJ/g，且点火距离≥15 cm；或 ③ 燃烧热＜20 kJ/g，点火距离＜15 cm，且在封闭空间点火试验中测得以下数值之一： 时间当量≤300 s/m³；或 爆燃密度≤300 g/m³；或 （2）气雾剂泡沫易燃性试验结果表明不符合类别 1 的标准、火焰高度≥4 cm 和火焰持续时间≥2 s 的、可喷出泡沫的任何气雾剂
3	（1）所含易燃成分（按质量）≤1% 并且燃烧热＜20 kJ/g 的任何气雾剂；或 （2）所含易燃成分（按质量）＞1% 或燃烧热≥20 kJ/g，但点火距离试验、封闭空间试验或气雾剂泡沫易燃性试验结果表明不符合类别 1 或类别 2 标准的任何气雾剂

注：1. 易燃成分不包括发火、自热或遇水反应物质和混合物，因为这类成分从不用作喷雾器内装物。

　　2. 未经过本章易燃性分类程序但所含易燃成分超过 1% 或燃烧热至少达 20 kJ/g 的气雾剂，应划为类别 1 气雾剂。

　　3. 气雾剂不再另属易燃气体、加压化学品、加压气体、易燃液体和易燃固体的范畴。但气雾剂可能由于所含物质而属于其他危险类别的范畴，包括其标签要素

2）加压化学品

加压化学品分为 3 个类别：加压化学品，类别 1；加压化学品，类别 2；加压化学品，类别 3。

加压化学品分类标准见表 1－77。

表 1－77　加压化学品分类标准（GHS）

类别	标　准
1	符合下列数值的任何加压化学品： （1）含有≥85% 易燃成分（按质量）；并且 （2）燃烧热≥20 kJ/g
2	符合下列数值的任何加压化学品： （1）含有＞1% 易燃成分（按质量）；并且 燃烧热＜20 kJ/g。 或： （2）含有＜85% 易燃成分（按质量）；并且 燃烧热≥20 kJ/g
3	符合下列数值的任何加压化学品： （1）含有≤1% 易燃成分（按质量）；并且 （2）燃烧热＜20 kJ/g

注：1. 加压化学品的易燃成分不包括发火物质、自热物质或遇水反应物质，因为按照联合国《关于危险货物运输的建议书　规章范本》，加压化学品不允许含有这些成分。

2. 加压化学品不再另属气雾剂、易燃气体、加压气体、易燃液体和易燃固体的范畴。但加压化学品可能由于所含物质而属于其他危险类别的范畴，包括其标签要素。

3. 标签要素的分配

1）气雾剂

气雾剂标签要素的分配见表 1－78。

表 1－78　气雾剂标签要素的分配（GHS）

类别 1	类别 2	类别 3
危险	警告	警告
极其易燃气雾剂 压力容器：遇热可爆裂	易燃气雾剂 压力容器：遇热可爆裂	压力容器：遇热可爆裂

表1-78（续）

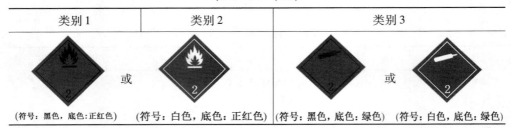

类别1	类别2	类别3
（符号：黑色，底色：正红色）	（符号：白色，底色：正红色）	（符号：黑色，底色：绿色）　（符号：白色，底色：绿色）

2）加压化学品

加压化学品标签要素的分配见表1-79。

表1-79　加压化学品标签要素的分配（GHS）

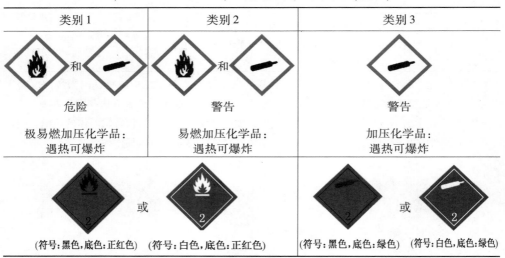

类别1	类别2	类别3
危险	警告	警告
极易燃加压化学品：遇热可爆炸	易燃加压化学品：遇热可爆炸	加压化学品：遇热可爆炸
（符号：黑色，底色：正红色）　（符号：白色，底色：正红色）		（符号：黑色，底色：绿色）　（符号：白色，底色：绿色）

（四）退敏爆炸物

1. 定义

退敏爆炸物是指固态或液态爆炸性物质或混合物，经过退敏处理以抑制其爆炸性，使之不会整体爆炸，也不会迅速燃烧，因此可不划入"爆炸物"危险类别。

退敏爆炸物包括固态退敏爆炸物和液态退敏爆炸物。

（1）固态退敏爆炸物。经水或酒精湿润或用其他物质稀释，形成匀质固态混合物，使爆炸性得到抑制的爆炸性物质或混合物。

注：包括使有关物质形成水合物实现的退敏处理。

（2）液态退敏爆炸物。溶解或悬浮于水或其他液态物质中，形成匀质液态混合物，使爆炸性得到抑制的爆炸性物质或混合物。

2. 分类

退敏爆炸物分为 4 个类别：退敏爆炸物，类别 1；退敏爆炸物，类别 2；退敏爆炸物，类别 3；退敏爆炸物，类别 4。

退敏爆炸物分类标准见表 1 - 80。

表 1 - 80　退敏爆炸物分类标准（GHS）

类别	标　　准
1	校正燃烧速率等于或大于 300 kg/min 但不超过 1200 kg/min 的退敏爆炸物
2	校正燃烧速率等于或大于 140 kg/min 但小于 300 kg/min 的退敏爆炸物
3	校正燃烧速率等于或大于 60 kg/min 但小于 140 kg/min 的退敏爆炸物
4	校正燃烧速率小于 60 kg/min 的退敏爆炸物

3. 标签要素的分配

退敏爆炸物标签要素的分配见表 1 - 81。

表 1 - 81　退敏爆炸物标签要素的分配（GHS）

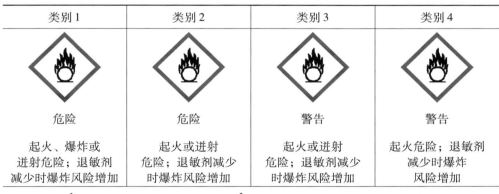

类别 1	类别 2	类别 3	类别 4
危险	危险	警告	警告
起火、爆炸或迸射危险；退敏剂减少时爆炸风险增加	起火或迸射危险；退敏剂减少时爆炸风险增加	起火或迸射危险；退敏剂减少时爆炸风险增加	起火危险；退敏剂减少时爆炸风险增加

　或　　或　

（符号：白色，底色：正红色）　（符号：白色，底色：正红色）　（符号：黑色，底色：白色红条）

第四节　危险货物分类

一、危险货物

（一）危险货物定义

危险货物是指具有爆炸、易燃、毒害、感染、腐蚀、放射性等危险特性，在运输、储存、生产、经营、使用和处置中，容易造成人身伤亡、财产损毁或环境污染而需要特别防护的物质和物品，也称危险物品或危险品。

（二）部分术语定义

1. 联合国编号

联合国编号是指由联合国危险货物运输专家委员会编制的 4 位阿拉伯数字编号（简称 UN 号），用以识别一种物质或物品或一类特定物质或物品。

我国危险货物编号采用联合国编号。

2. 气体

气体是指在 50 ℃时蒸气压大于 300 kPa 的物质，或 20 ℃时在 101.3 kPa 标准压力下完全是气态的物质。

3. 液体

液体是指在 50 ℃时蒸气压不大于 300 kPa（3 bar），或在 20 ℃和 101.3 kPa 压力下不完全是气态，或在 101.3 kPa 压力下熔点或起始熔点等于或低于 20 ℃的危险货物。对熔点无法确定的黏性物质应进行 ASTM D4359 - 90 试验，或进行《国际公路运输危险货物协定》规定的流动性测定试验（穿透计试验）。

4. 固体

固体是指既不是气体又不符合液体定义的危险货物。

5. 高温物质

高温物质是指运输或提交运输并符合下列条件之一的物质：

（1）处于液态，温度达到或高于 100 ℃。

（2）处于液态，闪点高于 60 ℃，且因需要加热到高于其闪点的温度。

（3）处于固态，温度达到或高于 240 ℃。

二、危险货物分类及品名表

（一）危险货物分类

《危险货物分类和品名编号》（GB 6944—2012）将危险货物分为 9 类，其中第 1 类、第 2 类、第 4 类、第 5 类和第 6 类再细分项别。

第 1 类：爆炸品。

1.1 项：有整体爆炸危险的物质和物品；

1.2 项：有迸射危险，但无整体爆炸危险的物质和物品；

1.3 项：有燃烧危险并有局部爆炸危险或局部迸射危险或这两种危险都有，但无整体爆炸危险的物质和物品；

1.4 项：不呈现重大危险的物质和物品；

1.5 项：有整体爆炸危险的非常不敏感物质；

1.6 项：无整体爆炸危险的极端不敏感物品。

第 2 类：气体。

2.1 项：易燃气体；

2.2 项：非易燃无毒气体；

2.3 项：毒性气体。

第 3 类：易燃液体。

第 4 类：易燃固体、易于自燃的物质、遇水放出易燃气体的物质。

4.1 项：易燃固体、自反应物质和固态退敏爆炸品；

4.2 项：易于自燃的物质；

4.3 项：遇水放出易燃气体的物质。

第 5 类：氧化性物质和有机过氧化物。

5.1 项：氧化性物质；

5.2 项：有机过氧化物。

第 6 类：毒性物质和感染性物质。

6.1 项：毒性物质；

6.2 项：感染性物质。

第 7 类：放射性物质。

第 8 类：腐蚀性物质。

第 9 类：杂项危险物质和物品，包括危害环境物质。

（二）危险货物品名表

《危险货物品名表》（GB 12268—2012）列出了危险货物的名称、联合国编号、类别或项别、次要危险性、包装类别、特殊规定等。

1. 危险货物品名表中的条目

危险货物品名表的每个条目都对应一个编号，该编号采用联合国编号。危险货物品名表的条目包括以下四类：

（1）"单一"条目，适用于意义明确的物质或物品，例如：

UN 1090 丙酮

UN 1194 亚硝酸乙酯溶液

（2）"类属"条目，适用于意义明确的一组物质或物品，例如：

UN 1133 黏合剂，含易燃液体

UN 1266 香料制品，含有易燃溶剂

UN 2757 固态氨基甲酸酯农药，毒性

UN 3101 液态 B 型有机过氧化物

（3）"未另作规定的"特定条目，适用于一组具有某一特定化学性质或特定技术性质的物质或物品，例如：

UN 1477 无机硝酸盐，未另作规定的

UN 1987 醇类，未另作规定的

（4）"未另作规定的"一般条目，适用于一组符合一个或多个类别或项别标准的物质或物品，例如：

UN 1325 有机易燃固体，未另作规定的

UN 1993 易燃液体，未另作规定的

2. 危险货物条目或 UN 号选择注意事项

危险货物应按照品名表中适合该物质或物品的名称标示。

（1）构成危险货物的物质或物品可能含有杂质（如生产过程中产生的杂质），或为了稳定或其他目的使用了不影响其分类的添加

剂。当这些杂质或添加剂影响到其分类时，该危险货物应视为混合物或溶液。

（2）混合物或溶液，其单一主要成分是危险货物品名表中列出名称的一种物质，另有一种或多种物质未列入危险货物品名表，或含有微量的一种或多种在危险货物品名表中列出名称的物质，该混合物或溶液应按照其主要成分在危险货物品名表中所列的名称进行标示，符合下列条件之一的除外：

① 该混合物或溶液在危险货物品名表中已具体列出名称。

② 危险货物品名表中所列物质的名称和说明专门指出该条目仅适用于纯物质。

③ 该混合物或溶液的危险性类别或项别、次要危险性、包装类别或物理状态等与危险货物品名表中所列物质不同。

④ 该混合物或溶液的特性和属性要求采取的应急措施，与危险货物品名表中所列物质的要求不同。

在上述其他情况下，①中所述者除外，应把混合物或溶液当作危险货物品名表中未具体列出名称的危险物质处理。

（3）危险货物品名表中没有列出名称的由两种或以上危险货物组成的混合物或溶液，应按照能够最准确说明该混合物或溶液的正式运输名称、说明、危险类别或项、次要危险性和包装类别进行标示。

（4）未列出具体名称的危险货物，使用"类属"或"未另作规定"的条目标示，这些危险货物应在其危险性质确定，并使用危险货物品名表中最恰当的描述该危险货物的名称后方可运输、储存、经销及相关活动。

3. 特殊规定

《危险货物品名表》（GB 12268—2012）列出了适用于某些物品或物质的特殊规定。例如，UN 1170，乙醇（酒精）或乙醇溶液（酒精溶液）特殊规定144，规定按体积含乙醇不超过24%的水溶液，不作为危险货物运输；再如，UN 2426，液态硝酸铵（热浓溶液）特殊规定252，规定硝酸铵若在任何运输条件下都处于溶液中，则含可燃物质不超过0.2%且浓度不超过80%的硝酸铵水溶液不作为危险货物运输。

三、危险货物主次危险性的确定

根据《危险货物分类和品名编号》(GB 6944—2012)，当一种物质、混合物有一种以上危险性时，而其名称又未列入联合国《关于危险货物运输的建议书 规章范本》第3.2章"危险货物一览表"内时，其先后顺序按表1-82确定，危险性为先者是主要危险性，其他危险性是次要危险性。

表1-82 危险性的先后顺序表

类或项和包装类别		4.2	4.3	5.1			6.1				8					
				I	II	III	I		II	III	I		II		III	
							皮肤	口服			液体	固体	液体	固体	液体	固体
3	I①……		4.3				3	3	3	3	3	—	3	—	3	—
	II①……		4.3				3	3	3	3	8	—	3	—	3	—
	III①……		4.3				6.1	6.1	6.1	3②	8	—	8	—	3	—
4.1	II①……	4.2	4.3	5.1	4.1	4.1	6.1	6.1	4.1	4.1	—	8	—	4.1	—	4.1
	III①……	4.2	4.3	5.1	4.1	4.1	6.1	6.1	6.1	4.1	—	8	—	8	—	4.1
4.2	II……		4.3	5.1	4.2	4.2	6.1	6.1	4.2	4.2	8	8	4.2	4.2	4.2	4.2
	III……		4.3	5.1	5.1	4.2	6.1	6.1	6.1	4.2	8	8	8	8	4.2	4.2
4.3	I……			5.1	4.3	4.3	6.1	4.3	4.3	4.3	4.3	4.3	4.3	4.3	4.3	4.3
	II……			5.1	4.3	4.3	6.1	6.1	4.3	4.3	8	4.3	4.3	4.3	4.3	4.3
	III……			5.1	5.1	4.3	6.1	6.1	6.1	4.3	8	8	8	4.3	4.3	4.3
5.1	I……						5.1	5.1	5.1	5.1	5.1	5.1	5.1	5.1	5.1	5.1
	II……						6.1	6.1	5.1	5.1	8	8	5.1	5.1	5.1	5.1
	III……						6.1	6.1	6.1	5.1	8	8	8	8	5.1	5.1
6.1	I 皮肤										8	6.1	6.1	6.1	6.1	6.1
	I 口服										8	6.1	6.1	6.1	6.1	6.1
	II 吸入										8	6.1	6.1	6.1	6.1	6.1
	II 皮肤										8	6.1	6.1	6.1	6.1	6.1
	II 口服										8	8	6.1	6.1	6.1	6.1
	III……										8	8	8	8	8	8

注：一表示不可能组合。

① 自反应物质和固态退敏爆炸物以外的4.1项物质以及液态退敏爆炸物以外的第3类物质。

② 农药为6.1。

在确定主次危险性时，注意以下问题：

（1）下列物质和物品的危险性总是处于优先地位，其危险性的先后顺序没有列入表1-82：

① 第1类物质和物品。

② 第2类气体。

③ 第3类液态退敏爆炸物。

④ 4.1项自反应物质和固态退敏爆炸物。

⑤ 4.2项发火物质。

⑥ 5.2项物质。

⑦ 具有Ⅰ类包装吸入毒性的6.1项物质。

⑧ 6.2项物质。

⑨ 第7类物质。

（2）具有其他危险性质的放射性物质，无论在什么情况下都应划入第7类，并确认次要危险性（例外货包中的放射性物质除外）。

四、包装类别及包装类别的选定

（一）包装类别

除第1类、第2类、第7类、5.2项和6.2项物质，以及4.1项自反应物质以外的物质，根据其危险程度，将其危险货物包装划分为三个包装类别：

Ⅰ类包装：具有高度危险性的物质。

Ⅱ类包装：具有中等危险性的物质。

Ⅲ类包装：具有轻度危险性的物质。

通常Ⅰ类包装可盛装显示高度危险性、显示中等危险性和显示轻度危险性的危险货物，Ⅱ类包装可盛装显示中等危险性和显示轻度危险性的危险货物，Ⅲ类包装则只能盛装显示轻度危险性的危险货物。但有时应视具体盛装的危险货物特性而定，如盛装液体物质应考虑其相对密度的不同。

例如，氰化钠（UN 1689）包装类别为Ⅰ类包装，硝酸镍（UN 2725）包装类别为Ⅲ类包装。

（二）包装类别的选定

包装类别根据危险货物品名表确定，对于品名表中未列明的物质，首先根据危险货物分类结果，在危险货物品名表中查出最适合的条目，进而获得其包装类别。当条目存在多个包装类别时，根据分类数据和《危险货物分类和品名编号》（GB 6944—2012）关于包装类别的确定标准，选定对应的包装类别。例如，"易燃液体，未另作规定的"（UN 1993）含Ⅰ类、Ⅱ类、Ⅲ类包装三个包装类别，该易燃液体闪点是 –22 ℃，沸点是 33 ℃，根据《危险货物分类和品名编号》（GB 6944—2012），包装类别应为Ⅰ类包装。

另外，对于具有多种危险性而在联合国《关于危险货物运输的建议书 规章范本》第 3.2 章"危险货物一览表"中没有具体列出名称的货物，不论其在表 1 – 82 中危险性的先后顺序如何，其有关危险性的最严格包装类别优先于其他包装类别。

第五节 危险化学品与危险货物的关系

一、危险化学品与危险货物的对比

危险化学品与危险货物在分类方面存在较大差异，其中，危险化学品分为 28 类，危险货物分为 9 类。与危险货物相比，危险化学品增加了呼吸道或皮肤致敏、致癌性、生殖毒性、生殖细胞致突变性等健康危害分类和对臭氧层的危害等环境危害分类。在适用环节上，危险化学品适用于生产、适用、经营、储存、运输、废弃等 6 个环节，而危险货物仅适用于运输环节和港口储存环节。

危险化学品与危险货物对比情况见表 1 – 83。其中，"对比情况"栏是指与危险货物相比，危险化学品在相应栏目中发生的变化。

二、危险化学品与危险货物的转化关系

根据《化学品分类和标签规范》（GB 30000—2013）系列标准、《危险化学品目录（2015 版）》关于危险化学品的确定原则及《危险货物

分类和品名编号》（GB 6944—2012），危险化学品分类与危险货物分类转化关系见表1－84。

表1－83　危险化学品与危险货物分类对比情况

序号	危险货物	危险化学品	对 比 情 况
1	分为9类	分为28类	增加： （1）健康危害。 ① 皮肤腐蚀/刺激，类别2。 ② 严重眼损伤/眼刺激。 ③ 呼吸道或皮肤致敏。 ④ 生殖细胞致突变性。 ⑤ 致癌性。 ⑥ 生殖毒性。 ⑦ 特异性靶器官毒性　一次接触。 ⑧ 特异性靶器官毒性　反复接触。 ⑨ 吸入危害。 （2）环境危害。 ① 对水环境的危害，急性危害，类别2；长期危害，类别3。 ② 对臭氧层的危害
2	第1类：爆炸品	爆炸物	（1）增加：不稳定爆炸物。 （2）1.5项、1.6项不属于危险化学品
3	第2类：气体	易燃气体、气溶胶、氧化性气体、加压气体共4类	（1）增加：易燃气体，类别2；化学不稳定性气体类别A、类别B。 （2）气溶胶，类别2及气溶胶，类别3不属于危险化学品
4	第3类：易燃液体	易燃液体	相同
5	第4类：易燃固体、易于自燃的物质、遇水放出易燃气体的物质	易燃固体、自反应物质和混合物、自燃液体、自燃固体、自热物质和混合物、遇水放出易燃气体的物质和混合物共6类	F型自反应物质和混合物不属于危险化学品

表 1 – 83（续）

序号	危险货物	危险化学品	对　比　情　况
6	第 5 类：氧化性物质和有机过氧化物	氧化性液体、氧化性固体、有机过氧化物共 3 类	相同
7	第 2 类：气体；第 6 类：毒性物质和感染性物质	急性毒性	危险化学品中无感染性物质
8	第 7 类：放射性物质	无	危险化学品中无放射性物质分类（由专门部门、专门法律法规管理）
9	第 8 类：腐蚀性物质	金属腐蚀物、皮肤腐蚀/刺激，类别 1	相同
10	第 9 类：杂项危险物质和物品，包括危害环境物质（急性危害，类别 1；长期危害，类别 1、类别 2）	对水环境的危害，急性危害，类别 1、类别 2；长期危害，类别 1、类别 2、类别 3	增加：急性危害，类别 2；长期危害，类别 3
11	适用于运输环节及港口危险货物的储存与经营	根据《危险化学品安全管理条例》危险化学品分类适用于危险化学品所有环节，交通运输主管部门负责危险化学品运输的安全管理	危险货物适用于运输环节及港口危险货物的储存与经营；危险化学品适用于危险化学品所有环节

表 1 – 84　危险化学品与危险货物的分类转化关系

类名	危险化学品	危　险　货　物
爆炸物	不稳定爆炸物	无此分类，该类货物不稳定，禁止运输
	1.1 项	1.1 项
	1.2 项	1.2 项
	1.3 项	1.3 项
	1.4 项	1.4 项

表 1 - 84（续）

类名	危险化学品	危 险 货 物
爆炸物	1.5 项（不属于危险化学品）	1.5 项
	1.6 项（不属于危险化学品）	1.6 项
易燃气体	类别 1	2.1 项。 2.3 项（次危险 2.1 项）。 注：本项包括在 20 ℃ 和 101.3 kPa 条件下： （1）爆炸下限小于或等于 13% 的气体；或 （2）不论爆炸下限如何，其爆炸范围大于或等于 12% 的气体。 除上述类别中的气体之外，在 20 ℃ 和标准大气压 101.3 kPa 时与空气混合能够燃烧的气体，在危险货物分类中不属于易燃气体，在危险化学品分类中属于易燃气体，类别 2
	类别 2	该类不属于易燃气体
	化学不稳定性气体，类别 A	乙炔、环氧乙烷
	化学不稳定性气体，类别 B	溴代三氟乙烯、1 - 丁炔、三氟氯乙烯、乙烯基甲基醚、丙二烯、丙炔、四氟乙烯、三氟乙烯、乙烯基溴、氯乙烯、乙烯基氟
气溶胶（又称气雾剂）	类别 1	2.1 项
	类别 2（不属于危险化学品）	
	类别 3（不属于危险化学品）	2.2 项
氧化性气体	类别 1	2.2 项（5.1 项）或者 2.3 项（5.1 项）
加压气体	压缩气体	根据充装方式可以判断
	液化气体	
	冷冻液化气体	
	溶解气体	

表 1 − 84（续）

类名	危险化学品	危 险 货 物
易燃液体	类别 1	第 3 类，Ⅰ类包装
	类别 2	第 3 类，Ⅱ类包装
	类别 3	第 3 类，Ⅲ类包装
	类别 4（不属于危险化学品）	无此分类
易燃固体	类别 1	4.1 项，Ⅱ类包装
	类别 2	4.1 项，Ⅲ类包装
自反应物质和混合物	A 型	不得接受在所试验的包装中运输
	B 型	4.1 项： UN 3221，B 型自反应液体； UN 3222，B 型自反应固体； UN 3231，B 型自反应液体，控制温度的； UN 3232，B 型自反应固体，控制温度的
	C 型	4.1 项： UN 3223，C 型自反应液体； UN 3224，C 型自反应固体； UN 3233，C 型自反应液体，控制温度的； UN 3234，C 型自反应固体，控制温度的
	D 型	4.1 项： UN 3225，D 型自反应液体； UN 3226，D 型自反应固体； UN 3235，D 型自反应液体，控制温度的； UN 3236，D 型自反应固体，控制温度的
	E 型	4.1 项： UN 3227，E 型自反应液体； UN 3228，E 型自反应固体； UN 3237，E 型自反应液体，控制温度的； UN 3238，E 型自反应固体，控制温度的
	F 型（不属于危险化学品）	4.1 项： UN 3229，F 型自反应液体； UN 3230，F 型自反应固体； UN 3239，F 型自反应液体，控制温度的； UN 3240，F 型自反应固体，控制温度的
	G 型（不属于危险化学品）	不受 4.1 项自反应物质规定的限制

表 1-84（续）

类名	危险化学品	危 险 货 物
自燃液体	类别 1	4.2 项，Ⅰ（液体）
自燃固体	类别 1	4.2 项，Ⅰ类包装（固体）
自热物质和混合物	类别 1	4.2 项，Ⅱ类包装
	类别 2	4.2 项，Ⅲ类包装
遇水放出易燃气体的物质和混合物	类别 1	4.3 项，Ⅰ类包装
	类别 2	4.3 项，Ⅱ类包装
	类别 3	4.3 项，Ⅲ类包装
氧化性液体	类别 1	5.1 项，Ⅰ类包装
	类别 2	5.1 项，Ⅱ类包装
	类别 3	5.1 项，Ⅲ类包装
氧化性固体	类别 1	5.1 项，Ⅰ类包装
	类别 2	5.1 项，Ⅱ类包装
	类别 3	5.1 项，Ⅲ类包装
有机过氧化物	A 型	不得接受在所试验的包装中运输
	B 型	5.2 项： UN 3101，液态 B 型有机过氧化物； UN 3102，固态 B 型有机过氧化物； UN 3111，液态 B 型有机过氧化物，控制温度的； UN 3112，固态 B 型有机过氧化物，控制温度的
	C 型	5.2 项： UN 3103，液态 C 型有机过氧化物； UN 3104，固态 C 型有机过氧化物； UN 3113，液态 C 型有机过氧化物，控制温度的； UN 3114，固态 C 型有机过氧化物，控制温度的
	D 型	5.2 项： UN 3105，液态 D 型有机过氧化物； UN 3106，固态 D 型有机过氧化物； UN 3115，液态 D 型有机过氧化物，控制温度的； UN 3116，固态 D 型有机过氧化物，控制温度的

表 1 - 84 （续）

类名	危险化学品	危 险 货 物
有机过氧化物	E 型	5.2 项： UN 3107，液态 E 型有机过氧化物； UN 3108，固态 E 型有机过氧化物； UN 3117，液态 E 型有机过氧化物，控制温度的； UN 3118，固态 E 型有机过氧化物，控制温度的
	F 型	5.2 项： UN 3109，液态 F 型有机过氧化物； UN 3110，固态 F 型有机过氧化物； UN 3119，液态 F 型有机过氧化物，控制温度的； UN 3120，固态 F 型有机过氧化物，控制温度的
	G 型 （不属于危险化学品）	不受 5.2 项有机过氧化物规定的限制
金属腐蚀物	类别 1	第 8 类，Ⅲ 类包装。 注：第 8 类腐蚀性物质含对金属件的腐蚀、对皮肤的腐蚀 - 皮肤暴露 60 min 不超过 4 h，最多观察 14 天引起全厚度毁损。而危险化学品"金属腐蚀物"分类仅涉及对金属的腐蚀性，故从危险化学品"金属腐蚀物"分类可以推导出其危险货物分类，但从危险货物分类则不能推导出其危险化学品分类
急性毒性	类别 1	6.1 项，Ⅰ 类包装
	类别 2	6.1 项，Ⅱ 类包装
	类别 3	6.1 项，Ⅲ 类包装
	类别 4 （不属于危险化学品）	无此分类
	类别 5 （不属于危险化学品）	无此分类
		注：（1）气体无包装类别划分，按照 2.3 项分类无法推导出危险化学品的各个类别，但可以根据 GB 30000.18—2013 表 1 进行分类。 （2）液体或固体蒸气吸入时不能建立联系。物质的试验状态不仅仅是蒸气，而是由液相和气相混合组成时，与危险化学品分类判据不一致，危险货物单位是 mL/L，危险化学品是 mg/L。蒸气接近气相时，单位都采用 mL/L，类别 3 相同，类别 1、类别 2 不同

表 1 – 84 （续）

类名	危险化学品	危 险 货 物
皮肤腐蚀/刺激	类别 1A	第 8 类，Ⅰ类包装
	类别 1B	第 8 类，Ⅱ类包装
	类别 1C	第 8 类，Ⅲ类包装。 注：第 8 类腐蚀性物质含对金属件的腐蚀、对皮肤的腐蚀 – 皮肤暴露 60 min 不超过 4 h，最多观察 14 天引起全厚度毁损。而危险化学品"皮肤腐蚀/刺激"分类仅涉及对皮肤的腐蚀性，故从危险化学品"皮肤腐蚀/刺激"分类可以推导出其危险货物分类，但从危险货物分类则不能推导出其危险化学品分类

注：1. 危险货物分类中含次危险的，次危险的包装类别需要由试验确定，除注明的外，不能与危险化学品分类建立直接关系。

　　2. 退敏爆炸品包装类别均是Ⅰ类包装。

三、危险货物与危险化学品在运输中的协调

当某种化学品既属于危险化学品又属于危险货物时，对单一容器，容器表面均需要粘贴或印刷危险化学品安全标签与危险货物运输标志。两者可以放在包装的同一面板，也可以放在不同的面板。如果在同一面板，若化学品安全标签中的象形图与运输标志重复，化学品安全标签中的象形图应删掉。但如果不放在同一面板，化学品安全标签中的象形图则必须保留。对组合容器，要求内包装加贴化学品安全标签，外包装上加贴运输标志，如果不需要运输标志可以加贴化学品安全标签。

第二章 危险化学品登记管理

危险化学品登记制度是我国危险化学品安全管理中最为基础的制度。《危险化学品安全管理条例》第六十六条规定："国家实行危险化学品登记制度，为危险化学品安全管理以及危险化学品事故预防和应急救援提供技术、信息支持。"为了加强对危险化学品的安全管理，规范危险化学品登记工作，国家安全生产监督管理总局在 2012 年发布了《危险化学品登记管理办法》(安全监管总局令第 53 号)，详细规定了危险化学品登记的范围、内容、流程以及登记企业的职责、监管要求等内容，并按照企业申请、两级审核、统一发证、分级管理的原则开展危险化学品登记工作。

第一节 危险化学品登记范围

一、危险化学品登记企业

根据《危险化学品安全管理条例》和《危险化学品登记管理办法》的规定，开展危险化学品登记的主体范围是危险化学品生产企业、进口企业。随着国家机构的调整，2018 年成立的应急管理部在危险化学品管理方面的职能发生了显著变化，监管重点从原有的危险化学品安全生产扩展到了危险化学品事故应急救援，对危险化学品登记提出了更高的要求。由于现行危险化学品登记主体仅限于危险化学品生产企业、进口企业，应急管理部门对使用危险化学品的大量一般化工企业缺乏必要的安全风险信息采集手段，难以建立全面的化工（医药）企业危险化学品安全风险数据库，不能适应国内危险化学品全过程管控的需要，难以满足危险化学品各个环节事故预防与应急救援的要求。

为贯彻落实中共中央办公厅、国务院办公厅《关于全面加强危险化学品安全生产工作的意见》中"严格安全准入。完善并严格落实化学品鉴定评估与登记有关规定"的要求，以及《"十四五"危险化学品安全生产规划方案》中"化工和医药行业及危险化学品相关环节风险防控"的要求，根据《全国危险化学品安全风险集中治理方案》的工作安排，2022年国务院安委会办公室印发了《危险化学品登记综合服务系统升级改造和推广应用专项工作方案》，要求开展化工企业、医药企业安全生产信息登记工作，并根据应急管理部门危险化学品安全监管的职责范围对需要开展安全信息登记的化工企业、医药企业行业范围进行了限定（表2-1）。通过开展化工企业、医药企业安全生产信息登记与危险化学品登记相互结合，实现了化工行业安全信息登记的全覆盖，构建了完整的化工（医药）企业危险化学品安全风险数据库，有力支撑了国家危险化学品安全监管和应急救援。

表2-1 化工企业、医药企业安全生产信息登记的行业范围

代 码			类 别 名 称
大类	中类	小类	
25			石油、煤炭及其他燃料加工业
	251		精炼石油产品制造
		2511	原油加工及石油制品制造
		2519	其他原油制造
	252		煤炭加工
		2521	炼焦
		2522	煤制合成气生产
		2523	煤制液体燃料生产
26			化学原料和化学制品制造业
	261		基础化学原料制造

表 2 - 1（续）

代 码			类 别 名 称
大类	中类	小类	
		2611	无机酸制造
		2612	无机碱制造
		2613	无机盐制造
		2614	有机化学原料制造
		2619	其他基础化学原料制造
	262		肥料制造
		2621	氮肥制造
		2622	磷肥制造
		2623	钾肥制造
	263		农药制造
		2631	化学农药制造
	264		涂料、油墨、颜料及类似产品制造
		2641	涂料制造
		2645	染料制造
	265		合成材料制造
		2651	初级形态塑料及合成树脂制造
		2652	合成橡胶制造
		2653	合成纤维单（聚合）体制造
	266		专用化学产品制造
		2661	化学试剂和助剂制造
		2662	专项化学用品制造
		2663	林产化学产品制造
		2666	环境污染处理专用药剂材料制造
		2669	其他专用化学产品制造
	268		日用化学产品制造
		2684	香料、香精制造
27			医药制造业
	271	2710	化学药品原料药制造

表 2 - 1（续）

代　码			类　别　名　称
大类	中类	小类	
28			化学纤维制造业
	281		纤维素纤维原料及纤维制造
		2811	化纤浆粕制造
	282		合成纤维制造
		2821	锦纶纤维制造
		2822	涤纶纤维制造
		2823	腈纶纤维制造
		2824	维纶纤维制造
		2825	丙纶纤维制造
		2826	氨纶纤维制造

二、危险化学品登记化学品

《危险化学品登记管理办法》第二条规定："本办法适用于危险化学品生产企业、进口企业（以下统称登记企业）生产或者进口《危险化学品目录》所列危险化学品的登记和管理工作。"第二十一条规定："对危险特性尚未确定的化学品，登记企业应当按照国家关于化学品危险性鉴定的有关规定，委托具有国家规定资质的机构对其进行危险性鉴定；属于危险化学品的，应当依照本办法的规定进行登记。"因此，危险化学品登记的化学品范围包括列入《危险化学品目录》的危险化学品，以及经鉴定属于危险化学品的化学品（即未列入《危险化学品目录》危险化学品）。

第二节　登记企业的职责

《危险化学品登记管理办法》第四章规定了登记企业的职责，共有 6 条规定，涉及 4 个方面。

一、做好登记准备工作的职责

登记准备工作包括建立危险化学品管理档案（第十八条）、合格登记人员的配备（第二十条）、24 小时应急电话的配备（第二十二条）。

《危险化学品登记管理办法》第十八条规定：

"登记企业应当对本企业的各类危险化学品进行普查，建立危险化学品管理档案。

"危险化学品管理档案应当包括危险化学品名称、数量、标识信息、危险性分类和化学品安全技术说明书、化学品安全标签等内容。"

《危险化学品登记管理办法》第二十条规定：

"登记企业应当指定人员负责危险化学品登记的相关工作，配合登记人员在必要时对本企业危险化学品登记内容进行核查。

"登记企业从事危险化学品登记的人员应当具备危险化学品登记相关知识和能力。"

《危险化学品登记管理办法》第二十二条规定：

"危险化学品生产企业应当设立由专职人员 24 小时值守的国内固定服务电话，针对本办法第十二条规定的内容向用户提供危险化学品事故应急咨询服务，为危险化学品事故应急救援提供技术指导和必要的协助。专职值守人员应当熟悉本企业危险化学品的危险特性和应急处置技术，准确回答有关咨询问题。

"危险化学品生产企业不能提供前款规定应急咨询服务的，应当委托登记机构代理应急咨询服务。

"危险化学品进口企业应当自行或者委托进口代理商、登记机构提供符合本条第一款要求的应急咨询服务，并在其进口的危险化学品安全标签上标明应急咨询服务电话号码。"

随着国家危险化学品安全监管需求的不断变化，登记企业还应准备更多的资料以满足危险化学品登记不断变化的需求，例如，现状安全评价报告、重大危险源评估报告、生产许可证、应急预案等。

二、如实登记的职责

《危险化学品登记管理办法》第十九条规定："登记企业应当按照规定向登记机构办理危险化学品登记，如实填报登记内容和提交有关材料，并接受安全生产监督管理部门依法进行的监督检查。"

三、合法使用登记证的职责

《危险化学品登记管理办法》第二十三条规定："登记企业不得转让、冒用或者使用伪造的危险化学品登记证。"

四、未列入《危险化学品目录》化学品的鉴定和登记职责

《危险化学品登记管理办法》第二十一条规定："对危险特性尚未确定的化学品，登记企业应当按照国家关于化学品危险性鉴定的有关规定，委托具有国家规定资质的机构对其进行危险性鉴定；属于危险化学品的，应当依照本办法的规定进行登记。"

第三节　危险化学品登记流程

现行的危险化学品登记流程包括 3 种形式：首次登记流程、复核登记流程、变更登记流程（可细分为涉及证书载明事项变更和不涉及证书载明事项 2 种类型）。化工企业、医药企业（包括使用许可企业）安全信息登记流程包括 2 种形式：首次登记流程、变更登记流程。

一、危险化学品生产企业、进口企业登记流程

（一）危险化学品生产企业、进口企业首次登记流程

根据《危险化学品登记管理办法》，新建的生产企业应当在竣工验收前办理危险化学品登记，进口企业应当在首次进口前办理危险化学品登记。危险化学品生产企业、进口企业首次登记流程主要包括用户申请及审批、登记信息填报、省级登记办公室审核、应急管理部化学品登记中心（简称部化学品登记中心）审核、登记表审核和登记发证 6 个步

骤，如图 2 - 1 所示。

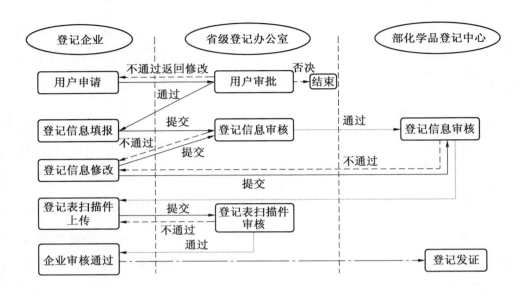

图 2 - 1   危险化学品生产企业、进口企业首次登记流程

第一步，用户申请及审批。登记企业通过危险化学品登记综合服务系统申请账号（广东企业需通过广东省危险化学品安全生产风险监测预警系统申请账户），由各省级登记办公室审批。根据《危险化学品登记管理办法》，各省级登记办公室在 3 个工作日内对登记企业提出的申请进行初步审查。申请不通过的，可返回企业修改再次上报申请；否决的，结束申请流程；申请通过的，通过登记系统通知登记企业办理登记手续。

第二步，登记信息填报。登记企业登录系统后，按照有关要求如实填写企业信息、化学品信息、重大危险源、危险工艺 4 个模块的信息，完成后进行信息提交。

第三步，省级登记办公室审核。企业提交登记后，登记材料由省级登记办公室审核，根据《危险化学品登记管理办法》，省级登记办公室在收到登记企业的登记材料之日起 20 个工作日内，对登记材料和登记内容逐项进行审查，必要时可进行现场核查。不符合要求的（审核不通过），通过系统告知登记企业并说明理由，返回企业修改，修改后再次提交至省级登记办公室审核；符合要求的（审核通过），系统将企业登记材料提交至部化学品登记中心审核。

第四步，部化学品登记中心审核。部化学品登记中心收到各省级登记办公室提交的登记材料后进行信息复审，根据《危险化学品登记管理办法》，部化学品登记中心在收到省级登记办公室提交的登记材料之日起 15 个工作日内（通常在 5 个工作日完成），对登记材料和登记内容进行审核。不符合要求的（审核不通过），通过系统告知省级登记办公室、登记企业并说明理由，返回企业修改，修改后再次提交至部化学品登记中心审核；符合要求的（审核通过），系统通知企业上报登记表扫描件。

第五步，登记表审核。企业通过系统提交登记表扫描件，由省级登记办公室审核，不符合要求的（审核不通过），返回企业修改，修改后再次上报至省级登记办公室审核；符合要求的（审核通过），进入发证流程。

第六步，登记发证。部化学品登记中心发放企业登记证及品种页，流程结束。

（二）危险化学品生产企业、进口企业复核登记流程

根据《危险化学品登记管理办法》，登记证有效期满后，登记企业继续从事危险化学品生产或者进口的，应当在登记证有效期届满前 3 个月提出复核换证申请。危险化学品生产企业、进口企业复核登记流程主要包括复核申请、信息复核修改、省级登记办公室审核、部化学品登记中心审核、登记表审核和登记复核发证 6 个步骤，如图 2 - 2 所示。

第一步，复核申请。登记企业登录危险化学品登记综合服务系统提出复核换证申请，由各省级登记办公室审批。不符合条件的（审核不通过），通过系统告知登记企业并说明理由；符合条件的（审核通过），通过系统告知登记企业复核信息并按要求提交材料。审核通过的条件是登记证有效期届满前 3 个月或者登记证有效期超期。

第二步，信息复核修改。登记企业登录系统后，复核企业信息、化学品信息、重大危险源、危险工艺 4 个模块的信息，完成修改后进行信

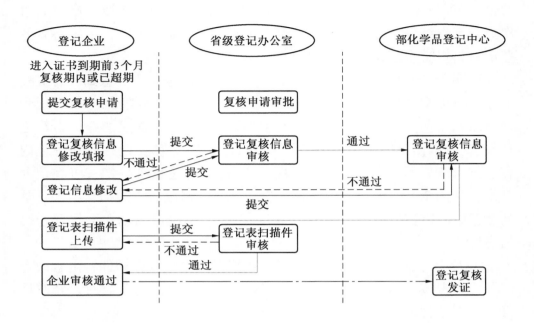

图2-2　危险化学品生产企业、进口企业复核登记流程

息提交。

　　第三步，省级登记办公室审核。企业提交登记后，登记材料由省级登记办公室审核。不符合要求的（审核不通过），通过系统告知登记企业并说明理由，返回企业修改，修改后再次提交至省级登记办公室审核；符合要求的（审核通过），系统将企业登记材料提交至部化学品登记中心审核。

　　第四步，部化学品登记中心审核。部化学品登记中心收到各省级登记办公室提交的登记材料后进行信息复审。不符合要求的（审核不通过），通过系统告知省级登记办公室、登记企业并说明理由，返回企业修改，修改后再次提交至部化学品登记中心审核；符合要求的（审核通过），系统通知企业上报登记表扫描件。

　　第五步，登记表审核。企业通过系统提交登记表扫描件，由省级登记办公室审核，不符合要求的（审核不通过），返回企业修改，修改后再次上报至省级登记办公室审核；符合要求的（审核通过），进入发证流程。

第六步，登记复核发证。部化学品登记中心发放企业登记证及品种页，流程结束。

（三）危险化学品生产企业、进口企业变更登记流程

根据《危险化学品登记管理办法》，登记企业在危险化学品登记证有效期内（且尚未进入登记证书到期前 3 个月复核期），企业名称、注册地址、登记品种、应急咨询服务电话发生变化，或者发现其生产、进口的危险化学品有新的危险特性的，应当在 15 个工作日内向省级登记办公室提出变更申请。为更有效地支撑危险化学品安全监管和应急救援，应急管理部结合登记系统更新工作，在《危险化学品登记综合服务系统升级改造和推广应用专项工作方案》中要求危险化学品登记企业全面更新登记信息，并持续推进。根据不同变更内容，登记变更分 2 种不同类型的审批流程：对于涉及证书载明事项的变更，相关事项包括企业名称、工商注册地址、危险化学品登记品种（包括新增品种、删减品种及修改化学品名称、别名、生产能力等），该类变更走省级登记办公室、部化学品登记中心两级审核流程，需要变更发证；对于不涉及证书载明事项的变更，相关事项主要包括重大危险源信息、工艺信息、企业信息（企业名称、工商注册地址除外）、其他化学品信息等，该类变更走市县应急管理部门、省级登记办公室两级审核流程，不需要变更发证。

1. 涉及证书载明事项的变更登记流程

涉及证书载明事项的变更登记流程主要包括变更申请、信息修改填报、省级登记办公室审核、部化学品登记中心审核、登记表审核、登记变更发证 6 个步骤，如图 2-3 所示。

第一步，变更申请。登记企业登录危险化学品登记综合服务系统提出变更申请，选择变更内容（包含涉及证书载明事项），系统自动确认进入信息修改填报流程。

第二步，信息修改填报。企业登录系统修改填报相关信息，完成后进行信息提交。

第三步，省级登记办公室审核。企业提交登记后，登记材料由省级登记办公室审核。不符合要求的（审核不通过），通过系统告知登记企

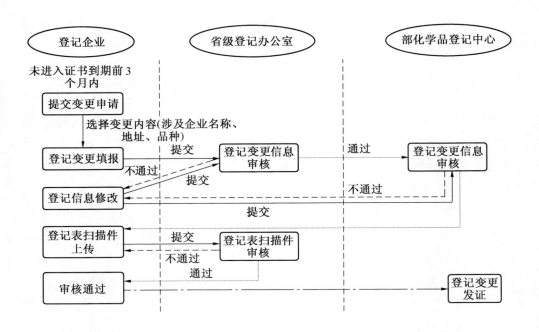

图 2-3 危险化学品生产企业、进口企业变更登记流程（涉及证书载明事项）

业并说明理由，返回企业修改，修改后再次提交至省级登记办公室审核；符合要求的（审核通过），系统将企业登记材料提交至部化学品登记中心审核。

第四步，部化学品登记中心审核。部化学品登记中心收到各省级登记办公室提交的登记材料后进行信息复审。不符合要求的（审核不通过），通过系统告知省级登记办公室、登记企业并说明理由，返回企业修改，修改后再次提交至部化学品登记中心审核；符合要求的（审核通过），系统通知企业上报登记表扫描件。

第五步，登记表审核。企业通过系统提交登记表扫描件，由省级登记办公室审核，不符合要求的（审核不通过），返回企业修改，修改后再次上报至省级登记办公室审核；符合要求的（审核通过），进入发证流程。

第六步，登记变更发证。部化学品登记中心根据变更的事项，发放企业登记证或品种页，流程结束。

2. 不涉及证书载明事项的变更登记流程

不涉及证书载明事项的变更登记流程主要包括变更申请、信息修改填报、监管部门审核、省级登记办公室审核 4 个步骤，如图 2 - 4 所示。

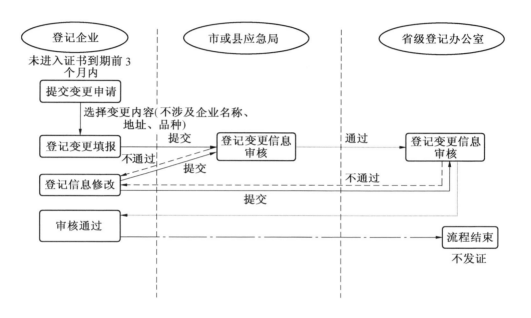

图 2 - 4　危险化学品生产企业、进口企业变更登记流程（不涉及证书载明事项）

第一步，变更申请。登记企业登录危险化学品登记综合服务系统提出变更申请，选择变更内容（不涉及证书载明事项），系统自动确认进入信息修改填报流程。

第二步，信息修改填报。企业登录系统修改填报相关信息，完成后进行信息提交。

第三步，监管部门审核。企业提交登记后，根据企业的日常监管情况，由市县应急管理部门进行审核（二选一审核，一方审核后另一方不能再审）。不符合要求的（审核不通过），通过系统告知登记企业并说明理由，返回企业修改，修改后再次提交至市县应急管理部门审核；符合要求的（审核通过），系统将企业登记材料提交至省级登记办公室审核。

第四步，省级登记办公室审核。省级登记办公室收到监管部门提交的登记材料后进行信息复审。不符合要求的（审核不通过），通过系统告知市县应急管理部门、登记企业并说明理由，返回企业修改，修改后再次提交至省级登记办公室审核；符合要求的（审核通过），流程结束。

二、化工企业、医药企业（包括使用许可企业）安全信息登记流程

（一）化工企业、医药企业（包括使用许可企业）安全信息首次登记流程

化工企业、医药企业（包括使用许可企业）安全信息首次登记流程主要包括用户申请及审批、登记信息填报、监管部门审核、省级登记办公室审核4个步骤，如图2－5所示。

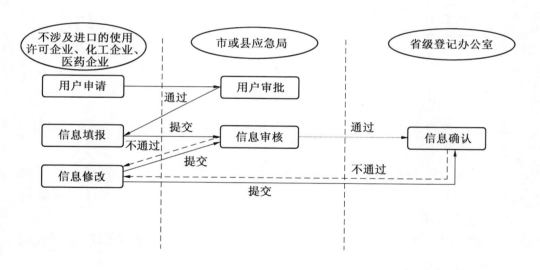

图2－5　化工企业、医药企业（包括使用许可企业）安全信息首次登记流程

第一步，用户申请及审批。登记企业通过危险化学品登记综合服务系统申请账号（广东企业需通过广东省危险化学品安全生产风险监测预警系统申请账户），由市县应急管理部门审批。申请不通过的，可返回企业修改再次上报申请；否决的，结束申请流程；申请通过，进入填

报流程。

第二步，登记信息填报。登记企业登录系统后，按照有关要求如实填写企业信息、化学品信息、重大危险源、危险工艺4个模块的信息，完成后进行信息提交。

第三步，监管部门审核。企业提交登记后，根据企业的日常监管情况，由市县应急管理部门进行审核（二选一审核，一方审核后另一方不能再审）。审核不通过的，返回企业修改，修改后再次上报至监管部门审核；审核通过的，上报至省级登记办公室复审。

第四步，省级登记办公室审核。省级登记办公室收到监管部门提交的登记材料后进行信息复审。不符合要求的（审核不通过），通过系统告知市县应急管理部门、登记企业并说明理由，返回企业修改，修改后再次提交至省级登记办公室审核；符合要求的（审核通过），流程结束。

（二）化工企业、医药企业（包括使用许可企业）安全信息变更登记流程

化工企业、医药企业（包括使用许可企业）变更登记流程主要包括信息修改、监管部门审核、省级登记办公室审核3个步骤，如图2-6所示。

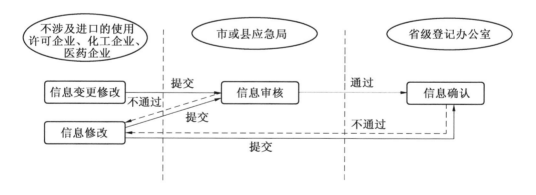

图2-6 化工企业、医药企业（包括使用许可企业）安全信息变更登记流程

第一步，信息修改。登记企业登录系统后直接修改需要变更的信息，系统自动发起流程，修改完成后进行信息提交。

第二步，监管部门审核。企业提交登记后，根据企业的日常监管情况，由市县应急管理部门进行审核（二选一审核，一方审核后另一方不能再审）。审核不通过的，返回企业修改，修改后再次上报至监管部门审核；审核通过的，上报至省级登记办公室复审。

第三步，省级登记办公室审核。省级登记办公室收到监管部门提交的登记材料后进行信息复审。不符合要求的（审核不通过），通过系统告知市县应急管理部门、登记企业并说明理由，返回企业修改，修改后再次提交至省级登记办公室审核；符合要求的（审核通过），流程结束。

三、危险化学品经营企业安全信息登记流程

危险化学品经营企业安全信息登记流程参照化工企业、医药企业（包括使用许可企业）安全信息登记流程。

第四节　危险化学品登记附件要求

《危险化学品安全管理条例》第六十七条规定危险化学品登记包括6 个方面内容：分类和标签信息；物理、化学性质；主要用途；危险特性；储存、使用、运输的安全要求；出现危险情况的应急处置措施。

根据加强危险化学品安全管理需要，《危险化学品登记管理办法》对《危险化学品安全管理条例》规定的 6 个方面内容进行了适当细化。其中：分类和标签信息，包括危险化学品的危险性类别、象形图、警示词、危险性说明、防范说明等；物理、化学性质，包括危险化学品的外观与性状、溶解性、熔点、沸点等物理性质，闪点、爆炸极限、自燃温度、分解温度等化学性质；主要用途，包括企业推荐的产品合法用途、禁止或者限制的用途等；危险特性，包括危险化学品的物理危险性、环境危害性和毒理特性；储存、使用、运输的安全要求，其中，储存的安全要求包括对建筑条件、库房条件、安全条件、环境卫生条件、温度和湿度条件的要求，使用的安全要求包括使用时的操作条件、作业人员防护措施、使用现场危害控制措施等，运输的安全要求包括对运输或者输

送方式的要求、危害信息向有关运输人员的传递手段、装卸及运输过程中的安全措施等；出现危险情况的应急处置措施，包括危险化学品在生产、使用、储存、运输过程中发生火灾、爆炸、泄漏、中毒、窒息、灼伤等化学品事故时的应急处理方法，应急咨询服务电话等。

根据《危险化学品安全管理条例》和《危险化学品登记管理办法》的规定，结合危险化学品安全管理的需要，原国家安全监管总局办公厅印发了《关于印发危险化学品登记文书的通知》（安监总厅管三〔2012〕144 号），针对危险化学品生产企业和进口企业分别制定了登记文书。为了便于企业开展危险化学品登记工作，国家按照登记文书的内容开发了危险化学品登记系统。随着应急管理部的成立以及国家对危险化学品安全监管和应急救援需求的变化，按照《危险化学品登记综合服务系统升级改造和推广应用专项工作方案》，2022 年国家对原危险化学品登记系统进行了升级改造，开发了危险化学品登记综合服务系统，修改完善了危险化学品登记的内容。危险化学品登记综合服务系统将危险化学品登记的内容分为 4 个模块，即企业信息、化学品信息、工艺信息和重大危险源。根据《危险化学品登记管理办法》的规定，危险化学品登记表、生产企业的工商营业执照、"一书一签"、应急咨询服务委托书、产品标准的材料需要提供纸质文件，为深入推进国家"简政放权、放管结合、优化服务"的要求，2022 年危险化学品登记综合服务系统上线后，将原先需要纸质提交的材料全部改为通过系统以附件的形式提交。企业在开展危险化学品登记时，除按要求填写 4 个模块的内容以外，其他材料通过附件形式上传。下面分别针对 4 个模块中需要通过附件提交的材料，详细说明注意事项。

一、"企业信息"模块

"企业信息"模块中需要通过附件提交的材料包括应急预案、厂区平面布置图、安全生产标准化证书、危险化学品重大危险源备案登记表、安全评价报告、对外贸易经营者备案登记表、中华人民共和国外商投资企业批准证书、危险化学品安全生产许可证证书、重大危险源评估报告、工商营业执照扫描件、其他附件、危险化学品登记表等。

（一）应急预案

系统"企业信息"模块的"安全管理信息"部分中，设有"应急预案附件"栏目用于上传附件。应急预案是危险化学品企业根据《生产安全事故应急预案管理办法》（安全监管总局令第88号公布，应急管理部令第2号修正）编制的综合应急预案、专项应急预案和现场处置方案。其中，综合应急预案是指生产经营单位为应对各种生产安全事故而制定的综合性工作方案，是本单位应对生产安全事故的总体工作程序、措施和应急预案体系的总纲，这是所有危险化学品企业登记时必须提交的材料；专项应急预案是指生产经营单位为应对某一种或者多种类型生产安全事故，或者针对重要生产设施、重大危险源、重大活动防止生产安全事故而制定的专项性工作方案，危险化学品企业登记时可根据实际情况提交；现场处置方案是指生产经营单位根据不同生产安全事故类型，针对具体场所、装置或者设施所制定的应急处置措施，危险化学品企业登记时可自主选择提交。

危险化学品企业在提交应急预案时需要注意：提交的应急预案应是最新版本，且与备案的版本保持一致；当应急预案修订并重新备案后，危险化学品企业应及时申请登记变更，更新相关内容。

（二）厂区平面布置图

系统"企业信息"模块的"厂区"部分中，设有"厂区平面布置图"栏目用于上传附件。厂区平面布置图是指标注厂区范围内车间、仓库和其他建筑物等内容的平面示意图。

危险化学品企业在提交厂区平面布置图时需要注意：提交的平面布置图应与企业当前实际情况保持一致；如果企业没有绘制厂区平面布置图，可以使用设计单位提供的设计总平面布置图替代；当企业由于新建、改建、扩建，厂区设计的总平面布置发生变化时，危险化学品企业应及时修改厂区平面布置图，并申请登记变更，更新相关内容；贸易型进口企业［登记综合服务系统中企业类型为危险化学品经营企业，经营类型为不带储存设施经营（贸易经营），并涉及进口］不需要提交厂区平面布置图。

（三）安全生产标准化证书

系统"企业信息"模块的"附件上传"部分中，设有"安全生产标准化证书附件"栏目用于上传附件。安全生产标准化证书是指企业完成危险化学品安全生产标准化认证后获得的证书。

危险化学品企业在提交安全生产标准化证书时需要注意：只有获得证书，且在有效期内的企业才需要提交安全生产标准化证书；当企业被撤销安全生产标准化企业等级时，危险化学品企业应及时申请登记变更，更新相关内容。

（四）危险化学品重大危险源备案登记表

系统"企业信息"模块的"附件上传"部分中，设有"危险化学品重大危险源备案登记表"栏目用于上传附件。危险化学品重大危险源备案登记表是指企业根据《危险化学品重大危险源监督管理暂行规定》（安全监管总局令第 40 号）的规定申报重大危险源备案后，应急管理部门在审查后予以备案并出具的重大危险源备案登记表。

危险化学品企业在提交危险化学品重大危险源备案登记表时需要注意：必须提交企业所有重大危险源的备案登记表；当备案的重大危险源发生变化时，危险化学品企业应及时申请登记变更，更新相关内容。

（五）安全评价报告

系统"企业信息"模块的"附件上传"部分中，设有"安全评价报告"栏目用于上传附件。安全评价报告是根据国家法定要求，由具备国家规定资质条件的机构为危险化学品企业开展安全评价形成的报告。安全评价报告分为 3 种：建设项目安全预评价报告、建设项目安全设施竣工验收评价报告、现状安全评价报告。其中，建设项目安全预评价是根据《危险化学品建设项目安全监督管理办法》（安全监管总局令第 45 号公布，安全监管总局令第 79 号修正）的规定，建设单位在建设项目的可行性研究阶段，委托具备相应资质的安全评价机构对建设项目进行的安全评价；建设项目安全设施竣工验收评价是根据《危险化学品建设项目安全监督管理办法》的规定，建设单位在建设项目试生产期间，委托具备相应资质的安全评价机构对建设项目及其安全设施试生产（使用）情况进行的安全验收评价；现状安全评价是根据《危险化学品安全管理条例》，生产、储存危险化学品的企业，委托具备相应资质的安全评价机构对本企业安全生产条件每 3 年进行一次的安全评价。

新建危险化学品企业在提交安全评价报告时需要注意：根据《危险化学品登记管理办法》第十条的规定，相关企业应当在竣工验收前办理危险化学品登记，登记时应提交建设项目安全预评价报告，由于建设项目安全预评价报告可能与企业的实际情况差异较大，为了便于审核机构更好地掌握企业的实际情况，当前接受用建设项目安全设施设计专篇替代；在完成竣工验收后，相关企业应及时申请登记变更，更新为建设项目安全设施竣工验收评价报告。

现有危险化学品企业在提交安全评价报告时需要注意：根据《危险化学品安全管理条例》的要求完成每 3 年一次的现状安全评价报告后，应及时申请登记变更，更新为最新的现状评价报告；如果企业涉及新建项目，应在完成新建项目竣工验收后及时申请登记变更，在系统"企业信息"模块"附件上传"部分的"其他附件"栏目中，提交新建项目安全设施竣工验收评价报告；贸易型进口企业可不提交安全评价报告。

（六）对外贸易经营者备案登记表

系统"企业信息"模块的"附件上传"部分中，设有"对外贸易经营者备案登记表"栏目用于上传附件。对外贸易经营者备案登记表是根据《中华人民共和国对外贸易法》《对外贸易经营者备案登记办法》，在中国境内从事货物进出口或者技术进出口的企业，向商务部门办理对外贸易经营者备案登记手续后，取得的备案登记表。2022 年 12 月 30 日，十三届全国人大常委会第三十八次会议经表决，通过了关于修改对外贸易法的决定，删去《中华人民共和国对外贸易法》第九条关于对外贸易经营者备案登记的规定，各地商务主管部门已停止办理对外贸易经营者备案登记。因此，该项材料企业可自主选择是否提交。

（七）中华人民共和国外商投资企业批准证书

系统"企业信息"模块的"附件上传"部分中，设有"中华人民共和国外商投资企业批准证书"栏目用于上传附件。中华人民共和国外商投资企业批准证书是根据《中华人民共和国外资企业法》《中华人民共和国外资企业法实施细则》，外商投资企业在设立时，经商务部门批准后，获得的批准证书。2019 年 3 月 15 日，第十三届全国人民代表大会第二次会议通过了《中华人民共和国外商投资法》，自 2020 年 1 月 1 日起施行，《中华人民共和国外资企业法》同时废止，各地商务主管部门不再颁发外商投资企业批准证书。因此，该项材料企业可自主选择是否提交。

（八）危险化学品安全生产许可证证书

系统"企业信息"模块的"附件上传"部分中，设有"危险化学品安全生产许可证证书"栏目用于上传附件。危险化学品安全生产许可证是根据《危险化学品生产企业安全生产许可证实施办法》的规定，依法设立且取得工商营业执照或者工商核准文件从事生产最终产品或者中间产品列入《危险化学品目录》的企业，经应急管理部门批准后，获得的许可证证书。

现有危险化学品企业在提交危险化学品安全生产许可证证书时需要注意：只有获得危险化学品安全生产许可证的企业才需要提交该材料；新建企业在初次登记可不提交该材料，但是在企业获得危险化学品安全生产许可证后，应及时申请登记变更，提交该材料；如果危险化学品安全生产许可证发生了变更或者延期换证，企业应及时申请登记变更，更新相关内容。

（九）重大危险源评估报告

系统"企业信息"模块的"附件上传"部分中，设有"重大危险源评估报告"栏目用于上传附件。重大危险源评估是企业根据《危险化学品重大危险源监督管理暂行规定》的规定对重大危险源开展的专项安全评估，重大危险源评估可以由危险化学品企业组织本单位的注册安全工程师、技术人员或者聘请有关专家完成，也可以委托具有相应资质的安全评价机构完成。

现有危险化学品企业在提交重大危险源评估报告时需要注意：只有涉及重大危险源的危险化学品企业才需要提交该材料；对于将重大危险源安全评估与本企业安全评价一起进行，而没有单独开展重大危险源安全评估的，企业可以用安全评价报告代替重大危险源评估报告；如果重新开展重大危险源安全评估，企业应及时申请登记变更，更新相关内容。

（十）工商营业执照扫描件

系统"企业信息"模块的"附件上传"部分中，设有"工商营业执照扫描件"栏目用于上传附件。工商营业执照是企业根据《中华人民共和国公司法》的规定，向公司登记机关申请工商营业登记后领取的执照。

危险化学品企业在提交工商营业执照时需要注意：工商营业执照扫描件应确保内容清晰、完整。

（十一）其他附件

系统"企业信息"模块的"附件上传"部分中，设有"其他附件"栏目用于上传附件。该栏目用于上传企业认为有必要提交的或者需要补充说明的其他附件，如应急咨询服务委托书等。

（十二）危险化学品登记表

与其他附件不同，危险化学品登记表是在企业提交的材料通过省、部两级审核后，再通过系统提交的附件。对于不需要经过应急管理部化学品登记中心审核的化工企业、医药企业安全信息登记以及不涉及证书载明事项的危险化学品变更登记，企业无须提交该材料。

相关企业在完成省、部两级审核后，需要首先下载危险化学品登记表，按要求如实填写相关内容，注意填写的内容应与网上登记内容保持一致，然后加盖公章（包括骑缝章），最后扫描登记表制作为 PDF 文件，附件材料准备完成。

二、"化学品信息"模块

"化学品信息"模块中需要通过附件提交的材料包括结构式、标准原文文档、中文 SDS 文档、标签文档、鉴定分类报告。

（一）结构式

系统"化学品信息"模块的"基础信息"部分中，设有"结构式"栏目用于上传附件。结构式是用元素符号和代表化学键的短横线表示单质、化合物分子中原子组成连接顺序和成键方式的化学式，是一种简单描述分子结构的方法。危险化学品企业登记时可自主选择是否提交危险化学品的结构式。

（二）标准原文文档

系统"化学品信息"模块的"基础信息"部分中，设有"标准原文文档"栏目用于上传附件。标准是指危险化学品的产品标准，包括国家标准、行业标准、地方标准、团体标准、企业标准等各种类型的标准。

危险化学品企业在提交标准原文文档时需要注意：如果危险化学品执行的产品标准为地方标准、团体标准或企业标准，企业必须提交标准原文文档；如果危险化学品是进口产品或者危险化学品执行的产品标准是国家标准或行业标准，企业可自主选择是否提交标准原文文档；提交的标准原文文档，必须是完整的标准。

（三）中文 SDS 文档

系统"化学品信息"模块的"基础信息"部分中，设有"中文SDS 文档"栏目用于上传附件。中文 SDS 是指中文的化学品安全技术说明书，根据《危险化学品安全管理条例》的规定，危险化学品生产企业应当提供与其生产的危险化学品相符的化学品安全技术说明书，危险化学品经营企业不得经营没有化学品安全技术说明书的危险化学品。

危险化学品企业在提交中文 SDS 文档时需要注意：生产企业的 SDS 应满足《化学品安全技术说明书　内容和项目顺序》（GB/T 16483）和《化学品安全技术说明书编写指南》（GB/T 17519）的要求，进口危险化学品应满足《化学品安全技术说明书　内容和项目顺序》（GB/T 16483）的要求；SDS 必须是中文版或中文与其他文字的对照版；SDS 中的危险性分类等重要信息应与"基础信息"部分中相关栏目填写的信息保持一致。

（四）标签文档

系统"化学品信息"模块的"基础信息"部分中，设有"标签文档"栏目用于上传附件。标签是指化学品安全标签，根据《危险化学品安全管理条例》的规定，危险化学品生产企业应在危险化学品包装（包括外包装件）上粘贴或者拴挂与包装内危险化学品相符的化学品安全标签，危险化学品经营企业不得经营没有化学品安全标签的危险化学品。

危险化学品企业在提交标签文档时需要注意：标签必须满足《化学品安全标签编写规定》（GB 15258）的要求；标签必须是中文版或中

文与其他文字的对照版；标签要素应与"基础信息"部分中相关栏目填写的信息保持一致。

（五）鉴定分类报告

系统"化学品信息"模块的"基础信息"部分中，设有"鉴定分类报告"栏目用于上传附件。鉴定分类报告是指危险特性尚未确定的化学品根据《化学品物理危险性鉴定与分类管理办法》的要求开展鉴定分类工作后形成的报告。目前，危险化学品企业登记时可自主选择是否提交鉴定分类报告。

三、"工艺信息"模块

"工艺信息"模块中需要通过附件提交的材料包括反应风险评估报告附件、工艺流程图附件。

（一）反应风险评估报告附件

系统"工艺信息"模块的"基础信息"部分中，设有"反应风险评估报告附件"栏目用于上传附件。反应风险评估是指根据《精细化工反应安全风险评估规范》（GB/T 42300）针对危险化工工艺开展的反应安全风险评估。

《关于加强精细化工反应安全风险评估工作的指导意见》（安监总管三〔2017〕1号）规定，企业中涉及重点监管危险化工工艺和金属有机物合成反应（包括格氏反应）的间歇和半间歇反应，有以下情形之一的，要开展反应安全风险评估：①国内首次使用的新工艺、新配方投入工业化生产的以及国外首次引进的新工艺且未进行过反应安全风险评估的；②现有的工艺路线、工艺参数或装置能力发生变更，且没有反应安全风险评估报告的；③因反应工艺问题，发生过生产安全事故的。

《危险化学品安全专项整治三年行动实施方案》（安委〔2020〕3号）要求进行反应安全风险评估的范围包括：①硝化、氯化、氟化、重氮化、过氧化工艺生产工艺全流程的反应安全风险评估；②对硝化、氯化、氟化、重氮化、过氧化工艺相关原料、中间产品、产品及副产物进行热稳定性测试；③对硝化、氯化、氟化、重氮化、过氧化工艺的蒸馏、干燥、储存等单元操作进行风险评估。同时，还规定现有涉及硝化、氯化、氟化、重氮化、过氧化工艺的精细化工生产装置必须于2021年底前完成有关产品生产工艺全流程的反应安全风险评估。

危险化学品企业在提交反应风险评估报告时需要注意：对已完成反应安全风险评估的危险化工工艺，企业应提交完整的反应风险评估报告。

（二）工艺流程图附件

系统"工艺信息"模块的"基础信息"部分中，设有"工艺流程图附件"栏目用于上传附件。工艺流程图是指用于示意反应过程或化学加工的示意图。

危险化学品企业在提交工艺流程图附件时需要注意：企业提交的工艺流程图应与安全评价报告上的工艺流程图保持一致；企业提交工艺流程图时，切忌提交可能涉及技术秘密的工艺流程设计图纸。

四、"重大危险源"模块

"重大危险源"模块中暂时没有涉及附件提交的栏目。

第五节　化学品安全信息码管理

一、化学品安全信息码产生的背景

危害信息传递是危险化学品安全管理的基础。通过十多年的努力，化学品安全技术说明书和安全标签（简称"一书一签"）作为危险化学品危害信息传递的重要手段逐步深入人心。但是近年来的事故以及安全监管的执法情况表明，"一书一签"在随产品传递以及末端使用的过程中仍存在一些问题，例如：部分企业登记上报的"一书一签"与提供给下游用户的不一致；部分企业没有将SDS有效传递给作业场所的员工；供应商不主动向下游用户提供SDS或提供老旧的SDS等。可见，目前采用传统纸质方式进行危险化学品的信息传递存在一定的局限性，需利用现代信息化技术对其进行有效弥补。

随着我国市场经济的不断完善和信息技术的迅速发展，国内对条形码、二维码技术的应用日益普遍，在行业监管领域，条形码、二维码技术的应用也在不断探索和推广。在药品行业，建立了基于药品追溯码（载体可为条形码、二维码或 RFID 标签）的药品信息化追溯体系；在农药行业，建立了基于农药产品标识码（载体为二维码）的全国农药质量追溯系统。与此同时，欧盟等发达国家和地区也在探索在化学品领域实施电子标识。

2021 年 4 月，应急管理部原副部长刘伟在惠州市出席全国危险化学品安全监管系统现场交流会期间，作出"广东省要率先试点推行'一企一品一码'制度"的指示要求，解决危险化学品"一书一签"编制和传递不规范的问题。2021 年 12 月 31 日，国务院安委会印发的《全国危险化学品安全风险集中治理方案》在"提升危险化学品安全风险数字化智能化管控水平"中提出，对每个企业每种危险化学品实施"一企一品一码"管理，为危险化学品危害信息高效传递和实施全生命周期精准监管提供基础支撑。2022 年，国务院安委会办公室印发的《危险化学品登记综合服务系统升级改造和推广应用专项工作方案》提出，推进"一企一品一码"管理的要求，通过开展生产企业、进口企业信息更新，实现相关企业产品生成安全信息码。

二、化学品安全信息码实施进展

（一）广东试点

2021 年 6 月 5 日，广东省应急管理厅印发了《关于开展化学品登记综合服务系统和"一企一品一码"标识化管理试点应用工作的通知》（粤应急函〔2021〕211 号），在广州市、佛山市选择 30 家企业开展化学品登记综合服务系统和"一企一品一码"标识化管理试点应用工作。

2021 年 7 月 16 日，广东省应急管理厅印发了《关于开展化学品登记综合服务系统和"一企一品一码"标识化管理应用工作的通知》（粤应急函〔2021〕271 号），正式启动全省"一企一品一码"的试点工作。

1. 化学品安全信息码推进要求

要求 2021 年 8 月底前相关企业生成化学品安全信息码，并印刷或粘贴（拴挂）在产品外包装或槽罐车罐体上，实现化学品危险特性快速便捷传递。2021 年 10 月 1 日起，开展"一企一品一码"专项执法检查，压实企业主体责任，要求未按规定印刷或粘贴化学品安全信息码的危险化学品一律不得出厂（出库）。

2. 包装危险化学品的应用要求

对于包装危险化学品（气瓶、农药除外），产品出厂前，企业应在化学品安全标签的右下角空白处加贴化学品安全信息码或将化学品安全信息码融入化学品安全标签后一并打印。

对于气瓶、农药等有标准另有规定的特殊产品，产品出厂前，紧挨产品标签加贴化学品安全信息码。

组合包装外包装没有化学品安全标签，必须在危险货物菱形标识旁加贴化学品安全信息码。

进口危险化学品在产品入关前，应在化学品安全标签的右下角空白处加贴化学品安全信息码或将化学品安全信息码融入化学品安全标签后一并打印。确有特殊情况，无法在入关前完成的，应在产品进入中国市场前完成化学品安全信息码加贴。

3. 非包装危险化学品的应用要求

对于通过中型散装容器、大型容器、可移动罐柜和罐车等运输的非包装危险化学品，企业应将电子版化学品安全信息码提供给承运单位、购买单位，在充装时向承运单位驾驶员、押运员提供具有防水的化学品安全信息码，要求随车携带；并督促承运单位在危险货物运输车辆"安全标识牌"上印刷、粘贴、挂栓化学品安全信息码，或者车辆后部醒目位置采取粘贴、挂拴带有化学品安全信息码的化学品安全标签。

（二）山东试点

2022 年 8 月，山东省应急厅印发了《关于推行危险化学品"一企一品一码"标识化管理进一步加强安全风险辨识管控工作的通知》（鲁应急函〔2022〕59 号），要求全省危险化学品生产企业、进口企业应当将化学品安全信息码印刷或张贴在危险化学品的包装（包括外包装件）上，方便下游用户和政府监管、应急救援等相关人员通过数字化手段获得化学品安全信息。

1. 化学品安全信息码推进要求

2022 年 9 月 30 日前，全省危险化学品生产企业、进口企业应当及时核准、更新和补录企业登记信息，经审核通过后，自动生成企业生产或者进口的每一种危险化学品的安全信息码，下载后纳入化学品危险性信息管理。2022 年 10 月 30 日前，全省危险化学品生产企业、进口企业应当将安全信息码印刷或者张贴在危险化学品的包装（包括外包装件）上，也可印刷在化学品安全标签的空白处。

2. 与运输环节对接应用

危险化学品生产企业、经营企业（包括进口企业）委托运输危险化学品时，应当将安全信息码提供给承运单位及其驾驶员、押运员。

3. 危险化学品安全信息码位置

化学品安全标签上的化学品安全信息码宜设置在空白处，如右下角空白处、紧挨最后一个象形图的空白处等，同一企业同一产品的安全信息码一般应当固定在化学品安全标签的同一位置。危险化学品包装上的安全信息码印刷或粘贴位置应醒目，不得覆盖包装上的商标、品名、生产日期、有效期等关键信息，且不得与国家对危险化学品包装的各项法律法规的要求相抵触。

4. 简化的安全信息码

小包装危险化学品（100 ~ 1000 mL 或 100 ~ 1000 g）可使用简化版的化学品安全信息码。

5. 危险化学品安全信息码应用的特殊规定

存在以下情形的，可以免于在危险化学品包装上印刷、粘贴安全信息码：

（1）单个包装容积不超过 100 mL 或不超过 100 g 的危险化学品，内包装上可不印刷或粘贴安全信息码，外包装上应印刷或粘贴安全信息码。

（2）仅以出口为目的危险化学品，内外包装上可不印刷或粘贴安全信息码。

（3）仅以自用为目的进口危险化学品，内外包装上可免于印刷或粘贴安全信息码。

（4）属于危险化学品的化妆品和日用消费品（不大于 1000 mL），包装上可免于印刷或粘贴安全信息码。

（三）苏州试点

2022 年 7 月，苏州市安委会办公室印发了《关于推行危险化学品企业"一企一品一码"标识化管理的通知》（苏安办〔2022〕81 号），要求全市危险化学品企业生产、进口的每种危险化学品张贴或悬挂对应的化学品安全信息码，以方便查看"一书一签"等相关信息，利于危险化学品安全储存、操作和应急处置，为危险化学品精准监管和危害信息高效传递提供基础支撑。

1. 化学品安全信息码推进要求

2022 年 10 月底，危险化学品生产企业、进口企业应将化学品安全信息码印刷或张贴在危险化学品内外包装上。

2. 危险化学品安全信息码位置

化学品安全信息码宜设置在化学品安全标签的右下角空白处，若安全标签的右下角空白处无空间加贴，可选择安全标签其他空白处加贴，同一企业同一产品的安全信息码一般应当固定在化学品安全标签的同一位置。

3. 与危险货物电子运单场景对接

应急管理部门会同工信、交通、市场监管、海关等部门，加强危险化学品道路运输环节安全管理，结合危险货物道路运输电子运单系统"五必查"，查验"一企一品一码"信息与危险货物电子运单信息是否一致，对发现与电子运单不一致的不得进行充装或装载。

（四）后续工作推进

根据应急管理部 2023 年危险化学品安全监管工作的安排，预计将扩大"一企一品一码"试点范围，利用化学品安全信息码传递危害信息，同时，部分地区还会开展化学品安全信息码深度利用的试点工作。

三、化学品安全信息码的管理要求

目前国家层面有关化学品安全信息码的要求还没有发布，根据各省试点要求以及 2021 年 12 月印发的《危险化学品安全信息码管理规定（试行）（征求意见稿）》，预计未来化学品安全信息码的管理要求如下

（最终以应急管理部实际发布的规范性文件为准）。

（一）化学品安全信息码适用的范围

对列入《危险化学品目录》的化学品实施安全信息码管理，鼓励企业自主对未列入《危险化学品目录》但符合危险化学品确定原则的化学品实施安全信息码管理。

（二）化学品安全信息码的样式

化学品安全信息码由危险化学品安全信息码中文字符、二维码、应急管理部缩写标志"MEM"、危险化学品登记号或序列号4个部分组成，如图2-7所示。

化学品安全信息码上部为"危险化学品安全信息码"10个中文字符；中部为二维码，二维码信息由网址、单元识别代码等组成；正中间为应急管理部缩写标志"MEM"；下部为"危险化学品登记号"，对于经营分装和其他企业危险化学品登记号由序列号代替。对于小包装危险化学品（100～1000 mL 或 100～1000 g），可使用简化版化学品安全信息码，如图2-8所示。

图2-7　化学品安全信息码　　　图2-8　简化版化学品安全信息码

（三）化学品安全信息码扫码显示的内容

化学品安全信息码扫码显示的内容包括固定内容和自主编辑内容。

固定内容包括化学品名称、登记号、危险性说明、急救措施、泄漏应急处置、灭火方法、企业名称及应急咨询服务电话等，并可查看下载化学品安全技术说明书和安全标签，如图2-9所示。

✕　危险化学品登记综合服务系统　　　✕　危险化学品登记综合服务系统　・・・

化学品安全信息码

化学品名称	氯化氢
中文别名	无水氯化氢
CAS号	7647-01-0
登记号	
企业名称	
应急咨询服务电话	
警示词	危险

危险性说明

含压力下气体，如受热可爆炸；引起严重的皮肤灼伤和眼睛损伤；吸入会中毒。

急救措施

【皮肤接触】
立即用大量水彻底清洗，敷用消毒绷带，请皮肤科医生诊治。
【眼睛接触】
翻转眼睑，立即用流动清水清洗15分钟以上，咨询眼科医生。
【吸入】
保持病人冷静，移至空气新鲜处，就医诊治。立即吸入皮质类固醇气雾剂。
【食入】
立即清洗口腔，然后大量饮水，切勿催吐，就医诊治。
【特效解毒剂】
无

化学品安全信息码

泄漏应急处置

【火源控制措施】
防火防爆：绝热。
【警戒区及安全区域确定】
限制进入警戒区，引导现场人员在安全集合点集结。
【应急人员防护措施】
需采取呼吸保护措施。应注意风向，远离火源。确保通风良好。
【泄漏源控制方法】
依据具体泄漏点和泄漏严重程度进行不同级别的应急处置（切断或停止渗漏源），如有需要将联系专业应急人员。
【泄漏物处置方法】
用苏打或碱石灰中和。立即正确地处置回收产品。
【应急处置中的注意事项】
喷雾状水抑制气体。由于产品水溶液呈酸性，在将污水排入处理厂之前需进行中和处理。
【现场洗消方法】
用苏打或碱石灰中和。立即正确地处置回收产品。

灭火方法

【灭火剂】
水喷雾。
【灭火注意事项及措施】
特殊危害：氢氯酸。遇火会释放出所提及的物质/物质基团。蒸气可与空气形成爆炸性混合物。

化学品安全标签（点击下载）

安全技术说明书（点击下载）

图 2-9　化学品安全信息码扫码显示的内容

自主编辑内容：企业可根据自身管理的需要，在"危化品台账管理"功能模块，点击"维护"按钮，进入"扫码补充信息填写"页面维护化学品安全信息码，编辑新增化学品安全信息码扫码显示的内容，如产品包装、产品规格、生成批号等其他信息，如图2-10所示。

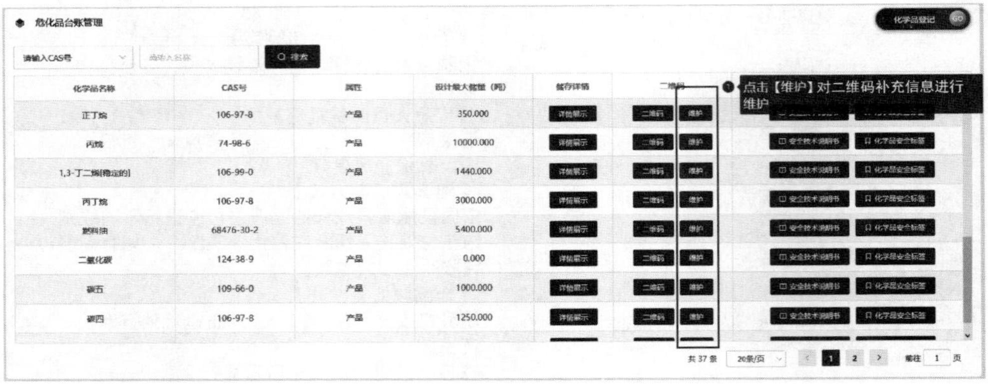

图 2-10　化学品安全信息码的维护

（四）化学品安全信息码的生成

1. 危险化学品生产企业、进口企业

危险化学品生产企业、进口企业通过全国危险化学品登记综合服务系统取得危险化学品登记证书后，生成化学品安全信息码。

2. 危险化学品经营企业

危险化学品经营企业如果有保护商业秘密或维护产品供应链信息的需要，可以通过全国危险化学品登记综合服务系统提出申请，填报危险化学品经营的类型（如分装、充装等）以及危险化学品实际生产企业或进口企业的有关信息，经市县应急管理部门、省级登记办公室两级审核后，生成具有本企业标识的化学品安全信息码。

3. 进口化学品安全信息码代理

为方便进口危险化学品获得化学品安全信息码，拟建立进口化学品安全信息码代理制度。对于拟向中国境内出口危险化学品的国外企业，可以委托国内已完成进口危险化学品登记的企业作为代理人，申请化学品安全信息码，双方企业共同履行有关义务，并依法承担责任。但是，根据现行《危险化学品登记管理办法》的规定，国外企业不能进行危险化学品登记，危险化学品进口登记是国内进口企业的职责，因此，目前进口化学品安全信息码代理不能替代危险化学品进口登记。如果国外制造商通过委托代理人申请了化学品安全信息码，进口企业在开展进口危险化学品登记时，可以根据自身的情况选择以下策略开展登记：若沿用国外制造商在产品包装上张贴的化学品安全标签和化学品安全信息码，进口企业可在登记时使用国外制造商提供的序列号（进口化学品安全信息码代理生成的序列号），实现简化登记，即不需要填写化学品的分类和标签信息，物理、化学性质，主要用途，危险特性，储存、使用、运输的安全要求，出现危险情况的应急处置措施等详细信息；若需要更换产品包装上张贴的化学品安全标签和化学品安全信息码，进口企业则必须按要求填报相关内容开展常规登记。

（五）化学品安全信息码的流转、使用

1. 源头管理的要求

国内生产的危险化学品出厂前，进口的危险化学品进入经营流通环节前，应当在内外包装上印刷或粘贴化学品安全信息码。

2. 危险化学品安全信息码应用基本要求

化学品安全标签上的化学品安全信息码宜设置在空白处，如右下角空白处、紧挨最后一个象形图的空白处等，同一企业同一产品的安全信息码一般应当固定在化学品安全标签的同一位置。危险化学品包装上的安全信息码印刷或粘贴位置应醒目，不得覆盖包装上的商标、品名、生产日期、有效期等关键信息，且不得与国家对危险化学品包装的各项法律法规的要求相抵触（图 2 - 11）。

为确保化学品安全信息码可以被有效扫描读取信息，安全信息码符号印制的质量等级至少应满足《二维条码符号印制质量的检验》(GB/T 23704—2017) 规定的 2.0 级的要求；所印刷的安全信息码符号应不易变形、破损，确保跟随化学品安全标签实现全过程流转。安全信息码符号的大小应根据化学品安全标签的大小确定，短边长度不宜小于 1 cm，并确保可以被顺利扫描，读取信息。

化学品名称   A 组分：40%；B 组分：60%

危　险

极易燃液体和蒸气，食入致死，对水生生物毒性非常大

【预防措施】
- 远离热源、火花、明火、热表面。使用不产生火花的工具作业。
- 保持容器密闭。
- 采取防止静电措施，容器和接收设备接地/连接。
- 使用防爆电器、通风、照明及其他设备。
- 戴防护手套/防护眼镜/防护面罩。
- 操作后彻底清洗身体接触部位。
- 作业场所不得进食、饮水或吸烟。
- 禁止排入环境。

【事故响应】
- 如皮肤（或头发）接触：立即脱掉所有被污染的衣服。用水冲洗皮肤/淋浴。
- 食入：催吐，立即就医。
- 收集泄漏物。
- 火灾时，使用干粉、泡沫、二氧化碳灭火。

【安全储存】
- 在阴凉、通风良好处储存。
- 上锁保管。

【废弃处置】
- 本品或其容器采用焚烧法处置。

请参阅化学品安全技术说明书

供应商：×××××××××××××××××　　电话：×××××

地　址：×××××××××××××××××　　邮编：×××××

化学事故应急咨询电话：××××××

图 2 – 11　化学品安全信息码与化学品安全标签结合的样例

3. 危险化学品流转时的要求

企业委托运输或销售危险化学品时，应当将安全信息码提供给承运和购买单位，在产品运输包装件、输送管道的醒目位置印刷、粘贴或拴挂安全信息码或带有安全信息码的化学品安全标签。

（六）特定情况下的特殊规定

为了使化学品安全信息码的使用更具有科学性和适用性，借鉴国际上的通用做法对某些特殊包装、特殊用途的危险化学品进行特殊规定。存在以下情形的，可以免于在危险化学品包装上印刷、粘贴安全信息码。

1. 小包装产品的特殊要求

某些危险化学品的包装较小，如试剂、标样等，这些危险化学品的容积可能只有几十毫升，甚至几毫升，化学品安全标签面积很小，难以在标签上放置化学品安全信息码（强制使用也无法顺利扫描读取信息）。因此，规定单个包装容积或体积不超过 100 mL 的危险化学品，内包装上可不印刷或粘贴化学品安全信息码，外包装应印刷或粘贴化学品安全信息码。

2. 纯粹以出口为目的危险化学品的特殊要求

国外没有化学品安全信息码的相关要求，且语言上的差异可能引起管理混乱，因此，仅以出口为目的危险化学品，内外包装上可不印刷或粘贴化学品安全信息码。但需要注意的是，这并不意味着相关产品不需要生成和应用化学品安全信息码，相关企业要确保出口危险化学品在国内流转的应用要求，在委托运输时，应在运输前将化学品安全信息码提供给承运单位，并要求承运单位随车携带；产品临时储存时，应将化学品安全信息码提供给化学品储存企业。

3. 纯粹以自用为目的进口危险化学品的特殊要求

此类危险化学品只是进口企业自用，不流入市场，相关企业只要做好员工的培训和现场标示即可满足危害信息传递的要求。因此，仅以自用为目的进口危险化学品，内外包装上可免于印刷或粘贴安全信息码。但需要注意的是，与出口产品类似，为了保障此类产品在国内运输的安全，产品在入关后、运输前，企业应将化学品安全信息码提供给承运单位，并要求承运单位随车携带。

4. 日用化学品和医药用品的要求

药品、食品添加剂、化妆品、消杀产品等直接面向普通消费者，都有独立的包装，且单个产品的量较少，安全风险相对较低。同时，这些产品还有专门的主管部门，且这些产品的销售主管部门已有特殊的规定和要求。因此，属于危险化学品的日用化学品、医药用品，包装上豁免化学品安全信息码要求。

（七）化学品安全信息码真伪识别

化学品安全信息码虽然可以使用微信、支付宝等二维码扫描软件读取信息，但是只有应急管理部化学品登记中心开发的"危化品登记通"App 具有真伪识别功能。

四、化学品安全信息码应用成效

（一）高效传递危害信息

通过化学品安全信息码的应用，进一步规范了企业"一书一签"使用。化学品安全信息码随着危险化学品流转，实现了安全信息在同一企业内部、不同企业之间乃至生产、储存、使用、经营、运输各环节之间的快速有效传递和普及。

（二）助力企业安全培训

企业可以组织从业人员扫描危险化学品安全信息码或将安全信息码下载发送至工作群，开展安全培训，有利于各岗位人员直观、灵活、便捷地获取危险化学品的理化特性、稳定性、安全储存要求、操作注意事项及应急处置措施等安全技术信息，及时掌握岗位所涉及的危险化学品安全知识，有效提高安全意识和操作技能。

（三）提升安全监管效能

在日常安全监管执法中，化学品安全信息码可辅助监管部门快速准确查询危险化学品来源并锁定证据链，为精准打击非法违法生产经营危险化学品行为提供技术支撑。

（四）辅助支撑应急救援

在危险化学品生产、储存、使用、经营、运输各环节，安全信息码的应用使相关人员易于获取掌握危险化学品危害信息及安全防范和应急处置措施，有利于提高事前预防和应急准备效能。事故发生时，抵达现场的应急救援力量可使用安全信息码第一时间获取危险化学品的相关信息，快速锁定危险化学品源头，大幅度提高现场处置效率。

五、化学品安全信息码应用展望

化学品安全信息码从源头上为危险化学品设立唯一的身份编码，为实现危险化学品全生命周期管理的终极目标踏出了第一步。后续通过研究与电子运单系统、危险化学品经营安全监管系统等特定环节安全监管系统的融合，以及基于化学品安全信息码的"一物一码"扩展，探索针对剧毒化学品、特别管控危险化学品等特殊危险化学品，将化学品安全信息码作为危险化学品全生命周期中各环节实现数据共享和交换的枢纽，打通各环节的数据屏障，构建统一监管平台，实现危险化学品全生命周期可溯源、可追踪，降低危险化学品生产、经营、运输、卸载、仓储、使用过程中的安全风险。

第三章 化学品危害信息传递

化学品危害信息传递是正确操作与处置化学品、预防化学品事故、正确处理事故、减少化学品危害的重要手段，通过该手段，将化学品危险、危害信息传递给化学品使用、经营、储存、运输、废弃等各环节的作业人员，增进作业人员对化学品危害、安全操作和应急处置措施的认识，指导作业人员进行安全作业，这对减少人为因素造成的化学品事故，降低事故发生率，避免或减少损失具有重要作用。第 170 号国际公约明确要求化学品的作业场所应有安全标签，将接触的化学品的名称、危害、应急处置措施和防护方法等内容标示出来，警示作业人员在正常作业时，正确进行预防和防护，在紧急事态时，了解现场情况，正确进行应急作业，以达到保障安全和健康的目的。

目前，化学品危害信息传递以化学品安全技术说明书和安全标签为主要手段，结合作业场所安全警示标志等为各环节操作人员提供化学品信息。其中，"一书一签"的适用范围最广，可用于化学品的生产、储存、运输、使用以及废弃等各个环节；而其他传递手段则只针对某些环境，如作业场所安全警示标志适用于作业场所，道路危险货物运输安全卡适用于运输环节等。

第一节 法律法规要求

化学品危害信息传递在《安全生产法》《危险化学品安全管理条例》等法律法规中均有相应规定。

（1）《安全生产法》第三十五条规定，生产经营单位应当在有较大危险因素的生产经营场所和有关设施、设备上，设置明显的安全警示标志。第四十四条规定，生产经营单位应当教育和督促从业人员严格执行本单位的安全生产规章制度和安全操作规程；并向从业人员如实告知作业场所和工作岗位存在的危险因素、防范措施以及事故应急措施。

（2）《职业病防治法》第二十四条规定，对产生严重职业病危害的作业岗位，应当在其醒目位置，设置警示标识和中文警示说明。第二十九条规定，产品包装应当有醒目的警示标识和中文警示说明。贮存上述材料的场所应当在规定的部位设置危险物品标识或者放射性警示标识。

（3）《危险化学品安全管理条例》第十五条规定，危险化学品生产企业应当提供与其生产的危险化学品相符的化学品安全技术说明书，并在危险化学品包装（包括外包装件）上粘贴或者拴挂与包装内危险化学品相符的化学品安全标签。危险化学品生产企业发现其生产的危险化学品有新的危险特性的，应当立即公告，并及时修订其化学品安全技术说明书和化学品安全标签。

（4）《工作场所安全使用化学品规定》（劳部发〔1996〕423 号）第十二条规定，使用单位使用的化学品应有标识，危险化学品应有安全标签，并向操作人员提供安全技术说明书。第二十一条规定，经营单位经营的化学品应有标识。经营的危险化学品必须具有安全标签和安全技术说明书。进口危险化学品时，应有符合本规定要求的中文安全技术说明书，并在包装上加贴中文安全标签。出口危险化学品时，应向外方提供安全技术说明书。对于我国禁用，而外方需要的危险化学品，应将禁用的事项及原因向外方说明。

（5）"一书一签"标准：《化学品安全技术说明书　内容和项目顺序》（GB/T 16483）、《化学品安全技术说明书编写指南》（GB/T 17519）、《化学品安全标签编写规定》（GB 15258）。

综上所述，我国政府对化学品危害信息传递非常重视，从法律、法规、标准等层面，均制定了相关管理制度。

第二节 化学品安全技术说明书

化学品安全技术说明书是一份关于化学品组分信息、理化参数、燃爆性能、毒性、环境危害，以及安全使用方式、存储条件、泄漏应急处理、运输法规要求等方面信息的综合性文件，是化学品生产或销售企业向下游用户传递化学品安全信息的重要载体，对化学品各环节作业人员正确识别作业风险、有效控制化学品危害、正确采取防控措施能发挥重要作用。

《化学品安全技术说明书 内容和项目顺序》(GB/T 16483—2008)规定了 SDS 的结构、内容及通用形式，《化学品安全技术说明书编写指南》(GB/T 17519—2013) 规定了 SDS 中 16 个部分的编写细则、SDS 的格式、SDS 的书写要求。

一、化学品安全技术说明书的结构

化学品安全技术说明书含 16 大项内容，分别是：

(1) 化学品及企业标识。

(2) 危险性概述。

(3) 成分/组成信息。

(4) 急救措施。

(5) 消防措施。

(6) 泄漏应急处理。

(7) 操作处置与储存。

(8) 接触控制和个体防护。

(9) 理化特性。

(10) 稳定性和反应性。

(11) 毒理学信息。

(12) 生态学信息。

(13) 废弃处置。

(14) 运输信息。

（15）法规信息。

（16）其他信息。

二、化学品安全技术说明书的编写注意事项

（一）化学品及企业标识

1. 化学品名称

化学品的中文名称和英文名称应当与标签上的名称一致，有多个名称时，中间用"；"隔开，原则上化学名作为第一名称。化学品的中文名称，依据中国化学会推荐使用的《有机化学命名原则》和《无机化学命名原则》命名。化学品的英文名称，依据国际通用的 IUPAC（International Union of Pure and Applied Chemistry）1950 年推荐使用的命名原则命名。化学品属于农药的应将其通用名称作为第一名称，农药的中英文通用名称应分别按照《农药中文通用名称》（GB 4839）和《农药和其他农用化学品　通用名称》（ISO 1750）填写。

2. 电话号码和电子邮件地址

应为供应商 SDS 责任部门的电话号码和电子邮件地址，便于下游用户能够及时获得技术帮助。

供应商一般是产品的生产商，或承担 SDS 相关责任的经销商。

3. 应急咨询电话

应提供供应商的 24 小时化学事故应急咨询电话或供应商签约委托机构的 24 小时化学事故应急咨询电话。必须提供在中国境内的专业人员值守的 24 小时固定电话，能够及时应对突出情况并给出处置建议。

《危险化学品登记管理办法》第二十二条规定：

危险化学品生产企业应当设立由专职人员 24 小时值守的国内固定服务电话，针对本办法第十二条规定的内容（分类和标签信息，物理、化学性质，主要用途，危险特性，储存、使用、运输的安全要求，出现危险情况的应急处置措施等）向用户提供危险化学品事故应急咨询服务，为危险化学品事故应急救援提供技术指导和必要的协助。专职值守人员应当熟悉本企业危险化学品的危险特性和应急处置技术，准确回答有关咨询问题。

危险化学品生产企业不能提供前款规定应急咨询服务的，应当委托登记机构代理应急咨询服务。

危险化学品进口企业应当自行或者委托进口代理商、登记机构提供符合本条第一款要求的应急咨询服务，并在其进口的危险化学品安全标签上标明应急咨询服务电话号码。

从事代理应急咨询服务的登记机构，应当设立由专职人员24小时值守的国内固定服务电话，建有完善的化学品应急救援数据库，配备在线数字录音设备和8名以上专业人员，能够同时受理3起以上应急咨询，准确提供化学品泄漏、火灾、爆炸、中毒等事故应急处置有关信息和建议。

（二）危险性概述

1. 紧急情况概述

紧急情况概述描述在事故状态下化学品可能立即引发的严重危害，以及可能具有严重后果需要紧急识别的危害，为化学事故现场救援人员处置时提供参考。该内容置于危险性概述的起始位置，可使用醒目字体或加边框。

2. 危险性类别

按照GHS分类原则，根据化学物质固有危险特性划分的类别，按《化学品分类和危险性公示　通则》（GB 13690）、《化学品分类和标签规范》（GB 30000）系列标准的规定编写。

列入《目录》的危险化学品，使用《实施指南》中危险化学品分类信息表的分类结果。对于未列入《目录》的化学品：①可查询参考欧盟、日本等国家的GHS分类结果；②通过资料查询危害信息，根据GHS分类规则按照专家意见进行分类；③没有相关危害信息，需要到第三方有化学品危险性鉴定与分类资质的机构进行鉴定，根据鉴定结果按照GHS分类规则进行分类。分类结果按照化学品的物理、健康和环境危害的危险性类别依次填写。

注：联合国GHS制度文本网址为https：//unece. org/about – ghs。

化学品GHS分类是一项非常复杂的工作，目前，全球没有统一的GHS分类。中国、欧盟、日本、新西兰等国家分别发布了本国的GHS分类清单，但不同国家对同一化学品的GHS分类仍有较大差距。如果一个国家有强制的 GHS 分类清单，企业相应的化学品分类应与其一致，但不同企业对同一物质掌握的数据可能有差别，因而有时企业掌握的数据与该强制性分类可能存在冲突。

3. 标签要素

标签要素包括象形图、警示词、危险性说明、防范说明等。提供的标签要素应符合《化学品分类和标签规范》(GB 30000) 系列标准的相关规定。SDS 标签要素的内容应与化学品安全标签上的要素内容一致。

（1）象形图。包括爆炸弹、火焰、圆圈上方火焰、高压气瓶、腐蚀、骷髅和交叉骨、感叹号、健康危害、环境等 9 个图形，见表 3 - 1。

表 3 - 1　象 形 图 与 符 号 名 称

象形图	符号名称	象形图	符号名称
	爆炸弹		骷髅和交叉骨
	火焰		感叹号
	圆圈上方火焰		健康危害
	高压气瓶		环境
	腐蚀		

（2）警示词。用来表明危险的相对严重程度和提醒读者注意潜在危险的词语。使用"危险""警告"作为警示词。

（3）危险性说明。包括物理危险、健康危害、环境危害三部分，分别用规范的汉字短语表述，对应于化学品的每个种类或类别。

（4）防范说明。包括预防措施、事故响应、安全储存、废弃处置四大部分内容。

4. 物理和化学危险

简要描述化学品潜在的物理和化学危险性，主要是燃烧爆炸危险性。

5. 健康危害

简要描述化学毒物经不同途径侵入机体后引起的急性、慢性中毒的典型临床表现，以及毒物对眼睛和皮肤等直接接触部位的损害作用。很少涉及化验和特殊检查所见。对一些无人体中毒资料或人体中毒资料较少的毒物，以动物试验资料补充。

6. 环境危害

简要描述化学品对环境的危害。此处可填写水生危害、臭氧层危害的危险性说明短语。

（三）成分/组成信息

应列明包括对该物质的危险性分类产生影响的杂质和稳定剂在内的所有危险组分的名称，以及浓度或浓度范围。按照浓度递减顺序标注组分的质量或体积百分比浓度或浓度范围。此处建议组分信息尽量填写到或接近100%。

注：对于混合物中供应商需要保密的组分，根据需要保密的具体情况，组分的真实名称、CAS号可不写，但应在SDS的相关部分列明其相关信息。发生意外进行应急处置而需要真实组分信息时，企业应向应急处置人员公开相关信息，知晓该信息的人员必须为企业保守秘密。

（四）急救措施

1. 急救措施的描述

根据化学品的不同接触途径，按照吸入、皮肤接触、眼睛接触和食入的顺序，分别描述相应的急救措施。如果存在除中毒、化学灼伤外必须处置的其他损伤（如低温液体引起的冻伤、固体熔融引起的烧伤等），也应说明相应的急救措施。所提出的急救措施，应与 SDS 的第 2 部分中健康危害项的内容相互对应，并应与标签上描述的急救措施保持一致。

2. 最重要的症状和健康影响

如果接触化学品后能引起迟发性效应，应描述最重要的症状和健康影响。

3. 对保护施救者的忠告

必要时，应就施救人员的自我保护措施或装备提出建议。

4. 对医生的特别提示

对某些危险化学品，可能存在迟发性毒性效应、有特效解毒剂或不宜使用某种禁忌药品，在此处可以给出特别提示。

（五）消防措施

1. 灭火剂

填写适用的灭火剂和不适用灭火剂。适用灭火剂的选用可参考有关专业书籍、标准等，不适用灭火剂包括那些可能与着火物质发生化学反应或急剧的物理变化而导致其他危害的灭火剂，例如，某些物质遇水反应释放出可燃或有毒气体，导致火场更危险。建议填写灭火剂不适用的原因。

2. 特别危险性

提供在火场中化学品可能引起的特别危害。例如：化学品燃烧可能产生有毒有害燃烧产物，遇高热容器内压缩气体（或液体）急剧膨胀发生爆炸，或发生物料聚合放热，导致容器内压增大引起开裂或爆炸等。

3. 灭火注意事项及防护措施

不同化学品以及在不同情况下发生火灾时，扑救方法差异很大，若处置不当，不仅不能扑灭火灾，反而会使灾情进一步扩大。由于化学品本身及其燃烧产物大多具有较强的毒害性和腐蚀性，极易造成人员中毒、灼伤。因此，扑救危险化学品火灾是一项极其重要又非常危险的工作。

提供灭火过程中应特别注意的问题，如对有爆炸危险性的物质，灭火人员应尽量利用现场现成的掩蔽体或尽量采用卧姿等低姿射水，尽可能地采取自我保护措施。切忌用砂土盖压，以免增强爆炸物品爆炸时的威力。扑救气体火灾切忌盲目扑灭火势，在没有采取堵漏措施的情况下，必须保持稳定燃烧。否则，大量可燃气体泄漏出来与空气混合，遇着火源就会发生爆炸，后果将不堪设想。

如果火场中有压力容器或有受到火焰辐射热威胁的压力容器，能疏散的应尽量在水枪的掩护下疏散到安全地带，不能疏散的应部署足够的水枪进行冷却保护。为防止容器爆裂伤人，进行冷却的人员应尽量采用低姿射水或利用现场坚实的掩蔽体防护。对卧式贮罐，冷却人员应选择贮罐四侧角作为射水阵地。

在填写本项时，应包括泄漏物和消防水对水源和土壤污染的可能性，以及减少这些环境污染应采取的措施等方面的信息。

（六）泄漏应急处理

填写化学品泄漏应急处置人员的防护措施、防护装备和应急处置程序，环境保护措施，泄漏化学品的收容、清除方法及所使用的处置材料，防止发生次生灾害的预防措施等。

应急处置人员选择防护措施时，应注意根据化学品本身特性和场合选择不同的防护器具。例如：对于泄漏化学品毒性大、浓度较高，且缺氧情况下，必须采用氧气呼吸器、空气呼吸器、送风式长管面具等；对于泄漏中氧气浓度不低于 18%，毒物浓度在一定范围内的场合，可以采用过滤式防毒面具。

泄漏处理时要提示不要使泄漏物进入下水道或受限空间，说明一旦进入受限空间应该如何处理。

（七）操作处置与储存

1. 操作处置

就化学品日常操作处置的注意事项和措施提出建议。包括防止人员接触的注意事项和措施、操作中的防火防爆措施、局部通风或全面通风措施、防止产生气溶胶和粉尘的注意事项和措施、防止与禁配物接触的注意事项和禁止在工作场所进食、饮水，使用后洗手、进入餐饮区前脱掉污染的衣着和防护装备等一般卫生要求建议等。

2. 储存

填写化学品的安全储存条件。例如：库房及温湿度条件，包括要求库房阴凉、通风，库房温度、湿度不得超过某一规定数值等；安全设施与设备，包括防火、防爆、防腐蚀、防静电以及防止泄漏物扩散的措施；与禁配物的储存要求；添加抑制剂或稳定剂的要求；适合和不适合该化学品的包装材料等。

（八）接触控制和个体防护

1. 职业接触限值

根据《工作场所有害因素职业接触限值　第 1 部分：化学有害因素》（GBZ 2. 1）填写工作场所空气中本品或混合物中各组分化学物质容许浓度值，包括最高容许浓度（MAC）、时间加权平均容许浓度（PC－TWA）和短时间接触容许浓度（PC－STEL）。对于国内尚未制定职业接触限值的物质，可填写国外发达国家规定的该物质的职业接触限值。例如，美国政府工业卫生学家会议（ACGIH）的阈限值（TLV），包括阈限值－时间加权平均浓度（TLV－TWA）、阈限值－短时间接触限值（TLV－STEL）和阈限值－上限值（TLV－C）。如果预计化学品的使用过程中能够产生其他空气污染物，应列出这些污染物的职业接触限值。

2. 生物限值

准确填写国内已有标准规定的生物限值。对于国内未制定生物限值标准的物质，可填写国外尤其是发达国家规定的该物质的生物限值。例如，ACGIH 制定的生物限值（BEIs）。

例如，《职业接触正己烷的生物限值》（WS/T 243—2004）规定的正己烷的职业接触生物限值为尿 2，5－己二酮的浓度不超过 35. 0 μmol/L 或者 4. 0 mg/L。

3. 工程控制

根据化学品的用途，列明减少接触的工程控制方法。例如："使用局部排风系统，保持空气中的浓度低于职业接触限值""仅在密闭系统中使用""使用机械操作，减少人员与材料的接触""采用粉尘爆炸控制措施"。

4. 个体防护装备

应根据化学品的危险特性和接触的可能性，提出推荐使用的个体防护装备。

（1）呼吸系统防护。根据化学品的形态（气体、蒸气、雾或尘）、危险特性及接触的可能性，填写适当的呼吸防护装备，如过滤式呼吸器及合适的过滤元件（滤毒盒或滤毒罐）。

（2）眼面防护。根据眼面部接触的可能性，具体说明所需眼面护品的类型。

（3）皮肤和身体防护。根据化学品的危险特性及除手之外身体其他部位皮肤接触的可能性，具体说明需穿戴的个体防护装备［如防护服、防护鞋（靴）］的类型、材质等。

（4）手防护。根据化学品的危害特性及手部皮肤接触的可能性，具体说明所需防护手套的类型、材质等。

（九）理化特性

编写理化特性时应当注意：

（1）对于混合物，应当提供混合物的理化特性数据，在特殊情况下不能获取其整体理化特性信息的情况下，应填写混合物中对其危险性有贡献组分的理化特性。应明确注明相关组分的名称，并与 SDS 第 3 部分——成分/组成信息填写的名称保持一致。

（2）除《化学品安全技术说明书　内容和项目顺序》（GB/T 16483）中要求列出的理化特性外，如果有放射性、体积密度、热值、软化点、黏度、挥发百分比、饱和蒸气浓度（包括温度）、升华点、液体电导率、金属腐蚀速率、粉尘粒径/粉尘分散度、最小点火能（MIE）、最小爆炸浓度（MEC）等数据，也应列出。

（十）稳定性和反应性

1. 稳定性

描述在正常环境下和预计的储存和处置温度和压力条件下，物质或混合物是否稳定。说明为保持物质或混合物的化学稳定性可能需要使用的任何稳定剂。说明物质或混合物的外观变化有何安全意义。

2. 危险反应

说明物质或混合物能否发生伴有诸如压力升高、温度升高、危险副产物形成等现象的危险反应。危险反应包括（但不限于）聚合、分解、缩合、与水反应和自反应等。应注明发生危险反应的条件。

3. 应避免的条件

列出可能导致危险反应的条件，如热、压力、撞击、静电、震动、光照等。

4. 禁配物

列出物质或混合物的禁配物。当物质或混合物与这些禁配物接触时，能发生反应而引发危险（例如，爆炸、释放有毒或可燃物质、释放大量热等）。为避免禁配物列出过多，有些在任何情况下都不可能接触到的禁配物不必列出。禁配物可为某些类别的物质、混合物，或者特定物质，如水、空气、酸、碱、氧化剂等。

5. 危险的分解产物

列出已知和可合理预计会因使用、储存、泄漏或受热产生危险分解产物，例如，可燃和有毒物质，窒息性气体等。分解产物一氧化碳、二氧化碳和水除外；有害燃烧产物应包括在第 5 部分消防措施中，不必在此项中列出。

（十一）毒理学信息

本部分所提供的信息应能用来评估物质、混合物的健康危害和进行危险性分类，并与 SDS 相关部分相对应。包括：人类健康危害资料（如流行病学研究、病例报告或人皮肤斑贴试验等）、动物试验资料（如急性毒性试验、反复染毒毒性试验等）、体外试验资料（如体外哺乳动物细胞染色体畸变试验、Ames 试验等）、结构 – 活性关系（SAR）［如定量结构 – 活性关系（QSAR）］等。

（1）对于动物试验数据，应简明扼要地填写试验动物种类（性别），染毒途径（经口、经皮、吸入等）、频度、时间和剂量等方面的信息。对于中毒病例报告和流行病学调查信息，应分别描述。

（2）应按照不同的接触途径（如吸入、皮肤接触、眼睛接触、食入）提供有关接触物质或混合物后引起毒性作用（健康影响）方面的信息。

（3）提供能够引起有害健康影响的接触剂量、浓度或条件方面的信息。如有可能，接触量（包括可能引起损害的接触时间）应与出现的症状和效应相联系。例如："接触本品浓度 10 mg/m³ 出现呼吸道刺激，250～300 mg/m³ 出现呼吸困难，500 mg/m³ 神志丧失，30 min 后死亡""小剂量接触可出现头痛和眩晕，随病情进展出现昏厥或神志丧失，大剂量可导致昏迷甚至死亡"。

（4）如果有关试验或调查研究的资料为阴性结果，也应填写。例如："大鼠致癌性试验研究结果表明，癌症的发病率没有明显增加"。

（5）如有可能，应提供物质相互作用方面的信息。

（6）在不能获得特定物质或混合物危险性数据的情况下，可酌情使用类似物质或混合物的相关数据，但要清楚地进行说明。

（7）不宜采用无数据支持的"有毒"或"如使用得当无危险"等一般性用语，这类用语易引起误解，且未对化学品的健康影响作出具体描述。如果没有获得健康影响方面的信息，应作出明确说明。

（8）混合物毒性作用（健康影响）的描述应注意以下问题：

① 对于某特定毒性作用，如果有混合物整体试验（观察）数据，应填写其整体数据；如果没有混合物整体试验（观察）数据，应填写 SDS 第 3 部分——成分/组成信息中列出组分的相关数据。

② 各组分在体内有可能发生相互作用，致使其吸收、代谢和排泄速率发生变化。因此，毒性作用可能发生改变，混合物的总毒性可能有别于其组分的毒性。在填写时应予以考虑。

③ 应考虑每种成分的浓度是否足以影响混合物的总毒性（健康影响）。除以下情况外，应列出相关组分的毒性作用（健康影响）信息：

a）如果组分间存在相同的毒性作用（健康影响），则不必将其重复列出。例如，在两种组分都能引起呕吐和腹泻的情况下，不必两次列出这些症状，总体描述这种混合物能够引起呕吐和腹泻即可。

b）组分的存在浓度不可能引起相关效应。例如，轻度刺激物被无刺激性的溶液稀释降低到一定浓度，则整体混合物将不可能引起刺激。

c）各组分之间的相互作用难以预测，因此在不能获取相互作用信息的情况下，不能任意假设，而应分别描述每种组分的毒性作用（健康影响）。

（十二）生态学信息

本部分为 SDS 第 2 部分——危险性概述中的环境危害分类提供支持性信息。编写本部分应注意以下事项：

（1）对于试验资料，应清楚说明试验数据、物种、媒介、单位、试验方法、试验间期和试验条件等。

（2）提供以下环境影响方面的摘要信息：

① 生态毒性。提供水生和（或）陆生生物的毒性试验资料。包括鱼类、甲壳纲、藻类和其他水生植物的急性和慢性水生毒性的现有资料；其他生物（包括土壤微生物和大生物），如鸟类、蜂类和植物等的现有毒性资料。如果物质或混合物对微生物的活性有抑制作用，应填写对污水处理厂可能产生的影响。

② 持久性和降解性。是指物质或混合物相关组分在环境中通过生物或其他过程（如氧化或水解）降解的可能性。如有可能，应提供有关评估物质或混合物相关组分持久性和降解性的现有试验数据。如填写降解半衰期，应说明这些半衰期是指矿化作用还是初级降解。还应填写物质或混合物的某些组分在污水处理厂中降解的可能性。

对于混合物，如有可能应提供 SDS 第 3 部分——成分/组成信息中列出组分持久性和降解性方面的信息。

③ 潜在的生物累积性。应提供评估物质或混合物某些组分生物累积潜力的有关试验结果，包括生物富集系数（BCF）和辛醇/水分配系数（K_{ow}）。

对于混合物，如有可能应提供 SDS 第 3 部分——成分/组成信息中列出组分潜在的生物累积性方面的信息。

④ 土壤中的迁移性。是指排放到环境中的物质或混合物组分在自然力的作用下迁移到地下水或排放地点一定距离以外的潜力。如能获得，应提供物质或混合物组分在土壤中迁移性方面的信息。物质或混合物组分的迁移性可经由相关的迁移性研究确定，如吸附研究或淋溶作用研究。吸附系数值（K_{oc} 值）可通过 K_{ow} 值推算；淋溶和迁移性可利用模

型推算。

对于混合物，如有可能应提供 SDS 第 3 部分——成分/组成信息中列出组分土壤中的迁移性方面的信息。

⑤ 其他环境有害作用。如有可能，应提供化学品其他任何环境影响有关的资料，如环境转归、臭氧损耗潜势、光化学臭氧生成潜势、内分泌干扰作用、全球变暖潜势等。

（十三）废弃处置

本部分的编写应注意：

（1）具体说明废弃化学品和被污染的任何包装物的处置方法，如焚烧、填埋或回收利用等。

（2）说明影响废弃处置方案选择的废弃化学品的物理化学特性。

（3）说明焚烧或填埋废弃化学品时应采取的任何特殊防范措施。

（4）提请下游用户注意国家和地方有关废弃化学品的处置法规。

（十四）运输信息

提供危险货物在国内外运输中的有关编号与分类信息。根据需要，可区分陆运、内陆水运、海运、空运填写信息。

（1）联合国危险货物编号（UN 号）：提供联合国《关于危险货物运输的建议书 规章范本》和《危险货物品名表》（GB 12268）中的联合国危险货物编号，即 UN 号。

（2）联合国运输名称：提供联合国《关于危险货物运输的建议书 规章范本》和《危险货物品名表》（GB 12268）中的危险货物运输名称。

（3）联合国危险性分类：提供联合国《关于危险货物运输的建议书 规章范本》和《危险货物品名表》（GB 12268）中对应危险货物的运输危险性类别或项别、次要危险性。

（4）包装类别：提供联合国《关于危险货物运输的建议书 规章范本》和《危险货物品名表》（GB 12268）的包装类别。

（5）海洋污染物（是/否）：注明根据《国际海运危险货物规则》物质或混合物是否为已知的海洋污染物。

（6）运输注意事项：为使用者提供应该了解或遵守的其他与运输或运输工具有关的特殊防范措施方面的信息，包括对运输工具的要求，消防和应急处置器材配备要求，防火、防爆、防静电等要求，禁配要求，行驶路线要求等。

（十五）法规信息

编写本部分时应注意：

（1）根据实际需要，标明国内外管理该化学品的法律（或法规）的名称，提供基于这些法律（或法规）管制该化学品的法规、规章或标准等方面的具体信息。

（2）如果化学品已列入有关化学品国际公约的管制名单，应在本部分中说明。

（3）提请下游用户注意遵守有关该化学品的地方管理规定。

（4）如果该化学品为混合物，则应提供混合物中相关组分的与上述各项要求相同的信息。

（5）部分化学品目录与其监管要求见表3-2。

表3-2 部分化学品目录与其监管要求

序号	目录名称*	义　　务
1	《中国现有化学物质名录》	凡未列入《中国现有化学物质名录》的化学物质为新化学物质。企业需对未列入《中国现有化学物质名录》的新化学物质及配制品中含有的新化学物质和物品中有意释放的新化学物质履行申报义务
2	《危险化学品目录》	列入《危险化学品目录》中的，或未列入《危险化学品目录》的，但经物理、健康、环境危害鉴定为危险化学品的，均属于危险化学品，其生产、经营、运输、储存等环节均需遵守《危险化学品安全管理条例》等针对危险化学品的特殊规定
3	剧毒化学品（《危险化学品目录》中标注为剧毒的化学品）	化学品属于剧毒化学品的，除进行登记及申报相应的生产、经营许可，还需履行《危险化学品安全管理条例》中的其他要求
4	《易制爆危险化学品名录》	化学品列入《易制爆危险化学品名录》的，除进行登记及申报相应的生产、经营许可，还需履行《危险化学品安全管理条例》中的其他要求

表 3 - 2（续）

序号	目录名称*	义　　务
5	《重点监管的危险化学品名录》	涉及重点监管的危险化学品的生产、储存装置，原则上须由具有甲级资质的化工行业设计单位进行设计。涉及重点监管的危险化学品的生产、储存、使用、经营的企业，被地方各级应急管理部门优先纳入年度执法检查计划，实施重点监管
6	《高毒物品目录》	从事使用高毒物品作业的用人单位，应向卫生行政部门进行申报其从事的高毒物品作业项目。用人单位变更名称、法定代表人或者负责人的，应当向原受理申报的卫生行政部门备案
7	《各类监控化学品名录》	生产、经营或者使用监控化学品的，应当向国务院化学工业主管部门或者省、自治区、直辖市人民政府化学工业主管部门进行相应的申报或备案，接受化学工业主管部门的检查监督
8	《中国进出口受控消耗臭氧层物质名录》	对列入《中国进出口受控消耗臭氧层物质名录》的消耗臭氧层物质，实行进出口配额许可证管理
9	《出入境检验检疫机构实施检验检疫的进出境商品目录》	列入《出入境检验检疫机构实施检验检疫的进出境商品目录》的化学品，需向报关地的海关机构进行报检，并满足《中华人民共和国进出口商品检验法》及其实施条例中所述要求
10	《中国严格限制的有毒化学品名录》	凡进口或出口《中国严格限制的有毒化学品名录》所列有毒化学品的，应按《有毒化学品进口环境管理放行通知单》办理说明、《有毒化学品出口环境管理放行通知单》办理说明，向生态环境部申请办理有毒化学品进（出）口环境管理放行通知单，并满足相关要求
11	《两用物项和技术进出口许可证管理目录》	在《两用物项和技术进出口许可证管理目录》中属于易制毒化学品的，需满足《易制毒化学品进出口管理规定》中的要求，并申请易制毒化学品生产、购买、经营许可或备案
12	《国家危险废物名录》	从事危险废物（在《国家危险废物名录》中的）收集、贮存、利用、处置经营活动的单位，需申领危险废物经营许可证（分为危险废物综合经营许可证、危险废物利用经营许可证和危险废物收集经营许可证）

表 3 - 2（续）

序号	目录名称*	义　　务
13	《进口废物管理目录》	进口《进口废物管理目录》中的固体废物的，需申报固体废物进口相关许可证
14	《优先控制化学品名录》	最大限度降低化学品的生产、使用对人类健康和环境的重大影响

注：＊所有目录应采用最新版本。

16. 其他信息

应提供 SDS 其他各部分没有包括的，对于下游用户安全使用化学品有重要意义的其他任何信息。例如：

（1）编写和修订信息。应说明最新修订版本与修订前相比有哪些改变。

（2）缩略语和首字母缩写。列出编写 SDS 时使用的缩略语和首字母缩写，并作适当说明。例如：

MAC：最高容许浓度（maximum allowable concentration，MAC）。指工作地点、在一个工作日内、任何时间有毒化学物质均不应超过的浓度。

PC - TWA：时间加权平均容许浓度（permissible concentration - time weighted average，PC - TWA）。指以时间为权数规定的 8 h 工作日、40 h 工作周的平均容许接触浓度。

PC - STEL：短时间接触容许浓度（permissible concentration - short term exposure limit，PC - STEL）。指在遵守 PC - TWA 前提下允许短时间（15 min）接触的浓度。

（3）培训建议。根据需要提出对员工进行安全培训的建议。

（4）参考文献。编写 SDS 使用的主要参考文献和数据源可在 SDS 的本部分中列出。

（5）免责声明。必要时可在 SDS 的本部分给出 SDS 编写者的免责声明。

三、化学品安全技术说明书参数解读

根据危险化学品生产、使用、储存以及事故应急处置过程中需要了解和掌握的理化参数，对闪点、爆炸极限、自燃温度、饱和蒸气压等理化参数的定义以及与危险性相关的内容进行解释。

1. 闪点

闪点是指在规定的条件下，试样被加热到它的蒸气与空气的混合气体接触火焰时，能产生闪燃的最低温度。闪点是评价液体物质燃爆危险性的重要指标，闪点越低，则表示越易起火燃烧，燃爆危险性越大。例如，苯的闪点为 −14 ℃，乙醇的闪点为 12 ℃，苯的火灾危险性就比乙醇大。

（1）《建筑设计防火规范（2018 年版）》（GB 50016—2014）中按照液体的闪点可将生产场所划分为以下类别：

① 甲类火灾危险场所。涉及闪点＜28 ℃液体化学品的区域，如己烷、戊烷、石脑油、环戊烷、二硫化碳、苯、甲苯、甲醇、乙醇、乙醚、乙酸甲酯、醋酸甲酯、硝酸乙酯、汽油、丙酮、丙烯、乙醛。

② 乙类火灾危险场所。涉及 28 ℃≤闪点＜60 ℃液体化学品的区域，如煤油、松节油、丁烯醇、异戊醇、丁醚、醋酸丁酯、硝酸戊酯、乙酰丙酮、环己胺、溶剂油、冰醋酸、樟脑油、甲酸等。

③ 丙类火灾危险场所。涉及闪点≥60 ℃液体化学品的区域，如沥青、蜡、润滑油、机油、重油、糠醛等。

（2）《化学品分类和标签规范　第 7 部分：易燃液体》（GB 30000.7—2013）中按照易燃液体的闪点将其分为 4 类。

① 易燃液体，类别 1：闪点＜23 ℃且沸点≤35 ℃，如环氧丙烷、乙醛、丁炔、3 − 丁烯 − 2 − 酮、甲基肼、四甲基硅烷等。

② 易燃液体，类别 2：闪点＜23 ℃且沸点＞35 ℃，石脑油、丙烯腈、乙酸乙烯酯、甲基叔丁基醚、二硫化碳、丙腈、丙酸烯丙酯、丙酸异丙酯、环戊烯等。

③ 易燃液体，类别 3：23 ℃≤闪点≤60 ℃，如环氧氯丙烷、氯苯、3 − 丁烯腈、1，3 − 二氯丙烯、二正戊胺、四甲基铅、4 − 乙烯基吡啶、

三正丙胺。

④ 易燃液体，类别4：60 ℃＜闪点≤93 ℃。

2. 爆炸极限

易燃和可燃气体、液体蒸气、固体粉尘与空气形成混合物，遇火源即能发生燃烧爆炸的最低浓度，称为该气体、蒸气或粉尘的爆炸下限；同时，易燃和可燃气体、蒸气或粉尘与空气形成混合物，遇火源即能发生燃烧爆炸的最高浓度，称为爆炸上限。爆炸上限与爆炸下限之间的浓度范围称为爆炸范围。爆炸极限通常用可燃气体或蒸气在混合气中的体积分数（％）表示，粉尘的爆炸极限用 mg/m^3 表示。爆炸性混合物浓度在爆炸下限以下时含有过量空气，由于空气的冷却作用，阻止了火焰的蔓延，不会燃烧爆炸。浓度在爆炸上限以上时也不会发生燃烧爆炸。爆炸极限是评价可燃气体、蒸气或粉尘能否发生爆炸的重要参数，爆炸下限越低，爆炸极限范围越宽，则该物质的爆炸危险性越大。例如，乙炔爆炸极限是 2.5% ~80%，乙烷爆炸极限是 3.22% ~12.45%，两者相比，前者的爆炸极限范围比后者大得多，因此乙炔的爆炸危险性比乙烷大得多。

对于爆炸下限低的气体，当其处于正压状态时，应谨防气体向空气中泄漏，即使泄漏量不大，也容易进入爆炸极限范围。而对于爆炸上限较高的气体，当使用负压系统时，如果空气进入盛装该气体的容器或管道设备内，即使不需要很大的量也能进入爆炸极限范围。

爆炸性混合物在不同浓度时发生爆炸所产生的压力和放出的热量不同，因而具有的危险程度也不相同。在接近爆炸下限和爆炸上限时，爆炸的温度不高，压力不大，爆炸威力也小。当混合物中可燃气体的浓度达到或稍高于化学当量浓度时，爆炸时放出的热量最多，产生的压力最大。例如，一氧化碳的爆炸极限是 12.5% ~74%，当其在空气中含量达 29.5%（即它的化学当量浓度）时，遇火才发生威力最大的爆炸。

《建筑设计防火规范（2018 年版）》（GB 50016—2014）中按照气体的爆炸下限可将生产场所划分为以下类别：

（1）甲类火灾危险场所。涉及爆炸下限＜10% 气体的区域，如乙炔、氢、甲烷、乙烯、丙烯、丁二烯、环氧乙烷、水煤气、硫化氢、氯乙烯、液化石油气等。

（2）乙类火灾危险场所。涉及爆炸下限≥10%的气体，如氨气、液氯等。

3. 饱和蒸气压

液体的饱和蒸气压是指在一定温度下，气、液两相平衡时蒸气的压力。饱和蒸气压的大小可表明液体蒸发能力的强弱、液体在管道运输系统中形成气阻的可能性以及储运时损失量的倾向。液体的饱和蒸气压大，蒸发性就大，形成气阻的可能性也大，在储运中蒸发损失也大。

液体的饱和蒸气压随温度而变化，温度升高时，饱和蒸气压增大。当盛有挥发性液体的密闭容器受热时，容易造成容器变形或胀裂，这些容器严禁超温使用。盛装可燃和易燃液体的容器应留有不少于5%的空隙，远离热源、火源，在夏季还要做好降温工作。

4. 自燃温度

自燃温度是指物质在没有火焰、火花等火源作用下，在空气或氧气中被加热而引起燃烧的最低温度。从引燃机理可知，自燃温度是一个非物理常数，它受各种因素的影响，如可燃物浓度、压力、反应容器、添加剂等。自燃温度越低，则该物质的燃爆危险性越大。

可燃物虽未与明火接触，但在外界热源的作用下，使温度达到自燃点而发生的自燃现象，叫作受热自燃。在石油化工生产中，由于可燃物质接近或接触高温设备管道，受到加热或烘烤，或者泄漏的可燃物料接触到高温设备管道，均可导致自燃。

可燃固体的自燃温度一般低于易燃液体和气体，因为固体比液体和气体的分子密集，蓄热条件好。大部分易燃固体的自燃点一般在130～350℃之间。自燃点低的固体物质，其火灾危险就大些。例如，赛璐珞的自燃点为180℃，木材的自燃点为400～500℃，当它们同时处于火场时，赛璐珞的火势发展很快，故在扑救火灾时，应先将自燃点低的化学品抢出火场。

易燃气体的自燃温度不是固定不变的数值，而是受压力、密度、容器直径、催化剂等因素的影响。一般规律为受压越高，自燃点越低；密度越大，自燃点越低；容器直径越小，自燃点越高。易燃气体在压缩过程中（如在压缩机中）较容易发生爆炸，其原因之一就是自燃点降低。在氧气中测定时，所得自燃点数值一般较低，而在空气中测定则较高。

一般可燃易燃液体的自燃点为 250 ~ 650 ℃。例如，汽油的自燃点为 415 ~ 530 ℃，松节油的自燃点为 244 ℃，苯的自燃点为 574 ℃，甲醇的自燃点为 470 ℃，乙醛的自燃点为 175 ℃，乙醚的自燃点为 160 ℃，二硫化碳的自燃点为 90 ℃。在不接触明火的条件下，二硫化碳容易受热自燃。

5. 燃点

燃点是指将物质在空气中加热时，开始并继续燃烧的最低温度。燃点越低，越容易着火，火灾危险性越大。可燃物质在达到相应的燃点时，如果与火源相遇，燃烧的现象就会发生。所以，控制可燃物的温度在燃点以下是防火措施之一。

燃点是评定固体物质火灾危险性的主要标志。燃点低的物质在接触火、热或受外力作用时，往往会引起强烈连续的燃烧，如硫黄、樟脑、萘等，其分子组成简单，熔点和燃点都低，受热后迅速蒸发，其蒸气遇明火或高温即迅速燃烧。通常以燃点 300 ℃作为划分易燃固体和可燃固体的界线。

一切可燃液体的燃点都高于闪点。闪点 < 60 ℃的易燃液体的燃点一般比其闪点高 1 ~ 5 ℃，而且液体的闪点越低，这一差值就越小。例如，汽油、苯等闪点低于 0 ℃的液体，这一差值仅为 1 ℃。实际上，在敞开容器中很难将这类液体的闪点和燃点区别开来，因此，在评定这类液体的火灾危险性时，燃点没有多大的实际意义。但是，燃点对高闪点的可燃液体则有实际意义。如将这些可燃液体的温度控制在燃点以下或不使超过这些可燃液体燃点的点火源与其接触，就可以防止火灾发生。在火场上用冷却法灭火，其原理就是将燃烧物质的温度降低到燃点以下，使燃烧停止。

6. 沸点

在 101.3 kPa 大气压下，物质由液态转变为气态的温度称为沸点。一般填写常温常压的沸点值，若不是在 101.3 kPa 大气压下得到的数据

或者该物质直接从固态变成气态（升华），或者在溶解（或沸腾）前就
发生分解的，则在数据之后用"（）"标出技术条件。所谓液体的沸点，
是指液体的饱和蒸气压与外界压力相等时液体的温度，可见沸点越低，
液体越容易蒸发。

7. 熔点

晶体熔解时的温度称为熔点。一般情况填写常温常压的数值，特殊
条件下得到的数值要标出技术条件。熔点≥300 ℃的固体通常称为高熔
点固体，燃烧中不易熔化，如晶体硅及大多数金属为高熔点固体；熔点
<300 ℃的固体称为低熔点固体，燃烧中容易熔化或直接气化（升华），
如白磷、硫黄、钠、钾等为低熔点固体。熔点越低，固体的燃烧速率
越大。

8. 相对蒸气密度

相对蒸气密度是指在给定的条件下，某一物质的蒸气密度与参考物
质（空气）密度的比值。填写0 ℃时物质的蒸气与空气密度的比值。

对于易燃气体，根据相对蒸气密度，需要从以下几方面考虑：

（1）与空气密度相近的易燃气体，容易互相均匀混合，形成爆炸
性混合物。

（2）比空气密度大的易燃气体沿着地面扩散，并易窜入沟渠、厂
房死角处，长时间聚积不散，遇火源则发生燃烧或爆炸。

（3）比空气密度小的易燃气体容易扩散，而且能顺风飘动，会使
燃烧火焰蔓延、扩散。

（4）应当根据可燃气体的密度特点，正确选择通风排气口的位置，
确定防火间距值以及采取防止火势蔓延的措施。

9. 相对密度

相对密度是指在给定的条件下，某一物质的密度与参考物质（水）
密度的比值。填写20 ℃时物质的密度与4 ℃时水的密度比值。

对于相对密度<1且不溶于水的易燃液体，在发生火灾时，灭火剂
禁止使用直流水灭火。相对密度>1且不溶于水的易燃液体可贮存于水
中，既安全防火又经济方便。

10. 外观、物理状态

外观、物理状态是对化学品外观和状态的直观描述。主要包括常温常压下该物质的颜色、气味和存在的状态。同时还采集了一些难以分项的性质，如潮解性、挥发性等。

11. 燃烧热

燃烧热是指 1 mol 某物质完全燃烧时产生的热量。

12. 临界温度

临界温度是指物质处于临界状态时的温度。就是加压后使气体液化时所允许的最高温度，用℃表示。

13. 临界压力

临界压力是指物质处于临界状态的压力。就是在临界温度时使气体液化所需要的最小压力，也就是液体在临界温度时的饱和蒸气压，单位为 MPa。压力降低，分子碰撞概率减少，危险性降低，爆炸极限范围变窄。压力对爆炸上限影响显著，对爆炸下限影响较小。压力降到一定值时，爆炸上限与爆炸下限重合，此时的压力成为临界压力，临界压力以下，系统不能爆炸。

14. 辛醇/水分配系数

当一种物质溶解在辛醇/水的混合物中时，该物质在辛醇和水中浓度的比值称为辛醇/水分配系数。辛醇/水分配系数是用来预计一种物质在土壤中的吸附性、生物吸收、亲脂性储存和生物富集的重要参数。已知化合物的辛醇/水分配系数（K_{ow}）值，可以计算出化合物在土壤（或沉积物）及水之间的吸附系数（K_d）值，也可以计算出化合物在生物相和水相之间的富集因子（BCF），这样就可以估计出化合物在三相之间的浓度和质量分配。

极性有机物（如正丁酸，甲基－异丁基醚）是亲水的，具有较低的 K_{ow} 值（如小于 10），因而在土壤或沉积物中的 K_d 值以及在水生生物中的 BCF 相应就小。大多数有机物是弱极性和非极性的，具有较大的 K_{ow} 值（如大于 10），那么，它就是非常憎水或疏水的，它在土壤或沉积物中的 K_d 值以及在水生生物中的 BCF 相应就大。

15. 溶解性

在一定温度下，某固体物质在 100 g 溶剂里达到饱和状态时所溶解的质量为溶解性（溶解性是由 20 ℃时某物质的溶解度决定的），分别用易溶（＞10 g）、可溶（1～10 g）、微溶（0.01～1 g）、难溶或不溶（＜0.01 g）表示其溶解程度。物质溶解与否，溶解能力的大小，一方面取决于物质（指的是溶剂和溶质）的本性；另一方面也与外界条件如温度、压强、溶剂种类等有关。在相同条件下，有些物质易于溶解，而有些物质则难于溶解，即不同物质在同一溶剂中溶解能力不同。如果液体溶于水，在使用泡沫灭火剂时，应使用抗溶性泡沫。

16. 黏度

黏度是指流体对流动所表现的阻力。对于易燃液体，在黏度较小的情况下，不仅本身极易流动，还因渗透、浸润及毛细现象等作用，即使容器只有极细微裂纹，易燃液体也会渗出容器外。泄漏后很容易蒸发，形成的易燃蒸气如果比空气重，能在坑洼地带积聚，从而增加了燃烧爆炸的危险性。黏度除以密度可以得出运动黏度，运动黏度是判定物质吸入危害的一个关键参数。对于低黏度的有机溶剂，一旦进入呼吸道可造成吸入性肺炎，因此患者口服此种化学品时，在施救过程中禁止催吐。

17. pH 值

pH 值即氢离子浓度指数，是表示氢离子浓度的一种方法。它是水溶液中氢离子浓度（活度）的常用对数的负值，即 $-\lg[H^+]$。在标准温度（25 ℃）和压力下，pH＝7 的水溶液（如纯水）为中性；当 pH＜7 时，溶液呈酸性；当 pH＞7 时，溶液呈碱性。对于强碱或强酸，pH 值实际上可能高于 14 或低于 0，如浓硫酸 pH≈－2。试验表明，当 pH≥11.5 或 pH≤2 时，通常对皮肤具有腐蚀性。

18. 致死剂量

致死剂量是指能使生物体死亡的物质所需的最少剂量。根据药物的不同用量，试验受试总体死亡率各不相同，可分半数致死量、绝对致死量、最小致死量和最大耐受量等不同给药量。其中，在给药时，个体总数的一半发生死亡时的半数致死量（LD_{50}）应用得最广泛。

半数致死量（LD_{50}）系指能引起一群个体 50% 死亡所需剂量，或指统计学上获得的，预计引起动物半数死亡的单一剂量。LD_{50} 数值越小，表示外来化合物毒性越强；反之，LD_{50} 数值越大，则毒性越低。LD_{50} 在毒理中是最常用于表示化学物毒性分级的指标。需要注意的是，在毒理学试验中，所需的试验动物数量是根据 LD_{50} 不同的测定方法决定的。因为 LD_{50} 并不是试验测得的某一剂量，而是根据不同剂量组而求得的数据。在《化学品分类和标签规范 第18部分：急性毒性》（GB 30000.18—2013）中，化学品根据经口、经皮接触途径下的半数致死量可分为5个类别，见表3-3。

表3-3 急性毒性分级（经口、经皮） mg/kg

接触途径	类别1	类别2	类别3	类别4	类别5
经口	5	50	300	2000	5000
经皮	50	200	1000	2000	5000

19. 致死浓度

致死浓度是指经呼吸道吸入的毒物在空气中的浓度，此浓度可以引起机体中毒死亡。常用的有：半数致死浓度 LC_{50}，是指毒物对急性试验动物的群体引起半数动物死亡的剂量；最小致死浓度 MLC，是指引起一组动物个别死亡的剂量；绝对致死浓度 LC_{100}，是指引起一组动物全部（100%）死亡的最低剂量，常以 mg/m^3、mg/L 或 ppm 作为单位。LC_{50} 数值越小，表示外来化合物毒性越强；反之，LC_{50} 数值越大，则毒性越低。在《化学品分类和标签规范 第18部分：急性毒性》（GB 30000.18—2013）中，化学品根据吸入接触途径下的半数致死浓度可分为5个类别，见表3-4。

表3-4 急性毒性分级（吸入） mL/L

接触途径	类别1	类别2	类别3	类别4	类别5
气体	0.1	0.5	2.5	20	5000
蒸气	0.5	2.0	10	20	5000
粉尘和烟雾	0.05	0.5	1.0	5	—

四、化学品安全技术说明书中参数适用性说明

SDS 时中理化特性的编写说明见表 3 – 5，物理危险性类别的特殊说明见表 3 – 6。

表 3 – 5　SDS 中理化特性的编写说明

特　性	说明/指导
物理状态	一般为标准条件下（常温常压）
颜色	（1）说明所提供物质或混合物的颜色。 （2）如用一份 SDS 涵盖某种混合物不同颜色的若干型号，可用"多色"表述颜色
气味	（1）如气味广为人知或在文献中有所描述，可将气味作定性描述。 （2）如有可用数据，说明气味阈值（定性或定量）
熔点/凝固点	（1）对气体不适用。 （2）标准气压下。 （3）如熔点高于测量方法的测量范围，则说明直至多少温度还未观察到熔点。 （4）说明分解或升华是在熔化之前还是熔化期间。 （5）对蜡状物和糊状物，可说明软化点/范围代替。 （6）对混合物，说明技术上是否无法确定熔点/凝固点
沸点/初沸点和沸程	（1）一般为标准气压下（如沸点极高，或未沸腾就发生分解，则说明较低气压下的沸点）。 （2）如沸点高于测量范围，则说明直至多少温度还未观察到沸点。 （3）说明分解是在沸腾之前还是沸腾期间。 （4）对混合物，说明技术上是否无法确定沸点或沸腾范围；如是，则说明沸点最低的成分的沸点
易燃性	（1）对气体、液体和固体适用。 （2）说明有关物质或混合物是否可燃（能够起火或被火点燃，即便不划为具有易燃性）。 （3）如有可用信息且适当，可进一步添加信息，例如： ① 点燃效果是否不同于普通燃烧（如爆炸）。 ② 非标准条件下的可燃性

表 3 – 5（续）

特　性	说明/指导
爆炸极限/燃烧极限	（1）对固体不适用。 （2）对易燃液体，至少要说明爆炸下限： ① 如闪点约高于 – 25 ℃，在标准温度下可能无法确定爆炸上限；这种情况下，建议说明在较高温度下的爆炸上限。 ② 如闪点高于 20 ℃，则上述情况同时适用于爆炸上下限。 注："爆炸极限" 或 "燃烧极限" 意义相同
闪点	（1）对气体、气雾剂和固体不适用。 （2）对混合物，如有可用信息，应说明混合物本身的闪点，否则说明闪点最低物质的闪点，因为它们通常是起主要作用的物质
自燃温度	对混合物，如有可用信息，应说明混合物本身的自燃温度，否则说明自燃温度最低成分的自燃温度
分解温度	（1）适用于自反应物质和混合物，以及有机过氧化物与其他可分解的物质和混合物。 （2）标明自加速分解温度（说明适用的体积）或起始分解温度。 （3）说明测出的温度是自加速分解温度还是起始分解温度。 （4）如未观察到分解，则说明直至多少温度还未观察到分解，如 "至 × ℃未观察到分解"
pH 值	（1）对气体不适用。 （2）适用于水性液体和溶液（pH 值从定义上就是水性介质；在其他介质中进行试验得不出 pH 值）。 （3）说明试验物质在水中的浓度。 （4）如 pH≤2 或 pH≥11.5，需考虑酸碱缓冲能力
运动黏度	（1）仅对液体适用。 （2）宜使用 mm^2/s 为单位（因为 "吸入危害" 这一危险种类的分类标准使用了这一单位）。 （3）运动黏度可由动力黏度（单位为 MPa · s）与密度（单位为 g/cm^3）换算得出： $$运动黏度 = \frac{动力黏度}{密度}$$ （4）对非牛顿液体，说明触变行为或震凝行为
可溶性	（1）一般为标准温度下。 （2）说明在水中的可溶性。 （3）可加上在其他（非极性）溶剂中的可溶性。 （4）对混合物，说明在水中或其他溶剂中是可完全溶解、部分溶解还是可混溶

表 3 - 5（续）

特　性	说明/指导
辛醇/ 水分配系数	（1）对无机和离子液体不适用。 （2）一般对混合物不适用。 （3）可计算（使用定量构效关系）。 （4）说明数值是通过试验还是计算得出的
蒸气压	（1）一般为标准温度下。 （2）对挥发性流体，额外说明 50 ℃下的蒸气压（以便区分气体和液体）。 （3）如用一通用 SDS 涵盖某液体混合物或液化气体的若干型号，说明蒸气压的范围。 （4）对液体混合物或液化气体混合物，说明蒸气压的范围，或至少说明挥发性最强成分的蒸气压，混合物的蒸气压主要由这一（些）成分确定。 （5）对液体混合物或液化气体混合物，可使用各成分的活性系数计算得出蒸气压。 （6）可额外说明饱和蒸气浓度（SVC），单位为 mL/m^3 或 g/m^3（mg/L）。可按以下方法估算饱和蒸气浓度： $$SVC = VP \cdot c_1$$ $$SVC = VP \cdot MW \cdot c_2$$ 式中　　VP—蒸气压，hPa； 　　　　MW—分子量，g/mol； 　　　　c_1、c_2—换算因数，其中，$c_1 = 987.2$ mL/（m^3 · hPa），$c_2 = 0.0412$ mol/（m^3 · hPa）
密度或 相对密度	（1）仅对液体和固体适用。 （2）一般为标准条件下。 （3）视情况说明： 　　绝对密度； 　　以 4 ℃的水为参照的相对密度。 （4）若密度有可能出现差异，例如，批量生产导致的差异，或用一通用 SDS 涵盖某物质或混合物的若干型号，可说明范围。 注：为明晰起见，SDS 应说明报告的是绝对密度（说明单位）还是相对密度（没有单位），或二者兼有
相对蒸气 密度	（1）仅对气体和液体适用。 （2）对气体，说明以 20 ℃的空气为参照的相对密度。 （3）对液体，说明以 20 ℃的空气为参照的相对蒸气密度。 （4）对液体，还可额外说明 20 ℃下蒸气/空气混合物的相对密度（D_m）。 可按下式计算： $$D_m = 1 + VP_{20}（MW - MW_{air}）c_3$$ 式中　　VP_{20}—20 ℃下的蒸气压，hPa； 　　　　MW—分子量，g/mol； 　　　　MW_{air}—空气的分子量，$MW_{air} = 29$ g/mol； 　　　　c_3—换算因子，$c_3 = 34 \times 10^{-6}$ mol/（g · hPa）

表 3 - 5 （续）

特　性	说明/指导
颗粒特征	（1）仅对固体适用。 （2）说明粒度（中位数和范围）。 （3）如有可用信息且适当，可额外说明其他特性。例如： 　　粒度分布（范围）； 　　形状和纵横比； 　　比表面积
爆炸性粉尘/空气混合物	（1）对气体和液体不适用。 （2）对仅含有完全氧化物质的固体不适用（例如，二氧化硅）。 （3）如有可能形成爆炸性粉尘/空气混合物，可补充说明相关的安全特征，例如： 　　爆炸下限； 　　最低点燃能量； 　　爆燃指数（K_{st}）； 　　最高爆炸气压。 注：1. 形成爆炸性粉尘/空气混合物的能力可采用以下方法测定：VDI 2263 - 1 "粉尘燃烧和粉尘爆炸　危险评估 - 保护措施　确定粉尘安全特征的试验方法" 或 ISO/IEC 80079 - 20 - 2 "爆炸性环境　第20 - 2部分：材料特征——可燃粉尘试验方法"。 　　2. 得出的爆炸特征仅适用于受试粉尘，不适用于其他粉尘，即便它们与受试粉尘相似。某特定物质的细颗粒粉尘往往比粗颗粒粉尘反应大

表 3 - 6　物理危险性类别的特殊说明

危险种类	特性/安全特征/试验结果和说明/指南
爆炸物	（1）说明冲击敏感度，一般由联合国隔板试验：试验1(a) 和/或试验2(a) 测定（《试验和标准手册》11.4 节或12.4 节）（至少说明 " ＋ " 或 " － "）。 （2）说明封闭条件下加热的效应，一般由克南试验：试验1(b) 和/或试验2(b) 测定（《试验和标准手册》11.5 节或12.5 节）（宜说明极限直径）。 （3）说明封闭条件下点火的效应，一般由试验1(c) 和/或试验2(c) 测定（《试验和标准手册》11.6 节或12.6 节）（至少说明 " ＋ " 或 " － "）。 （4）说明撞击敏感度，一般由试验3(a) 测定（《试验和标准手册》13.4 节）（宜说明极限撞击能）。 （5）说明摩擦刺激敏感度，一般由试验3(b) 测定（《试验和标准手册》13.5 节）（宜说明极限荷重）。 （6）说明热稳定性，一般由试验3(c) 测定（《试验和标准手册》13.6 节）（至少说明 " ＋ " 或 " － "）。 （7）此外，该项还适用于在封闭条件下加热表现正效应的物质和混合物。 （8）根据划分的项目或免除依据，对包装件作出说明（物质或混合物的类型、尺寸、净重）

表 3 - 6（续）

危险种类	特性/安全特征/试验结果和说明/指南
易燃气体	（1）对纯易燃气体： 根据 ISO 10156 的规定，标明 T_{ci} 值（易燃气体与氮气混合后成为不可燃气体，此时空气中该易燃气体的最大浓度，以百分数表示）； 如果根据气体的基本燃烧速率（通常用 ISO 817：2014 附件 C 中的方法确定），划分为类别 1B，标明该基本燃烧速率。 （2）对易燃气体混合物： 如已做试验，标明爆炸极限/燃烧极限，或标明分类和划定的类别是否根据 ISO 10156 所做的计算得出； 如果根据气体混合物的基本燃烧速率（通常用 ISO 817：2014 附件 C 中的方法确定），划分类别 1B，标明该基本燃烧速率
气溶胶	说明易燃成分的总百分比（按质量计），除非该气溶胶未经过易燃性分类程序但所含易燃成分超过 1% 或燃烧热至少达到 20 kJ/g 而被划分为类别 1 气溶胶
氧化性气体	（1）对纯氧化性气体： 根据 ISO 10156 的规定，说明 C_i（氧分数系数）。 （2）对氧化性气体混合物： 对受试混合物标明"氧化性气体类别 1（根据 ISO 10156 试验得出）"或说明根据 ISO 10156 计算得出的氧化力
加压气体	（1）对纯气体： 说明临界温度。 （2）对气体混合物： 说明伪临界温度；可按各成分临界温度的摩尔分数加权均值予以估算，计算式如下： $$T_{crit} = \sum_{i=1}^{n} x_i T_{criti}$$ 式中　T_{crit}——混合气体的临界温度； 　　　　x_i——成分 i 的摩尔分数； 　　　　T_{criti}——成分 i 的临界温度
易燃液体	（1）标明沸点和闪点。 （2）如根据试验 L.2（《试验和标准手册》32.5.2）将有关液体视为非易燃液体，则说明可持续燃烧信息
易燃固体	（1）说明燃烧速率（或金属粉的燃烧时间），一般由试验 N.1 测定（《试验和标准手册》33.2.1）。 （2）说明火焰是否经过了湿润段

表 3 - 6 （续）

危险种类	特性/安全特征/试验结果和说明/指南
自反应物质和混合物	（1）标明 SADT（自加速分解温度）。 （2）说明分解能（数值和测定方法）。 （3）说明起爆特性（是/部分/否），相关情况下还说明容器中的起爆特性。 （4）说明封闭条件下加热的效应（剧烈/中等/微弱/无），相关情况下还说明在容器中的情况。 （5）适用情况下，说明爆炸力（不弱/微弱/无）
自燃液体	说明是否发生自燃或使滤纸变成炭黑，一般由试验 N.3 测定（《试验和标准手册》33.3.1.5）（例如，说明"该液体在空气中自燃"或"沾有该液体的滤纸在空气中变成炭黑"）
自燃固体	（1）说明该固体在被倒出时或倒出后 5 min 内是否会自燃，一般由试验 N.2 测定（《试验和标准手册》33.3.1.4）（例如，"该固体在空气中自燃"）。 （2）说明自燃特性是否会随时间改变，如通过缓慢氧化形成保护层
自热物质和混合物	说明是否发生自燃，包括可能的甄别数据和/或使用的方法（通常为试验 N.4（《试验和标准手册》33.3.1.6），并指出取得的最大温差
遇水放出易燃气体的物质和混合物	（1）如已知释放哪种气体，予以说明。 （2）说明释放气体是否自燃。 （3）说明气体释放速度，一般由试验 N.5 测定（《试验和标准手册》33.4.1.4），除非试验未完成，如由于气体自燃
氧化性液体	说明与纤维素混合是否会发生自燃，一般由试验 O.2 测定（《试验和标准手册》34.4.2）
氧化性固体	说明与纤维素混合是否会发生自燃，一般由试验 O.1 或试验 O.3 测定（《试验和标准手册》34.4.1 或 34.4.3）
有机过氧化物	（1）标明 SADT（自加速分解温度）。 （2）如有可用信息，说明分解能（数值和测定方法）。 （3）说明起爆特性（是/部分/否），相关情况下还说明容器中的起爆特性。 （4）说明爆燃特性（是，迅速/是，缓慢/否），相关情况下还说明容器中的爆燃特性。 （5）说明封闭条件下加热的效应（剧烈/中等/微弱/无），相关情况下还说明容器中的情况。 （6）适用情况下，说明爆炸力（不弱/微弱/无）

表 3 - 6（续）

危险种类	特性/安全特征/试验结果和说明/指南
金属腐蚀物	（1）如有可用信息，说明有关物质或混合物是否腐蚀金属（例如，"对铝有腐蚀性"或"对钢有腐蚀性"等）。 （2）如有可用信息，说明腐蚀率，并说明腐蚀的是钢还是铝，一般由试验C.1 测定（《试验和标准手册》37.4）。 （3）可视情况提及 SDS 其他章节关于相容或不相容材料的内容（例如，容器相容性或不相容材料）
退敏爆炸物	（1）说明使用的退敏剂种类。 （2）说明放热分解能。 （3）说明校正燃烧速率

五、化学品安全技术说明书的格式与书写要求

1. 幅面尺寸

SDS 的幅面尺寸一般为 A4，也可以是供应商认为合适的其他幅面尺寸，按竖式编排。

2. 编排格式

（1）首页上部：

① 使用显著字体排写"化学品安全技术说明书"大标题。

② 给出编制 SDS 化学产品的名称，名称的填写应符合《化学品安全技术说明书　内容和项目顺序》（GB/T 16483）的要求。

③ 注明 SDS 的修订日期（指最后修订的日期）。

④ 注明 SDS 最初编制日期。

⑤ 注明 SDS 编写依据的标准，即"按照《化学品安全技术说明书　内容和项目顺序》（GB/T 16483）、《化学品安全技术说明书编写指南》（GB/T 17519）编制"。

⑥ 如有 SDS 编号，应在此给出。

⑦ 如有 SDS 的版本号，应在此给出。

（2）首页后各页上部：

① 首页已给出的产品名称。

② 首页已给出的修订日期。

③ 首页已给出的 SDS 编号。

3. 页码系统及其位置

按照《化学品安全技术说明书　内容和项目顺序》（GB/T 16483）规定的页码系统编写页码，印在 SDS 每一页页脚线下居中或右侧位置。

4. 内文

（1）16 个部分的编排要求：

① 16 个部分的标题、编号和前后顺序不应随意变更。

② 16 个部分的大标题排版要使用醒目字体，且在标题上下留有一定空间。

（2）16 个部分中各小项的编排要求：

① 小项标题排版要醒目，但不编号。

② 小项应按《化学品安全技术说明书　内容和项目顺序》（GB/T 16483）中指定的顺序排列。

5. 书写要求

（1）SDS 应使用规范中文汉字编制。

（2）SDS 的文字表述应准确、简明、扼要、易懂、逻辑严谨，避免使用不易理解或易产生歧义的语句。

（3）在书写时应选用经常使用的、熟悉的词语。

第三节　化学品安全标签

化学品安全标签是化学品危害信息传递的重要手段，指粘贴、挂拴或喷印在化学品的外包装或容器上，用于标示危险化学品信息的一组书面、印刷或图形信息的组合。

化学品安全标签包括化学品标识、象形图、警示词、危险性说明、防范说明、应急咨询电话、供应商标识、资料参阅提示语等。

《化学品安全标签编写规定》（GB 15258）规定了化学品安全标签的内容、编写要求及使用方法。

《化学品安全标签编写规定》（GB 15258）同时规定，产品安全标签已有专门标准规定的，如农药、气瓶等，按专门标准执行。

一、化学品安全标签的编制

（一）语言

该部分属于强制性内容。《化学品安全标签编写规定》（GB 15258）规定，标签正文应使用简洁、明了、易于理解、规范的汉字表述，也可以同时使用少数民族文字或外文，但意义必须与汉字相对应，字形应小于汉字。相同的含义应用相同的文字或图形表示。

根据上述规定，只要在中国境内，化学品安全标签的文字应以汉字为主。

（二）颜色

该部分属于强制性内容。标签内象形图的颜色根据《化学品分类和标签规范》（GB 30000）系列标准的规定执行，一般使用黑色符号加白色背景，方块边框为红色。正文应使用与底色反差明显的颜色，一般采用黑白色。若在国内使用，方块边框可以为黑色。

（三）标签尺寸

该部分不属于强制性内容，企业可按照《化学品安全标签编写规定》（GB 15258—2009）的要求设计产品的标签，也可以根据实际情况设计标签的尺寸。

《化学品安全标签编写规定》（GB 15258—2009）中不同容量的容器或包装标签的最低尺寸见表3-7。

表3-7　不同容量的容器或包装标签的最低尺寸

容器或包装容积/L	标签尺寸/（mm×mm）
≤0.1	使用简化标签
>0.1 且≤3	50×75
>3 且≤50	75×100
>50 且≤500	100×150
>500 且≤1000	150×200
>1000	200×300

（四）内容

该部分属于强制性内容，企业编制化学品安全标签时，必须严格执行。特别注意的是，每部分中规定的相对位置不得变更。

1. 化学品标识

用中文和英文分别标明化学品的化学名称或通用名称。名称要求醒目清晰，位于标签的上方。应特别注意，名称应与化学品安全技术说明书中的名称一致。

对混合物应标出对其危险性分类有贡献的主要组分的化学名称或通用名、浓度或浓度范围。当需要标出的组分较多时，组分个数以不超过 5 个为宜。选择标出的组分时，应当首先选择危险性大、一旦发生事故后果严重的组分。对于属于商业机密的成分可以不标明，但应列出其危险性。

2. 象形图

采用《化学品分类和标签规范》（GB 30000）系列标准规定的象形图，《化学品危险信息短语与代码》（GB/T 32374）列出了《化学品分类和标签规范》（GB 30000）系列标准中规定的象形图，共 9 个。

3. 警示词

根据化学品的危险程度和类别，用"危险""警告"两个词分别进行危害程度的警示。警示词位于化学品名称的下方，要求醒目、清晰。根据《化学品分类和标签规范》（GB 30000）系列标准，选择不同类别危险化学品的警示词。

4. 危险性说明

简要概述化学品的危险特性。居警示词下方。根据《化学品分类和标签规范》（GB 30000）系列标准，选择不同类别危险化学品的危险性说明。

5. 防范说明

表述化学品在处置、搬运、储存和使用作业中所必须注意的事项和发生意外时简单有效的救护措施等，要求内容简明扼要、重点突出。该部分应包括安全预防措施、意外情况（如泄漏、人员接触或火灾等）的处理、安全储存措施及废弃处置等内容。

6. 供应商标识

列明供应商名称、地址、邮编、电话等。供应商一般是产品的生产商，也可以是能够承担化学品相关责任的供应商。

7. 应急咨询电话

填写化学品生产商或生产商委托的 24 小时化学事故应急咨询电话。

国外进口化学品安全标签上应至少有 1 家服务主体在中国境内的 24 小时化学事故应急咨询电话。

8. 资料参阅提示语

提示化学品用户应参阅化学品安全技术说明书。

9. 危险信息先后排序

当某种化学品具有两种及两种以上的危险性时，安全标签的象形图、警示词、危险性说明的先后顺序规定如下：

（1）象形图先后顺序。物理危险象形图的先后顺序，根据《危险货物品名表》（GB 12268）中的主次危险性确定，未列入《危险货物品名表》（GB 12268）的化学品，以下危险性类别的危险性总是主危险：爆炸物、易燃气体、易燃气溶胶、氧化性气体、加压气体、自反应物质和混合物、自燃物质、有机过氧化物。其他主危险性按照联合国《关于危险货物运输的建议书 规章范本》危险性先后顺序确定方法确定。

对于健康危害，按照以下先后顺序：如果使用了骷髅和交叉骨符号，则不应出现感叹号符号；如果使用了腐蚀符号，则不应出现感叹号来表示皮肤/眼睛刺激；如果使用了呼吸致敏物的健康危害符号，则不应出现感叹号来表示皮肤致敏物或者皮肤/眼睛刺激。

（2）警示词先后顺序。存在多种危险性时，如果在安全标签上选用了警示词"危险"，则不应出现警示词"警告"。

（3）危险性说明先后顺序。所有危险性说明都应当出现在安全标签上，按物理危险、健康危害、环境危害顺序排列。

（五）简化标签

该部分属于强制性内容，主要解决由于包装过小而无法粘贴正常标签的问题。对于小于或等于 100 mL 的化学品小包装，安全标签要素包括化学品标识、象形图、警示词、危险性说明、应急咨询电话、供应商名称及联系电话、资料参阅提示语即可。

二、化学品安全标签样例

化学品安全标签的式样不属于强制性内容，标签的内容只要符合标准规定，式样可由企业根据包装容器的具体情况进行设计。

化学品安全标签样例如图 3 - 1 所示。

化学品名称　　A 组分：40%；B 组分：60%

危 险　　　

极易燃液体和蒸气，食入致死，对水生生物毒性非常大

【预防措施】
- 远离热源、火花、明火、热表面。使用不产生火花的工具作业。
- 保持容器密闭。
- 采取防止静电措施，容器和接收设备接地/连接。
- 使用防爆电器、通风、照明及其他设备。
- 戴防护手套/防护眼镜/防护面罩。
- 操作后彻底清洗身体接触部位。
- 作业场所不得进食、饮水或吸烟。
- 禁止排入环境。

【事故响应】
- 如皮肤（或头发）接触：立即脱掉所有被污染的衣服。用水冲洗皮肤/淋浴。
- 食入：催吐，立即就医。
- 收集泄漏物。
- 火灾时，使用干粉、泡沫、二氧化碳灭火。

【安全储存】
- 在阴凉、通风良好处储存。
- 上锁保管。

【废弃处置】
- 本品或其容器采用焚烧法处置。

请参阅化学品安全技术说明书

供应商：×××××××××××××××××　　电话：××××××
地　址：×××××××××××××××××　　邮编：××××××

化学事故应急咨询电话：××××××

图 3 - 1　化学品安全标签样例

当包装小于或等于 100 mL 时，可以采用简化标签，如图 3 - 2 所示。

图 3 - 2　化学品安全标签简化标签样例

三、化学品安全标签的印刷与使用

（一）印刷

（1）标签的边缘要加一个黑色边框，边框外应留大于或等于 3 mm 的空白，边框宽度大于或等于 1 mm。

（2）象形图必须从较远的距离，以及在烟雾条件下或容器部分模糊不清的条件下也能看到。

（3）标签的印刷应清晰，所使用的印刷材料和胶粘材料应具有耐用性和防水性。

其中，前两项属于强制性内容，编制化学品安全标签时必须严格执行。

（二）使用

该部分不属于强制性内容。

1. 使用方法

（1）安全标签应粘贴、挂栓或喷印在化学品包装或容器的明显位置。

（2）当与运输标志组合使用时，运输标志可以放在安全标签的另一面板，将之与其他信息分开，也可放在包装上靠近安全标签的位置。后一种情况下，若安全标签中的象形图与运输标志重复，安全标签中的象形图应删掉。安全标志与运输标志的组合使用如图3-3所示。

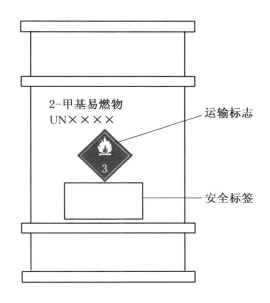

图3-3 安全标签与运输标志的组合使用

（3）对组合容器，要求内包装加贴（挂）安全标签，外包装上加贴运输象形图，如果不需要运输标志可以加贴安全标签。组合容器安全标签的粘贴如图3-4所示。

2. 位置

安全标签的粘贴、喷印位置规定如下：

（1）桶、瓶形包装：位于桶、瓶侧身。

（2）箱状包装：位于包装端面或侧面明显处。

（3）袋、捆包装：位于包装明显处。

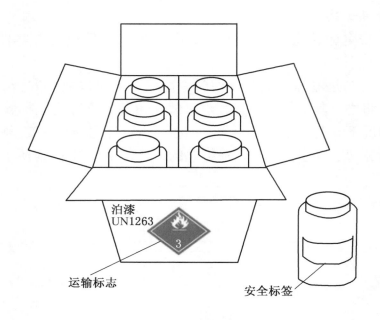

图 3 - 4　组合容器安全标签的粘贴

3. 使用注意事项

（1）安全标签的粘贴、挂栓或喷印应牢固，保证在运输、储存期间不脱落、不损坏。

（2）安全标签应由生产企业在货物出厂前粘贴、挂栓或喷印。若要改换包装，则由改换包装单位重新粘贴、挂栓或喷印标签。

对于进口的化学品，只要化学品进入中国境内，其包装上必须具有符合《化学品安全标签编写规定》(GB 15258) 规定的安全标签。

（3）盛装危险化学品的容器或包装，在经过处理并确认其危险性完全消除之后，方可撕下安全标签，否则不能撕下相应的标签。

第四节　化学品作业场所安全警示标志

化学品作业场所安全警示标志是作业场所化学品危害信息传递的重要手段，是以文字和图形符号组合的形式，表示化学品在工作场所所具有的危险性和安全注意事项。标志要素包括化学品标识、理化特性、象形图、警示词、危险性说明、防范说明、防护用品说明、资料参阅提示语及报警电话等。

《化学品作业场所安全警示标志规范》（AQ 3047）规定了化学品作业场所安全警示标志的内容、编制与使用要求。该标准适用于化工企业生产、使用化学品的场所，储存化学品的场所，以及构成重大危险源的场所。

一、化学品作业场所安全警示标志的编制

（一）标志内容

1. 化学品标识

化学品作业场所安全警示标志应列明化学品的中文化学名称或通用名称，以及美国化学文摘号（CAS 号）。化学品标识要求醒目、清晰，位于标志的上方。名称应与化学品安全技术说明书中的名称一致。

2. 理化特性

根据危险化学品的危险特性，列出相应的理化数据，包括闪点、爆炸极限、密度、挥发性等。

3. 危险象形图

采用《化学品分类和标签规范》（GB 30000）系列标准规定的危险象形图，表 3 - 8 列出了 9 种危险象形图对应的危险性类别。

表 3 - 8　9 种危险象形图对应的危险性类别

危险象形图	该图形对应的危险性类别	危险象形图	该图形对应的危险性类别
	爆炸物，不稳定爆炸物，类别 1~4；自反应物质，A、B 型；有机过氧化物，A、B 型		金属腐蚀物；皮肤腐蚀/刺激，类别 1；严重眼损伤/眼睛刺激，类别 1
	加压气体		急性毒性，类别 1~3

表 3-8（续）

危险象形图	该图形对应的危险性类别	危险象形图	该图形对应的危险性类别
	氧化性气体； 氧化性液体； 氧化性固体		急性毒性，类别 4； 皮肤腐蚀/刺激，类别 2； 严重眼损伤/眼睛刺激，类别 2A； 皮肤过敏
	易燃气体，类别 1； 易燃气溶胶； 易燃液体，类别 1~3； 易燃固体； 自反应物质，B~F 型； 自热物质； 自燃液体； 自燃物体； 有机过氧化物，B~F 型； 遇水放出易燃气体的物质		呼吸过敏； 生殖细胞突变性； 致癌性； 生殖毒性； 特异性靶器官系统毒性一次接触； 特异性靶器官系统毒性反复接触； 吸入危害
	对水环境的危害，急性类别 1，慢性类别 1、2		

4. 警示词

根据化学品的危险程度和类别，用"危险""警告"两个词分别进行危害程度的警示。根据《化学品分类和标签规范》（GB 30000）系列标准，选择不同类别危险化学品的警示词。警示词位于化学品名称的下方，要求醒目、清晰。

5. 危险性说明

简要概述化学品的危险特性。根据《化学品分类和标签规范》（GB 30000）系列标准，选择不同类别危险化学品的危险性说明，要求醒目、清晰。

6. 防范说明

表述化学品在处置、搬运、储存和使用作业中所应注意的事项和发生意外时简单有效的救护措施等，要求内容简明扼要、重点突出。该部分应包括安全预防措施、意外情况（如泄漏、人员接触或火灾等）的处理、安全储存措施及废弃处置等内容。防范说明按照《化学品安全标签编写规定》（GB 15258）的规定表述。

7. 防护用品说明

个体防护用品使用防护图形标志来表示。根据作业场所化学品的危险特性，单独或组合使用防护图形标志。防护图形标志按照《安全标志及其使用导则》（GB 2894）的规定选择。

8. 报警电话

填写发生危险化学品事故后的报警电话。

9. 资料参阅提示语

提示参阅化学品安全技术说明书。

10. 危险信息先后排序

当化学品具有两种及两种以上的危险性时，作业场所安全警示标志的象形图、警示词、危险性说明的先后顺序按照《化学品安全标签编写规定》（GB 15258）的规定执行。

（二）标志样例

化学品作业场所安全警示标志样例如图 3-5 所示。

（三）编制

1. 编写

化学品作业场所安全警示标志应保持与化学品安全技术说明书的信息一致，要不断补充信息资料，若发现新的危险性，及时作出更新。

2. 颜色

危险象形图的颜色根据《化学品分类和标签规范》（GB 30000）系列标准的规定执行，一般使用黑色符号加白色背景，方块边框为红色。警示词应使用黄色，搭配黑色对比底色。正文应使用与底色反差明显的颜色，一般采用黑白色。

3. 字体

化学品标识、警示词、危险性说明以及标题宜使用黑体，其他内容宜使用宋体。字体要求醒目、清晰。

苯

CAS号:71-43-2

危 险

极易燃液体和蒸气！

食入有害！

引起皮肤刺激！

引起严重眼睛刺激！

怀疑可致遗传性缺陷！

可致癌！

对水生生物有毒！

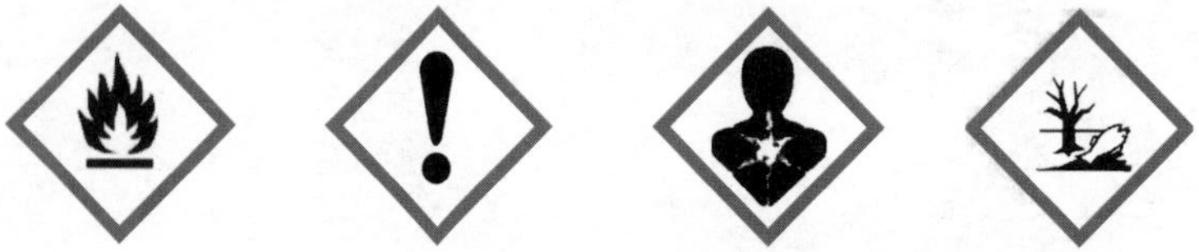

【理化特性】

无色透明液体;闪点-11℃;爆炸上限8%,爆炸下限1.2%;密度比水小,比空气大;易挥发。

【预防措施】

远离热源/火花/明火/热表面。禁止吸烟。保持容器密闭。采取防止静电措施。容器和接收设备接地/连接。使用防爆电器/通风/照明等设备,只能使用不产生火花的工具。在阅读并了解所有安全预防措施之前,切勿操作。按要求使用个体防护装备,戴防护眼镜/防护面罩。避免吸入烟气/烟雾/蒸气/喷雾。操作后彻底清洗,操作现场不得进食、饮水或吸烟。禁止排入环境。

【事故响应】

火灾时使用泡沫,干粉,二氧化碳,砂土灭火。如接触或有担心,感觉不适,就医。脱去被污染的衣服,洗净后方可重新使用。如皮肤(或头发)接触:立即脱掉所有被污染的衣服。用大量肥皂和水冲洗皮肤/淋浴。如发生皮肤刺激:就医。如果食入:立即呼叫中毒控制中心或就医。不要催吐。如接触眼睛:用水细心冲洗数分钟。如戴隐形眼镜并可方便取出,取出隐形眼镜。继续冲洗。如果眼睛刺激持续:就医。

【安全储存】

在阴凉通风处储存,保持容器密闭,上锁保管。

【废弃处置】

本品/容器的处置推荐使用焚烧法。

【个体防护用品】

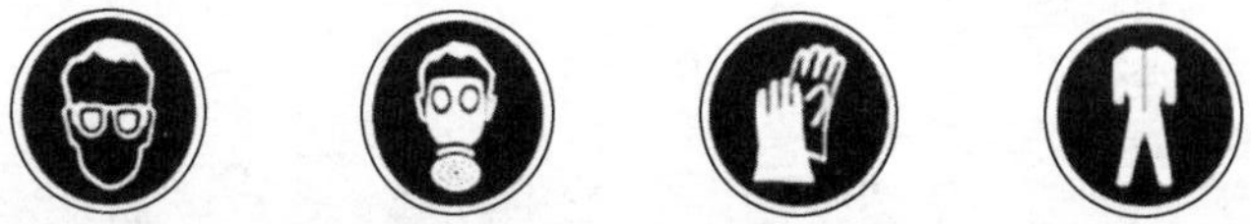

请参阅化学品安全技术说明书

报警电话:××××

图3-5 化学品作业场所安全警示标志样例

4. 标志大小

通常情况下，横版标志的大小不宜小于 80 cm×60 cm，竖版标志的大小不宜小于 60 cm×90 cm。

5. 印制

（1）化学品作业场所安全警示标志的制作应清晰、醒目，应在边缘加一个黄黑相间条纹的边框，边框宽度大于或等于 3 mm。

（2）采用坚固耐用、不锈蚀的不燃材料制作，有触电危险的作业场所使用绝缘材料，有易燃易爆物质的场所使用防静电材料。

二、化学品作业场所安全警示标志的应用与注意事项

（一）设置位置

设置在作业场所的出入口、外墙壁或反应容器、管道旁等的醒目位置。

（二）设置方式

化学品作业场所安全警示标志设置方式分为附着式、悬挂式和柱式三种。悬挂式和附着式应稳固不倾斜，柱式应与支架牢固地联接在一起。

（三）设置高度

设置的高度，应尽量与人眼的视线高度相一致。悬挂式和柱式的下缘距地面的高度不宜小于 1.5 m。

（四）注意事项

（1）化学品作业场所安全警示标志应设在醒目处，并使进入作业场所的人员看见后，有足够的时间来注意它所表示的内容。

（2）化学品作业场所安全警示标志不应设在门、窗、架等可移动的物体上。标志前不得放置妨碍认读的障碍物。

（3）标志的平面与视线夹角应接近 90°，观察者位于最大观察距离时，最小夹角不低于 75°。

第四章　危险化学品登记综合服务系统

为更好地发挥危险化学品登记工作服务企业、安全监管和社会公众的作用，应急管理部、应急管理部化学品登记中心对原危险化学品登记信息管理系统进行升级改造，建设完成了全国危险化学品登记综合服务系统，该系统于 2022 年正式上线运行。系统针对企业、政府、社会公众三个层面，设置不同权限，提供不同类型应用服务。企业服务方面，重点为企业提供登记业务网上办理、危险化学品台账管理及"一企一品一码"、"一书一签"辅助编制、人员资格管理、法规标准和警示信息接收等服务。本章内容简要介绍了危险化学品登记综合服务系统（企业端）的功能和操作规范，适用于全国危险化学品登记企业用户（广东省用户除外）快速了解系统功能并规范应用。

第一节　危险化学品登记综合服务系统（企业端）功能介绍

一、系统登录

（一）浏览器及网址

打开浏览器（建议使用 360 极速浏览器、谷歌浏览器、Edge 浏览器、火狐浏览器等），在地址栏输入危险化学品企业信息综合服务系统的访问地址（https://whpdj.mem.gov.cn），如图 4-1 所示。广东省企

扫码看视频

业需登录广东省危险化学品安全生产风险监测预警系统（210.76.73. 190/a/login）进行跳转。

图 4-1　系统登录页面

（二）用户注册及登录

新登记企业用户首先通过系统进行注册。注册信息包括企业信息和经办人信息两部分（图 4-2）。企业信息包括企业名称、工商注册地址、企业类型、所在省市县、统一社会信用代码、工商注册时间、是否涉及危险化学品进口，危险化学品生产企业还需填写生产是否涉及经营。经办人信息包括账号、密码、经办人姓名、经办人手机号、验证码等。

企业类型包括危险化学品生产企业（简称生产企业）、危险化学品经营企业（简称经营企业）、危险化学品使用企业（使用许可）（简称使用许可企业）、化工企业（不发使用许可）（简称化工企业）、医药企业、其他企业。危险化学品进口作为附加性质，可以附加在上述任何一种企

图 4 - 2 注册页面

业上。即生产企业、经营企业、使用许可企业、化工企业、医药企业、其他企业都可能涉及危险化学品进口。

一个企业只能在系统内申请一个账号。如企业类型发生变更，包括但不限于下列情况：

（1）增加或去掉涉及危险化学品进口。

（2）生产企业修改为经营企业、使用许可企业、化工企业、医药企业、其他企业中的任一种。

（3）经营企业修改为生产企业、使用许可企业、化工企业、医药企业、其他企业中的任一种。

（4）化工企业修改为生产企业、经营企业、使用许可企业、医药企业、其他企业中的任一种。

（5）医药企业修改为生产企业、经营企业、使用许可企业、化工企业、其他企业中的任一种。

（6）生产企业增加或去掉生产涉及经营。

在上述情况下，一般需要电话联系企业所在省级登记办公室，省级登记办公室核实无误后为企业修改类型。修改企业类型可能造成数据遗失，企业务必核实准确后方可申请修改。

二、主页

系统企业端主页主要包括 5 个功能区，即企业应用、化学品公共服务、企业信息、公告、登记机构及监管部门，如图 4 - 3 所示。

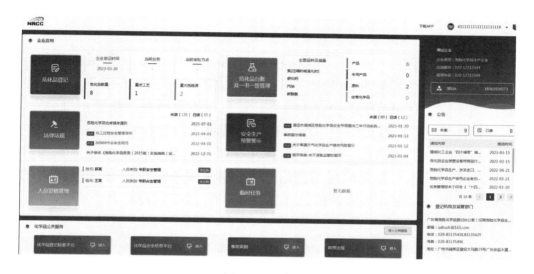

图 4 - 3　主页

企业应用包括危险化学品登记（各类型企业略有差异）、危险化学品台账及"一书一签"管理、法律法规、安全生产预警警示、人员资格管理、临时任务。

化学品公共服务包括化学品登记检索平台、化学品安全信息平台、事故案例、政策法规。

企业信息包括企业名称、企业类型、应急服务电话、值班电话、经办人及手机号。鼠标移到用户名，可管理子账号，修改经办人信息，修改密码，绑定手机号。同时，可点击"App 下载"下载移动端"危化品登记通"，通过用户名密码进行登录。

公告区可查看上级应急管理部门发布的公告信息。可翻页查看。

登记机构及监管部门可查看本省登记机构或其他监管部门的联系方式。

三、危险化学品登记

危险化学品生产企业、进口企业、使用许可企业、化工企业、医药企业、经营企业、其他企业均可通过系统进行危险化学品登记。登记内容主要包括企业信息、化学品信息、危险工艺信息、重大危险源信息 4 个部分。

（一）危险化学品生产企业、进口企业信息登记

危险化学品生产企业、涉及危险化学品进口的企业（包括涉及危险化学品进口的经营企业、使用许可企业、化工企业、医药企业、其他企业）属于法定登记范围。企业上报登记信息后需要所在省级登记办公室、应急管理部化学品登记中心两级审核。企业填报内容模块包括企业信息、化学品信息、工艺信息、重大危险源 4 个部分。其中，不涉及重点监管的危险化工工艺不需要填写工艺信息，不涉及危险化学品重大危险源的企业不需要填写重大危险源信息。标注"＊"号的内容均为必填项。

1. 企业信息填报

企业信息分为基本信息、安全管理信息、证照信息、厂区、附件上传 5 个部分。

1）基本信息

生产企业基本信息包括企业名称、企业编码、行政区划、统一社会信用代码、企业类型、经济类型、行业分类及代码、工商注册地址、工商注册时间、企业坐标、企业边界、工商营业执照经营范围、企业人数、上年度销售收入、注册资本、企业规模、企业网址、主要产品及生产规模、化工行业分类、企业是否在化工园区、化工园区名称、企业建筑面积、危险化学品库房或仓储场所建筑面积、储罐和容器总容积、应急咨询服务电话、安全值班电话、企业风险等级、全厂可燃和有毒有害气体监测仪数量等，如图 4－4 所示。

涉及危险化学品进口是企业的一个附属性质，其主类型可能为经营企业、使用许可企业、化工企业、医药企业、其他企业其中之一。除主类型企业要填写的内容外，危险化学品进口特有字段有进口二级分类、主要进口化学品及规模、进口企业资质证明名称、进口企业资质证明编

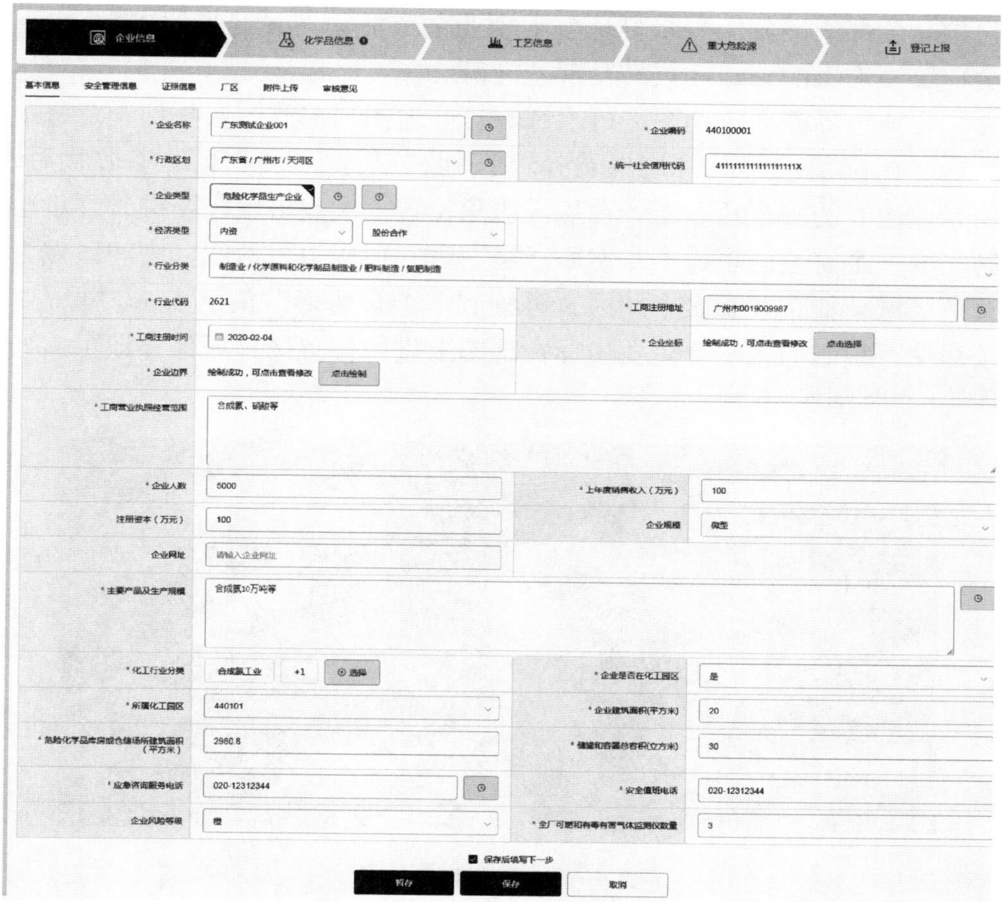

图 4-4　生产企业信息——基本信息

号、是否有仓储设施等。

其中，企业编码、行业代码、企业规模为系统自动生成，不需企业填写；企业名称、企业类型、行政区划、工商注册地址、工商注册时间等从企业注册信息中代入；经济类型、行业分类、化工行业分类、企业是否在化工园区为菜单选择项，化工行业分类可多选。企业规模通过填写的企业人数、上年度销售收入、行业分类等内容，根据《统计上大中小微型企业划分办法（2017）》自动判断出结果。

进口二级分类选择使用型进口或贸易经营型进口。企业进口的危险化学品全部或部分作为原料从事本企业生产活动的，选择使用型进口；全部贸易售出的，选择贸易经营型进口。

企业边界需通过地图进行绘制。打开地图，缩放图层找到企业每个厂区所在位置，点击"边界选择"按钮，鼠标变为"十"字形状后，从企业边界的一个角点击，在厂区边角位置依次点击鼠标左键，逐步绘制完成一个完整的多边形，然后点击右键，形成边界地图，中间区域为黄色区域。如企业有多个厂区，可绘制多个多边形。最后点击"保存"按钮保存绘制的地图。企业坐标在地图上进行位置选择后保存即可，如图4-5和图4-6所示。

图4-5　企业边界绘制

图4-6　企业坐标标注

2）安全管理信息

安全管理信息主要包括企业法人、企业负责人、企业负责人手机号、企业分管安全负责人、企业分管安全负责人手机号、企业安管机构负责人、企业安管机构负责人手机号、经办人、经办人身份证号、经办人手机号、经办人邮箱、企业内设的安全管理部门、注册安全工程师人数、专职安全生产管理人员人数、兼职安全生产管理人数、应急救援队伍专职人数、应急救援队伍兼职人数、剧毒化学品作业人员人数、危险化学品作业人员人数、特种作业人员人数、应急预案等，如图4-7所示。

图4-7　生产企业信息——安全管理信息

其中各项人数如不涉及可填0；应急预案需填写应急预案名称、应急预案类别、预案编制日期、应急预案演练频次、应急预案附件，应急预案类别通过下拉菜单选择。

3）证照信息

生产企业证照信息包括是否取得危险化学品安全生产许可证、危险化学品安全生产许可证编号、危险化学品生产许可证开始日期和结束日期、初次申领时间、发证机关、生产许可范围、其他许可证情况、安全生产标准化等级、安全标准化等级认证时间、安全标准化等级认证机构等，如图4-8所示。

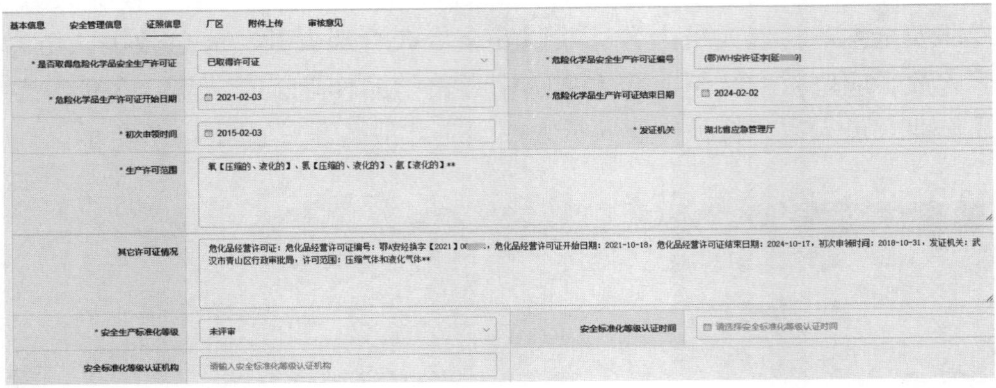

图4-8 生产企业信息——证照信息

其中，是否取得危险化学品安全生产许可证根据菜单选择已取得许可证、新建企业待取许可证、许可过期企业待取证、生产未列入目录危险化学品无须许可其中之一。

涉及危险化学品进口的企业根据企业实际情况（如危险化学品使用许可证、危险化学品经营许可证等）如实填写。

4）厂区

每条厂区信息包括厂区名称、行政区划、详细地址、厂区边界数据、厂区平面布置图、经度/纬度、厂区类型、厂区产权、所在园区、厂区类型、厂区产权等，如图4-9所示。如果企业有多个厂区，需分别填报每个厂区的信息。如经营贸易进口企业无危险化学品生产储存场所，可不添加厂区。厂区边界绘制方法参照企业边界绘制方法。

5）附件上传

生产企业需上传的附件主要包括工商营业执照扫描件、安全评价报告、危险化学品安全生产许可证证书、安全生产标准化证书附件、危险化学品重大危险源备案登记表、其他附件等，如图4-10所示。

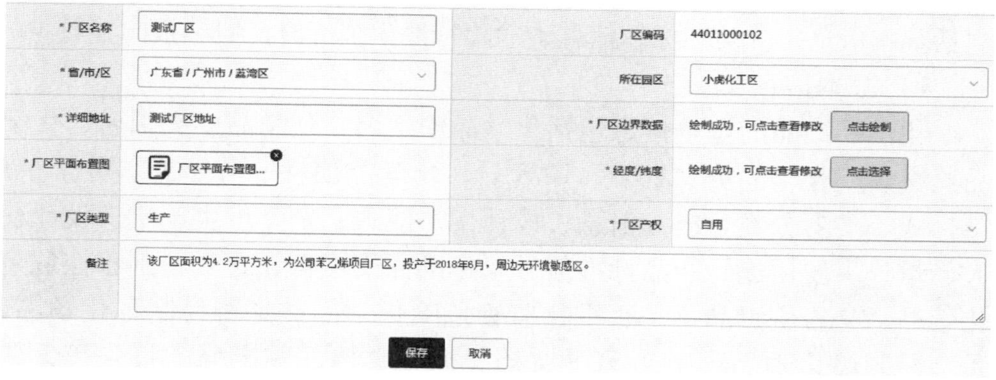

图4-9 生产企业信息——厂区

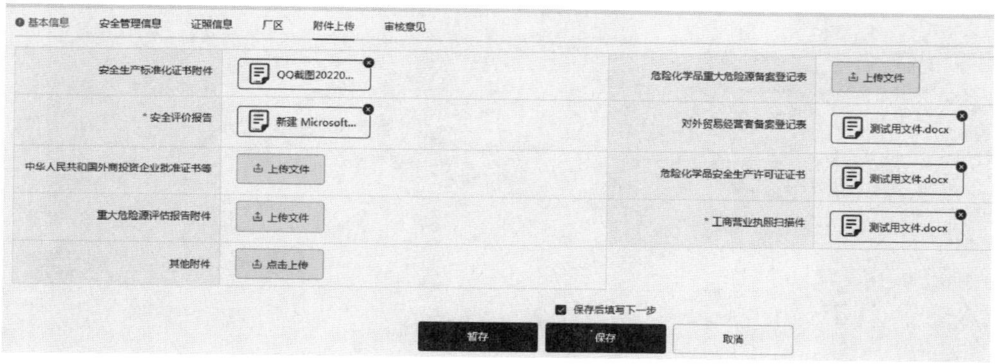

图4-10 生产企业信息——附件上传

一般生产企业均需上传现状安全评价报告，刚验收企业可上传竣工验收评价报告，建设中企业可上传预评价报告；已取得安全生产许可证的企业均需上传许可证附件；企业涉及的其他重要附件可在其他附件处上传。

涉及危险化学品进口的企业根据企业主类型情况如实上传附件。进口企业特有的附件为对外贸易经营者备案登记表、中华人民共和国外商投资企业批准证书、港澳台外商投资企业批准证书等（如地方已取消资质文件发放可不上传）。

2. 化学品信息填报

化学品产品、进口化学品、中间产品的信息包括基本信息、分类和标签信息、危险特性、安全措施及应急处置 4 个部分。化学品原料信息包括基本信息、分类和标签信息、危险特性 3 个部分，但填报内容较少。

1）基本信息

化学品产品的基本信息包括化学品中文名、化学品中文别名、化学品英文名、化学品英文别名、CAS 号、化学品属性、分子式、分子量、结构式、参考分类、组分信息、设计生产能力、上年度生产量、设计最大储量、主要用途、产品标准编号、标准原文文档、是否特别管控危险化学品、是否剧毒品、是否重点监管危险化学品、是否易制毒化学品、是否易制爆化学品、中文 SDS 文档、标签文档、鉴定分类报告等，如图 4－11 所示。中间产品增加填报是否有中间储存设施、中间最大储存量，不需填报上年度生产量。

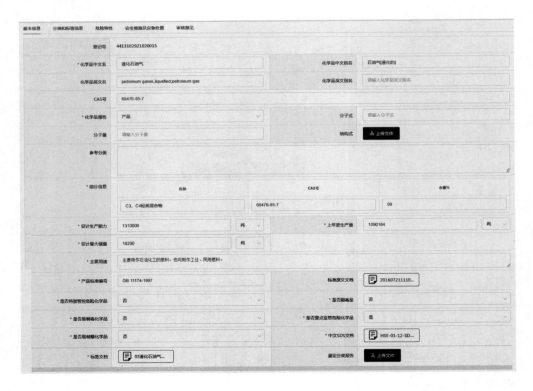

图 4－11　化学品信息——基本信息（产品）

化学品原料的基本信息包括化学品中文名、化学品中文别名、化学品英文名、化学品英文别名、CAS 号、化学品属性、参考分类、组分信息、是否溶剂回收提纯回用、是否特别管控危险化学品、是否剧毒品、是否重点监管危险化学品、是否易制毒化学品、是否易制爆化学品、中文 SDS 文档、标签文档、年使用量、上年度使用量等，如图 4-12 所示。

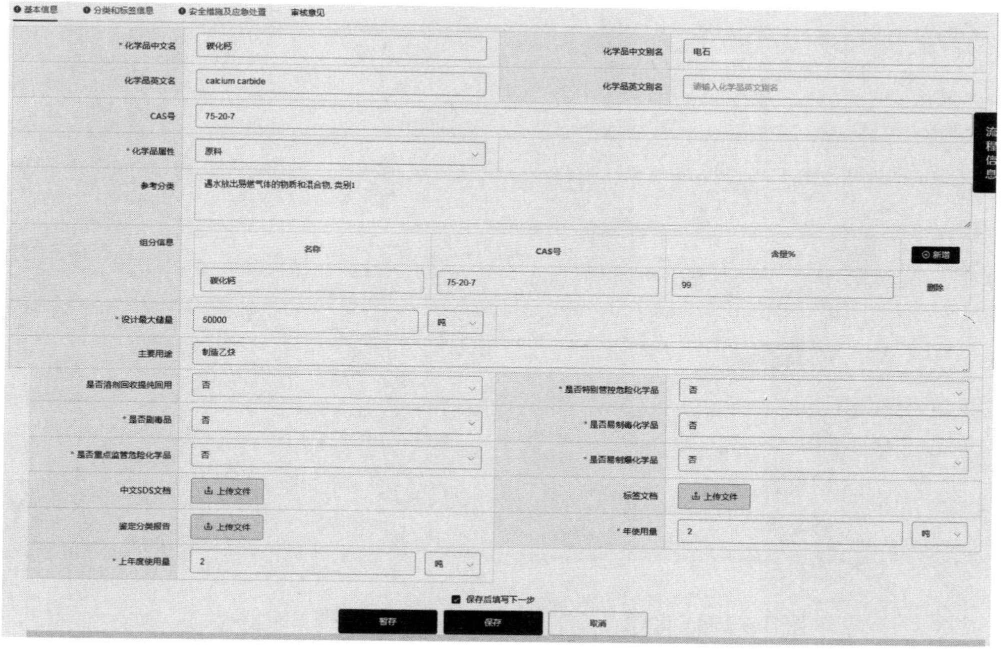

图 4-12 化学品信息——基本信息（原料）

进口化学品的基本信息包括化学品中文名、化学品中文别名、化学品英文名、化学品英文别名、CAS 号、化学品属性、分子式、分子量、结构式、参考分类、组分信息、设计最大储量、主要用途、是否特别管控危险化学品、是否剧毒品、是否重点监管危险化学品、是否易制毒化学品、是否易制爆化学品、中文 SDS 文档、标签文档、鉴定分类报告、年度计划进口数量、商品编码、原产国（地区）、制造商名称、制造商地址、制造商所在国或地区、制造商联系人、联系人电话、传真、电子邮箱、制造商网址、制造商主营业务简介等，如图 4-13 所示。

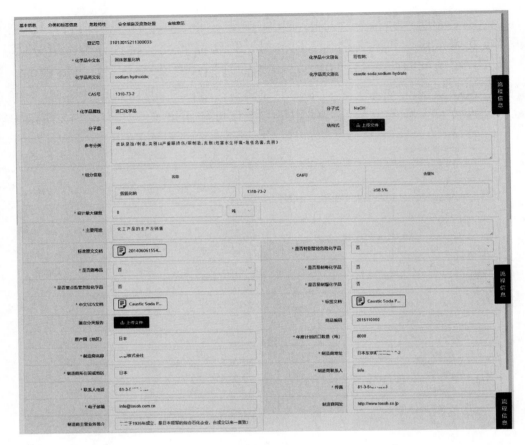

图 4-13   化学品信息——基本信息（进口化学品）

经营化学品的基本信息包括化学品中文名、化学品中文别名、化学品英文名、化学品英文别名、CAS 号、化学品属性、是否生成安全信息码、委托类型、设计最大储量、是否特别管控危险化学品、是否剧毒品、是否重点监管危险化学品、是否易制毒化学品、是否易制爆化学品、中文 SDS 文档、标签文档、鉴定分类报告等，如图 4-14 所示。由于销售需要，需要生成安全信息码的，还需要填写委托类型、关联登记号等信息。

其中，化学品中文名、化学品中文别名、CAS 号可通过关键字下拉菜单选择，并可自动生成参考分类、是否剧毒品、是否重点监管危险化学品等；中文 SDS 文档、标签文档、鉴定分类报告、结构式需要上

图 4 - 14　化学品信息——基本信息（经营化学品）

传对应的附件。

2）分类和标签信息

化学品产品、中间产品、进口化学品的分类和标签信息包括危险性类别、危险性说明、警示词、防范说明、储存方式、化学品储存位置等。选取危险性类别后，可自动生成危险性说明、警示词。防范说明包括预防措施、应急响应、安全储存、废弃处置 4 个部分，需分别填写，如图 4 - 15 所示。

化学品原料分类和标签信息包括危险性类别、储存方式、化学品储存位置。

3）危险特性

化学品产品、中间产品、进口化学品的危险特性包括状态、熔点/凝固点、沸点或初沸点、闪点（闭杯）、相对蒸气密度（空气 =1）、相对水密度（水 =1）、爆炸下限 [% (v/v)]、爆炸上限 [% (v/v)]、自燃温度、稳定性、聚合危害、燃烧性、毒理学性质、生态毒理学等数据、数据来源及备注，如图 4 - 16 所示。数据项应进行填写，确实不适用的，可通过下拉菜单选择豁免项。理化性质应填写该数据的来源（文献出处、实验检测等）。

图 4 – 15　化学品信息——分类和标签信息

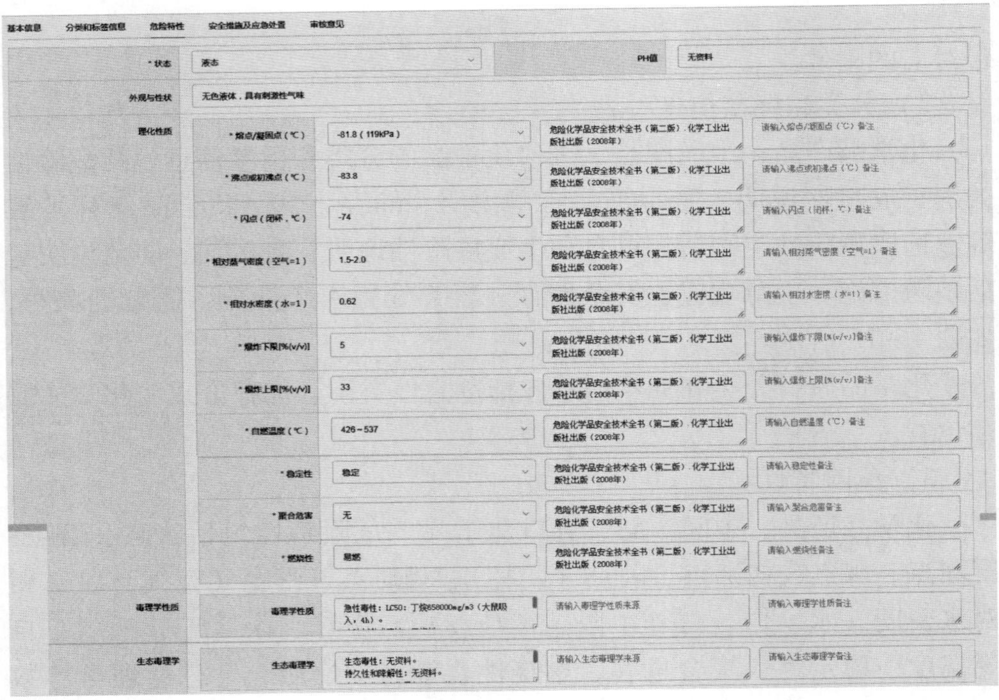

图 4 – 16　化学品信息——危险特性

4）安全措施及应急处置

化学品产品、中间产品、进口化学品的安全措施及应急处置包括 UN 号、危险货物分类、储存的安全要求、使用的安全要求、运输的安全要求、急救措施、泄漏应急处置、灭火方法等，如图 4－17 所示。其中，UN 号、危险货物分类参照《危险货物品名表》(GB 12268) 填写。

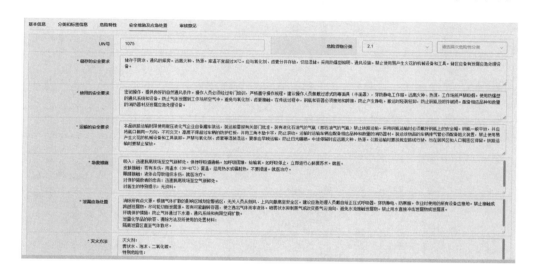

图 4－17　化学品信息——安全措施及应急处置

3. 工艺信息填报

工艺信息指的是属于重点监管危险化工工艺的信息。每个工艺信息包括基本信息和涉及的化学品信息。如企业涉及多套不同的工艺装置或危险工艺，需分别填报。

1）基本信息

基本信息包括危险化工工艺名称，装置名称，装置规模，重点监控单元，工艺危险性特点，工艺装置所在地址，投用时间，是否实行自动化控制，安全仪表系统是否投用，反应类型，单元内主要装置、设施、装卸台及生产（储存）规模，危险性描述，重点监控工艺参数，安全控制的基本要求及宜采用的控制方式，发生危险的最近安全距离，3 年内安全事故情况，是否开展反应风险评估，反应风险评估报告，工艺流程图附件等，如图 4 - 18 所示。

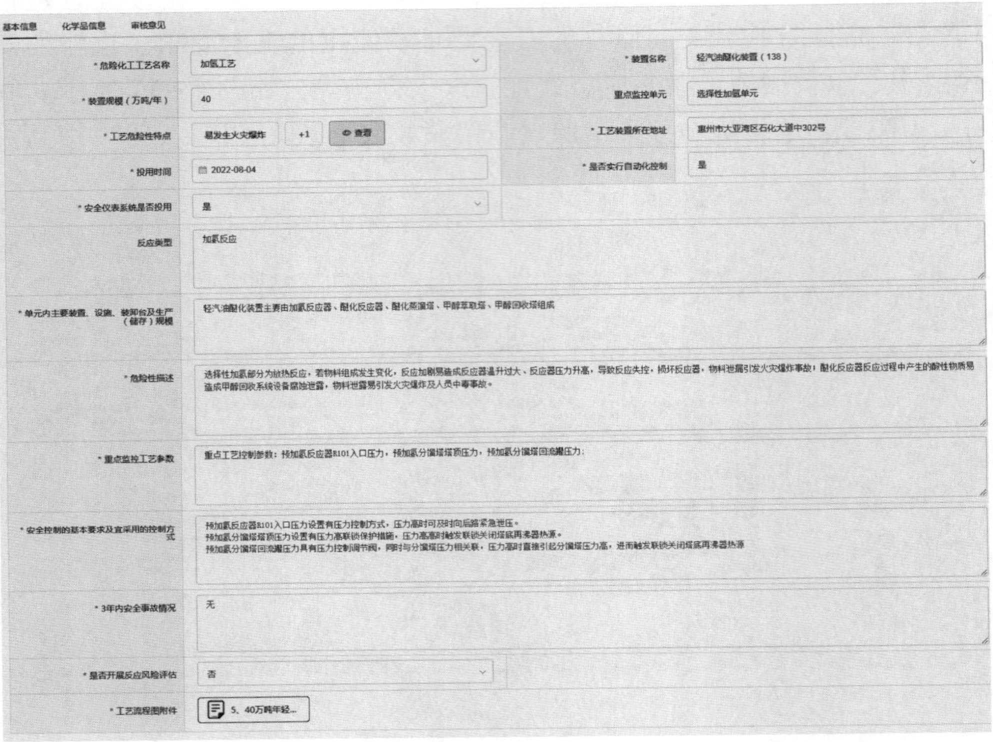

图 4 - 18　危险工艺——基本信息

　　其中，危险化工工艺名称通过下拉菜单选择 18 种重点监管的危险化工工艺；工艺危险性特点可多选；是否开展反应风险评估选"是"，则反应风险评估报告为必填。

　　2）化学品信息

　　危险工艺涉及的化学品信息包括化学品名称、CAS 号、别名、属性、化学品危险类别、单元内实际存量、主要用途、物理状态、设计存量、操作温度、操作压力、临界量、单个最大容器存量等，如图 4 - 19和图 4 - 20 所示。其中，化学品名称、CAS 号、别名、属性、化学品危险类别、物理状态从企业登记的化学品自动代入。

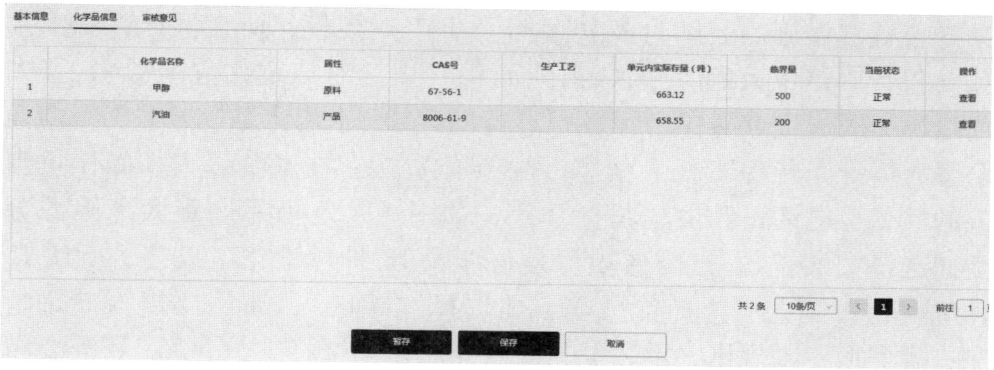

图 4-19　危险工艺——化学品信息列表

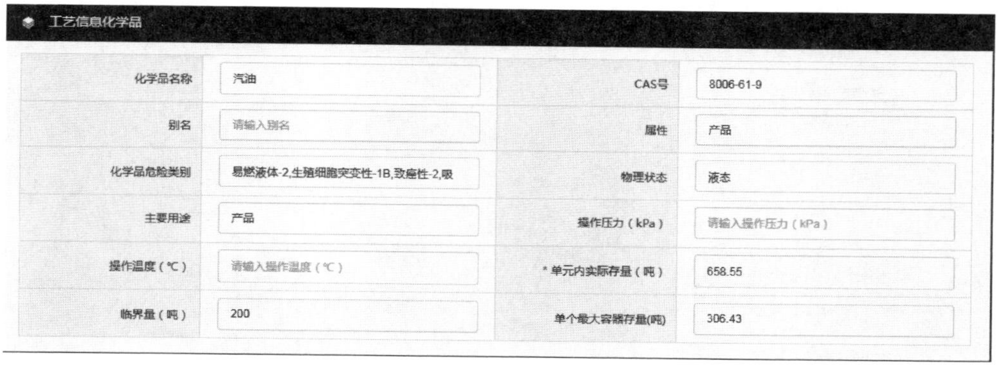

图 4-20　危险工艺——化学品信息新增

4. 重大危险源信息填报

重大危险源指的是根据《危险化学品重大危险源辨识》（GB 18218）进行辨识的长期地或临时地生产、储存、使用和经营危险化学品，且危险化学品的数量等于或超过临界量的单元。每个重大危险源信息包括基本信息和涉及的化学品信息。如企业涉及多个重大危险源，需分别填报。

1）基本信息

重大危险源的基本信息包括重大危险源名称，重大危险源分类，重大危险源级别，危险源经度/纬度，重大危险源边界，重大危险源 R 值，重大危险源投用时间，重大危险源地址，是否包含装卸台，单元内主要装置、设施、装卸台及其存储（生产）规模，所在厂区，职工人数（仅针对该重大危险源），占地面积（仅针对该重大危险源），重大危险源与周边重点防护目标及距离情况、500米内人数估算，3年内安全事故情况，包保责任人信息（主要负责人、技术负责人、操作负责人的姓名、电话、职位、职责）等，如图4－21所示。重大危险源分类如选择"装置"，还需要填写是否涉及18种危险化工工艺、所属18种危险化工工艺、生产能力等；如选择"罐区"，还需要填写储罐情况、罐类型、罐规格、罐数量、罐内介质；如选择"库区"，还需要填写仓库类型、设计储量。

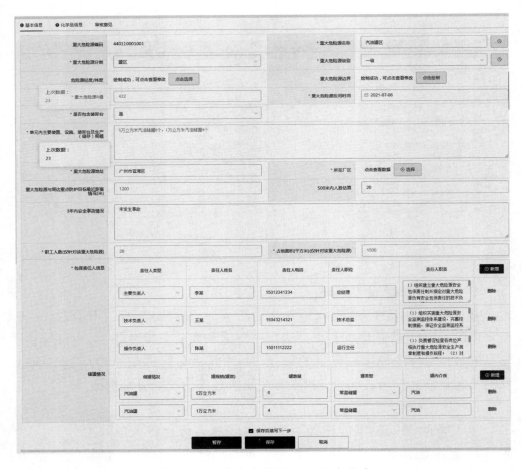

图4－21　重大危险源——基本信息

其中，重大危险源边界、危险源经度/纬度通过地图进行绘制，所在厂区选择企业信息中已填写过的厂区。

2）化学品信息

重大危险源涉及的化学品信息包括化学品名称、CAS号、别名、属性、化学品危险类别、主要用途、物理状态、设计存量、操作温度、操作压力、临界量、单元内实际存量、生产工艺等，如图4-22和图4-23所示。其中，化学品名称、CAS号、别名、属性、化学品危险类别、物理状态从企业登记的化学品自动代入。

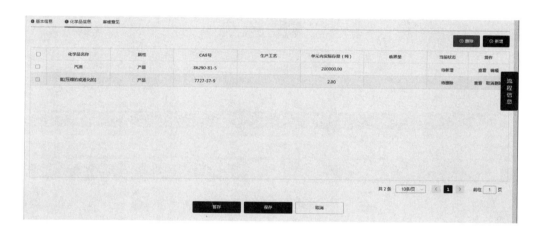

图4-22　重大危险源——化学品信息列表

5. 登记上报及流程信息

1）登记上报

登记企业填报完成所有企业信息、化学品信息、危险工艺、重大危险源等内容后，通过"登记上报"模块进行上报，如图4-24所示。其中，新登记流程为"上报"，登记变更流程为"变更上报"，登记复核流程为"复核上报"。如企业上报后上级单位尚未进行操作，企业可点击"撤回"继续进行修改。

新企业登记、登记变更（涉及证书载明事项）、登记复核均上报至省级登记办公室进行初审，部化学品登记中心终审；登记变更（不涉

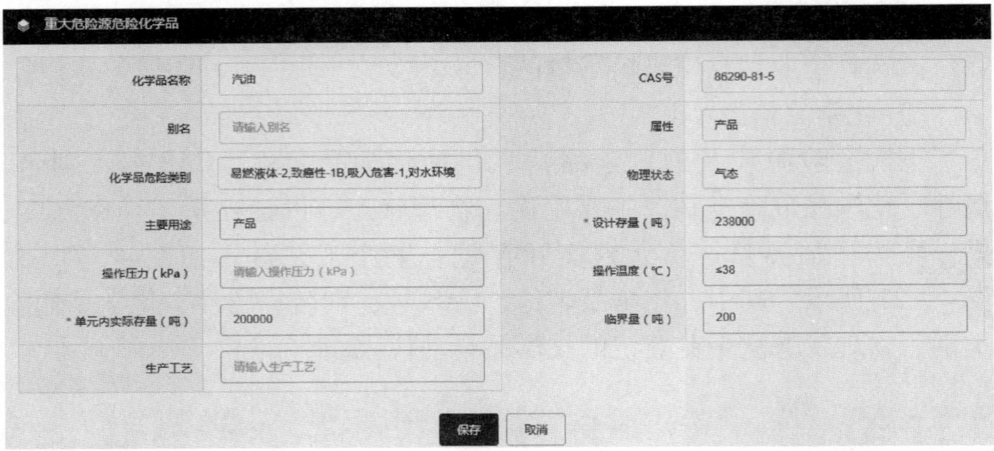

图 4-23　重大危险源——化学品信息新增

图 4-24　登记上报

及证书载明事项）上报至市县（或园区）应急管理部门进行初审，省级登记办公室终审。

　　2）流程信息

　　登记企业上报后需随时关注审核信息。整体审核信息可通过工作台"当前业务"情况，结合"企业审核意见"查看每一项具体审核合格情况及审核意见，如图 4-25 所示。

图 4 - 25　工作台——流程信息查看

企业也可以通过每一项审核信息，通过列表中合格情况，结合"审核意见"进行查看和修改，如图 4 - 26 和图 4 - 27 所示。

6. 登记变更和登记复核

1）登记变更

符合条件的登记企业通过"工作台""业务办理"中的"登记变更"点击业务申请进行登记信息变更。业务申请时请务必正确选择变更内容，如图 4 - 28 所示。

2）登记复核

符合条件的登记企业通过"工作台""业务办理"中的"登记复核"点击业务申请进行登记信息复核。登记复核申请需要省级登记办审批通过后，企业方能进行复核登记，如图 4 - 29 所示。

7. 登记表提交

生产企业、进口企业用户通过此功能下载登记表，打印并盖章后上传登记表扫描件提交给省级登记办公室审核，如图 4 - 30 所示。该功能只有企业管理员及拥有维护权限的企业子账号可以对数据进行修改保存，其他子账号不能对数据作任何编辑操作。

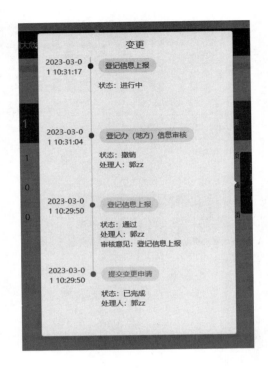

图 4-26　流程信息

图 4-27　审核意见

（二）危险化学品使用许可企业信息登记

危险化学品使用许可企业（取得危险化学品使用许可证的企业）如涉及危险化学品进口，属于法定登记范围，企业上报登记信息后需要

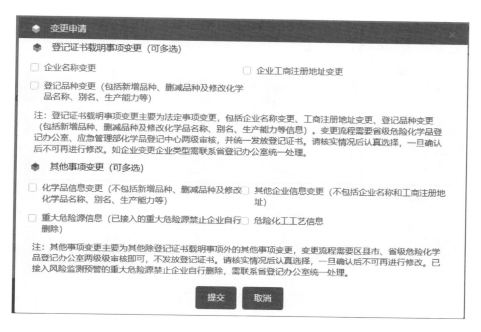

图 4 – 28 登记变更申请

图 4 – 29 登记复核申请

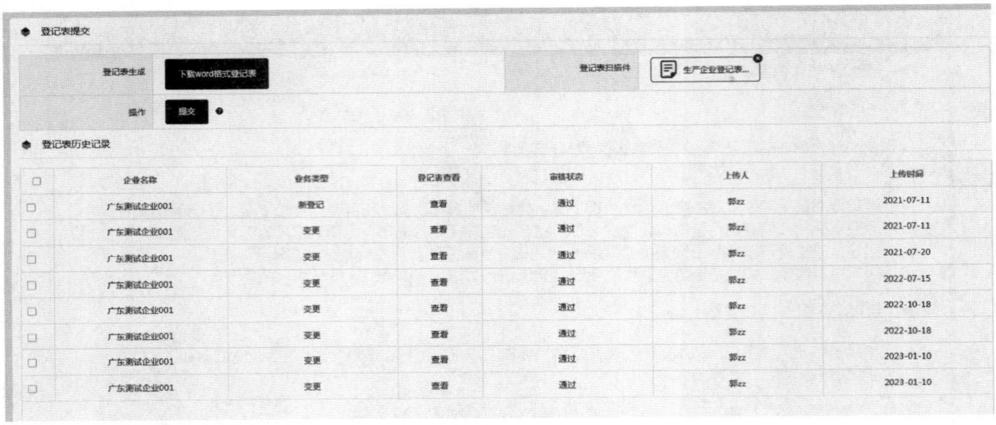

图 4-30　登记表下载及上传

省级登记办公室、部化学品登记中心两级审核，并发放登记证书；如不涉及危险化学品进口则不属于法定登记范围，企业上报登记信息后需要市县（或园区）应急管理部门初审、省级登记办公室复审通过，不发放登记证书。企业填报内容模块包括企业信息、化学品信息、工艺信息、重大危险源4个部分。不涉及重点监管的危险化工工艺不需要填写工艺信息；不涉及危险化学品重大危险源的企业不需要填写重大危险源信息。标注"＊"号的内容均为必填项。涉及危险化学品进口的使用许可企业关于进口内容的填写参看危险化学品生产企业、进口企业信息登记部分。

1. 企业信息填报

企业信息分为基本信息、安全管理信息、证照信息、厂区、附件上传5个部分。

1）基本信息

使用许可企业基本信息包括企业名称、企业编码、行政区划、统一社会信用代码、企业类型、经济类型、行业分类及代码、工商注册地址、工商注册时间、企业坐标、企业边界、工商营业执照经营范围、企业人数、上年度销售收入、注册资本、企业规模、企业网址、主要产品及生产规模、化工行业分类、企业是否在化工园区、化工园区名称、企业建筑面积、危险化学品库房或仓储场所建筑面积、储罐和容器总容积、应急咨询服务电话、安全值班电话、是否含其他化学合成工艺及工艺名称、全厂可燃和有毒有害气体监测仪数量等，如图 4-31 所示。

图 4-31 使用许可企业信息——基本信息

其中，企业编码、行业代码、企业规模为系统自动生成，不需企业填写；企业名称、企业类型、行政区划、工商注册地址、工商注册时间等从企业注册信息中代入；经济类型、行业分类、化工行业分类、企业是否在化工园区为菜单选择项，化工行业分类可多选。企业规模通过填写的企业人数、上年度销售收入、行业分类等内容，根据《统计上大中小微型企业划分办法（2017）》自动判断出结果。

企业边界、企业坐标填写参照危险化学品生产企业、进口企业信息登记要求。

2）安全管理信息

使用许可企业安全管理信息参照危险化学品生产企业、进口企业信息登记要求进行填报。

3）证照信息

使用许可企业证照信息包括是否取得危险化学品使用许可证、危险化学品使用许可证编号、危险化学品使用许可证开始日期和结束日期、初次申领时间、发证机关、其他许可证情况、安全生产标准化等级、安全生产标准化证书编号、安全标准化等级认证时间、安全标准化等级认证机构等，如图4-32所示。

图4-32　使用许可企业信息——证照信息

4）厂区

使用许可企业厂区信息参照危险化学品生产企业、进口企业信息登记要求进行填报。

5）附件上传

使用许可企业需上传的附件主要包括工商营业执照扫描件、安全评价报告、危险化学品使用许可证证书、安全生产标准化证书、危险化学品重大危险源备案登记表、其他附件等。

一般使用许可企业均需上传现状安全评价报告，刚验收企业可上传竣工验收评价报告，建设中企业可上传预评价报告；已取得安全使用许可证的企业均需上传许可证附件；企业涉及的其他重要附件可在其他附件处上传。

2. 化学品信息填报

使用许可企业化学品信息以原料为主。每个化学品产品、进口化学品、中间产品的信息包括基本信息、分类和标签信息、危险特性、安全措施及应急处置4个部分。每个化学品原料、经营化学品信息包括基本信息、分类和标签信息、危险特性3个部分，但填报内容较少。相关信息参照危险化学品生产企业、进口企业信息登记要求进行填报。

3. 工艺信息填报

工艺信息指的是属于重点监管危险化工工艺的信息。每个工艺信息包括基本信息和涉及的化学品信息。如企业涉及多套不同的工艺装置或危险工艺，需分别填报。相关信息参照危险化学品生产企业、进口企业信息登记要求进行填报。

4. 重大危险源信息填报

重大危险源指的是根据《危险化学品重大危险源辨识》（GB 18218）进行辨识的长期地或临时地生产、储存、使用和经营危险化学品，且危险化学品的数量等于或超过临界量的单元。每个重大危险源信息包括基本信息和涉及的化学品信息。如企业涉及多个重大危险源，需分别填报。相关信息参照危险化学品生产企业、进口企业信息登记要求进行填报。

5. 登记上报及流程信息

使用许可企业登记上报及流程信息参照危险化学品生产企业、进口企业信息登记要求进行操作。

（三）化工企业信息登记

化工企业（指不发危险化学品使用许可证的一般化工企业）如涉及危险化学品进口，属于法定登记范围，企业上报登记信息后需要省级登记办公室、部化学品登记中心两级审核，并发放登记证书；如不涉及危险化学品进口则不属于法定登记范围，企业上报登记信息后需要市县（或园区）应急管理部门初审、省级登记办公室复审通过，不发放登记证书。企业填报内容模块包括企业信息、化学品信息、工艺信息、重大危险源4个部分。不涉及重点监管的危险化工工艺不需要填写工艺信息；不涉及危险化学品重大危险源的企业不需要填写重大危险源信息。标注"＊"号的内容均为必填项。涉及危险化学品进口的化工企业关于进口内容的填写参看危险化学品生产企业、进口企业信息登记部分。

1. 企业信息填报

企业信息分为基本信息、安全管理信息、证照信息、厂区、附件上传5个部分。

1）基本信息

化工企业基本信息包括企业名称、企业编码、行政区划、统一社会信用代码、企业类型、经济类型、行业分类及代码、工商注册地址、工商注册时间、企业坐标、企业边界、工商营业执照经营范围、企业人数、上年度销售收入、注册资本、企业规模、企业网址、主要产品及生产规模、化工行业分类、企业是否在化工园区、化工园区名称、企业建筑面积、危险化学品库房或仓储场所建筑面积、储罐和容器总容积、安全值班电话、是否含其他化学合成工艺及工艺名称、全厂可燃和有毒有害气体监测仪数量等，如图4-33所示。

其中，企业编码、行业代码、企业规模为系统自动生成，不需企业填写；企业名称、企业类型、行政区划、工商注册地址、工商注册时间等从企业注册信息中代入；经济类型、行业分类、化工行业分类、企业是否在化工园区为菜单选择项，化工行业分类可多选。企业规模通过填写的企业人数、上年度销售收入、行业分类等内容，根据《统计上大中小微型企业划分办法（2017）》自动判断出结果。

企业边界、企业坐标填写参照危险化学品生产企业、进口企业信息登记要求。

2）安全管理信息

化工企业安全管理信息参照危险化学品生产企业、进口企业信息登记要求进行填报。

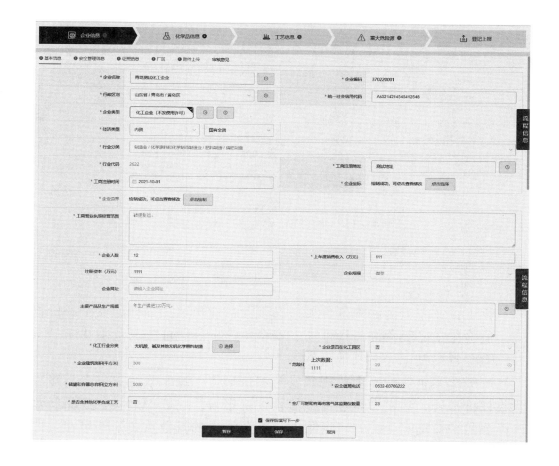

图4-33 化工企业信息——基本信息

3）证照信息

化工企业证照信息包括是否取得危险化学品经营许可证、危险化学品经营许可证编号、危险化学品经营许可证开始日期和结束日期、初次申领时间、发证机关、其他许可证情况、安全生产标准化等级、安全生产标准化证书编号、安全标准化等级认证时间、安全标准化等级认证机构等，如图4-34所示。如化工企业未取得危险化学品经营许可证，则是否取得危险化学品经营许可证一项选"否"。

4）厂区

化工企业厂区信息参照危险化学品生产企业、进口企业信息登记要

图 4 - 34　化工企业信息——证照信息

求进行填报。

　　5）附件上传

　　化工企业需上传的附件主要包括工商营业执照扫描件、安全评价报告、危险化学品经营许可证证书、安全生产标准化证书、危险化学品重大危险源备案登记表、其他附件等。

　　一般化工企业均需上传现状安全评价报告，刚验收企业可上传竣工验收评价报告，建设中企业可上传预评价报告；已取得危险化学品经营许可证的企业均需上传许可证附件；企业涉及的其他重要附件可在其他附件处上传。

2. 化学品信息填报

　　化工企业的化学品信息以原料为主。每个化学品产品、进口化学品、中间产品的信息包括基本信息、分类和标签信息、危险特性、安全措施及应急处置 4 个部分。每个化学品原料、经营化学品信息包括基本信息、分类和标签信息、危险特性 3 个部分，但填报内容较少。相关信息参照危险化学品生产企业、进口企业信息登记要求进行填报。

3. 工艺信息填报

　　工艺信息指的是属于重点监管危险化工工艺的信息。每个工艺信息包括基本信息和涉及的化学品信息。如企业涉及多套不同的工艺装置或危险工艺，需分别填报。相关信息参照危险化学品生产企业、进口企业信息登记要求进行填报。

4. 重大危险源信息填报

重大危险源指的是根据《危险化学品重大危险源辨识》(GB 18218) 进行辨识的长期地或临时地生产、储存、使用和经营危险化学品,且危险化学品的数量等于或超过临界量的单元。每个重大危险源信息包括基本信息和涉及的化学品信息。如企业涉及多个重大危险源,需分别填报。相关信息参照危险化学品生产企业、进口企业信息登记要求进行填报。

5. 登记上报及流程信息

化工企业登记上报及流程信息参照危险化学品生产企业、进口企业信息登记要求进行操作。

（四）医药企业信息登记

医药企业（指不发危险化学品使用许可证的医药企业）如涉及危险化学品进口,属于法定登记范围,企业上报登记信息后需要省级登记办公室、部化学品登记中心两级审核,并发放登记证书;如不涉及危险化学品进口则不属于法定登记范围,企业上报登记信息后需要市县（或园区）应急管理部门初审、省级登记办公室复审通过,不发放登记证书。企业填报内容模块包括企业信息、化学品信息、工艺信息、重大危险源4个部分。不涉及重点监管的危险化工工艺不需要填写工艺信息;不涉及危险化学品重大危险源的企业不需要填写重大危险源信息。标注"＊"号的内容均为必填项。涉及危险化学品进口的医药企业关于进口内容的填写参看危险化学品生产企业、进口企业信息登记部分。

1. 企业信息填报

企业信息分为基本信息、安全管理信息、证照信息、厂区、附件上传5个部分。

1）基本信息

医药企业基本信息包括企业名称、企业编码、行政区划、统一社会信用代码、企业类型、经济类型、行业分类及代码、工商注册地址、工商注册时间、企业坐标、企业边界、工商营业执照经营范围、企业人数、上年度销售收入、注册资本、企业规模、企业网址、主要产品及生产规模、化工行业分类、企业是否在化工园区、所属化工园区、企业建筑面积、危险化学品库房或仓储场所建筑面积、储罐和容器总容积、安全值班电话、是否含其他化学合成工艺及工艺名称、是否涉及发酵提炼、是否涉及溶酶提取、全厂可燃和有毒有害气体监测仪数量等，如图4-35所示。

图4-35　医药企业信息——基本信息

其中，企业编码、行业代码、企业规模为系统自动生成，不需企业填写；企业名称、企业类型、行政区划、工商注册地址、工商注册时间等从企业注册信息中代入；经济类型、行业分类、化工行业分类、企业是否在化工园区为菜单选择项，化工行业分类可多选（一般选择医药化工）。企业规模通过填写的企业人数、上年度销售收入、行业分类等内容,根据《统计上大中小微型企业划分办法(2017)》自动判断出结果。

企业边界、企业坐标填写参照危险化学品生产企业、进口企业信息登记要求。

2) 安全管理信息

医药企业安全管理信息参照危险化学品生产企业、进口企业信息登记要求进行填报。

3) 证照信息

医药企业证照信息包括是否取得危险化学品经营许可证、危险化学品经营许可证编号、危险化学品经营许可证开始日期和结束日期、初次申领时间、发证机关、其他许可证情况、安全生产标准化等级、安全生产标准化证书编号、安全标准化等级认证时间、安全标准化等级认证机构等,如图 4 - 36 所示。如医药企业未取得危险化学品经营许可证,则是否取得危险化学品经营许可证一项选"否"。

图 4 - 36　医药企业信息——证照信息

4) 厂区

医药企业厂区信息参照危险化学品生产企业、进口企业信息登记要求进行填报。

5) 附件上传

医药企业需上传的附件主要包括工商营业执照扫描件、安全评价报告、危险化学品经营许可证证书、安全生产标准化证书、危险化学品重大危险源备案登记表、其他附件等。

一般医药企业均需上传现状安全评价报告，刚验收企业可上传竣工验收评价报告，建设中企业可上传预评价报告；已取得危险化学品经营许可证的企业均需上传许可证附件；企业涉及的其他重要附件可在其他附件处上传。

2. 化学品信息填报

医药企业的化学品信息以原料为主。化学品产品、进口化学品、中间产品的信息包括基本信息、分类和标签信息、危险特性、安全措施及应急处置 4 个部分。化学品原料、经营化学品信息包括基本信息、分类和标签信息、危险特性 3 个部分，但填报内容较少。相关信息参照危险化学品生产企业、进口企业信息登记要求进行填报。

3. 工艺信息填报

工艺信息指的是属于重点监管危险化工工艺的信息。每个工艺信息包括基本信息和涉及的化学品信息。如企业涉及多套不同的工艺装置或危险工艺，需分别填报。相关信息参照危险化学品生产企业、进口企业信息登记要求进行填报。

4. 重大危险源信息填报

重大危险源指的是根据《危险化学品重大危险源辨识》(GB 18218)进行辨识的长期地或临时地生产、储存、使用和经营危险化学品，且危险化学品的数量等于或超过临界量的单元。每个重大危险源信息包括基本信息和涉及的化学品信息。如企业涉及多个重大危险源，需分别填报。相关信息参照危险化学品生产企业、进口企业信息登记要求进行填报。

5. 登记上报及流程信息

医药企业登记上报及流程信息参照危险化学品生产企业、进口企业信息登记要求进行操作。

（五）危险化学品经营企业信息登记

危险化学品经营企业（指取得危险化学品经营许可证的企业及管

道经营企业）如涉及危险化学品进口，属于法定登记范围，企业上报登记信息后需要省级登记办公室、部化学品登记中心两级审核，并发放登记证书；如不涉及危险化学品进口则不属于法定登记范围，企业上报登记信息后需要市县（或园区）应急管理部门初审、省级登记办公室复审通过，不发放登记证书。企业填报内容模块包括企业信息、化学品信息、工艺信息、重大危险源 4 个部分。不涉及重点监管的危险化工工艺不需要填写工艺信息；不涉及危险化学品重大危险源的企业不需要填写重大危险源信息。标注 " ＊ " 号的内容均为必填项。涉及危险化学品进口的经营企业关于进口内容的填写参看危险化学品生产企业、进口企业信息登记部分。

1. 企业信息填报

企业信息分为企业基本信息、安全管理信息、证照信息、厂区、附件上传 5 个部分。

1）基本信息

经营企业基本信息包括企业名称，企业编码，行政区划，经营二级分类，统一社会信用代码，企业类型，经济类型，行业分类及代码，工商注册地址，工商注册时间，企业坐标，企业边界，工商营业执照经营范围，企业人数，上年度销售收入，注册资本，企业规模，企业网址，主要经营储存化学品及规模，企业是否在化工园区，化工园区名称、企业建筑面积，危险化学品库房或仓储场所建筑面积，储罐和容器总容积，安全值班电话，是否包含化工生产，全厂可燃和有毒有害气体监测仪数量等，如图 4 - 37 所示。

经营二级分类可选择带储存设施经营（不限是否重大危险源）、不带储存设施经营（贸易经营）、不带储存设施经营（门店经营）、仓储经营、加油站、管道企业其中一项。其中，加油站企业还需要填写是否涉及加气、储罐情况（汽油罐和柴油罐的个数、总容量、月销量、年销量），管道企业还需要填写管道信息（包括管道名称、投用时间、输送介质、运输量、运输距离、管道线路图），如图 4 - 38 和图 4 - 39 所示。

其中，企业编码、行业代码、企业规模为系统自动生成，不需企业填写；企业名称、企业类型、行政区划、工商注册地址、工商注册时间

图 4-37　经营企业信息——基本信息

图 4-38　加油站储罐信息

图 4-39　管道企业管道信息

等从企业注册信息中代入；经济类型、行业分类、企业是否在化工园区为菜单选择项。企业规模通过填写的企业人数、上年度销售收入、行业分类等内容，根据《统计上大中小微型企业划分办法（2017）》自动判断出结果。

企业边界、企业坐标填写参照危险化学品生产企业、进口企业信息登记要求。

2）安全管理信息

经营企业安全管理信息参照危险化学品生产企业、进口企业信息登记要求进行填报。

3）证照信息

经营企业证照信息包括是否取得危险化学品经营许可证、危险化学品经营许可证编号、危险化学品经营许可证开始日期和结束日期、初次申领时间、发证机关、其他许可证情况、安全生产标准化等级、安全生产标准化证书编号、安全标准化等级认证时间、安全标准化等级认证机构等，如图4-40所示。如企业涉及燃气经营，还需填报燃气经营许可证号、发证机关、主要负责人、有效期限开始日期、有效期限结束日期、燃气经营许可范围。

4）厂区

经营企业厂区信息参照危险化学品生产企业、进口企业信息登记要求进行填报。如经营企业无生产储存场所可不填写。

5）附件上传

经营企业需上传的附件主要包括工商营业执照扫描件、安全评价报告、危险化学品经营许可证证书、安全生产标准化证书、危险化学品重大危险源备案登记表、其他附件等。

一般经营企业均需上传现状安全评价报告，刚验收企业可上传竣工验收评价报告，建设中企业可上传预评价报告；已取得危险化学品经营许可证的企业均需上传许可证附件；企业涉及的其他重要附件可在其他附件处上传。

2. 化学品信息填报

经营企业登记经营化学品、进口化学品信息。每个进口化学品信息

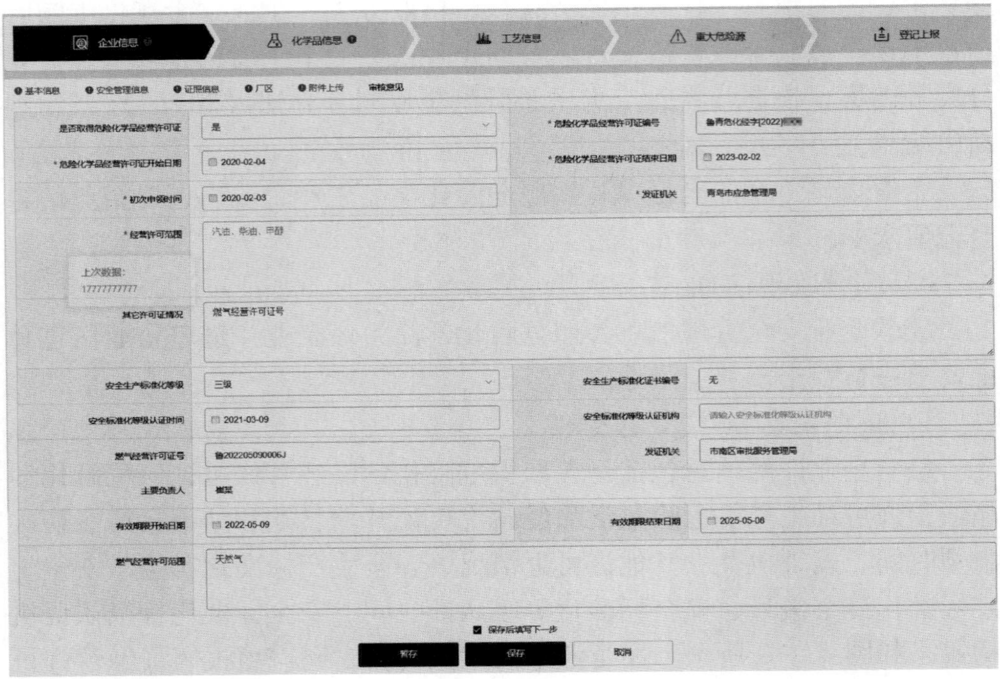

图 4-40　经营企业信息——证照信息

包括基本信息、分类和标签信息、危险特性、安全措施及应急处置 4 个
部分。每个经营化学品信息包括基本信息、分类和标签信息、危险特性
3 个部分，但填报内容较少。相关信息参照危险化学品生产企业、进口
企业信息登记要求进行填报。

3. 重大危险源信息填报

重大危险源指的是根据《危险化学品重大危险源辨识》（GB 18218）
进行辨识的长期地或临时地生产、储存、使用和经营危险化学品，且危
险化学品的数量等于或超过临界量的单元。每个重大危险源信息包括基
本信息和涉及的化学品信息。如企业涉及多个重大危险源，需分别填报。
相关信息参照危险化学品生产企业、进口企业信息登记要求进行填报。

4. 登记上报及流程信息

经营企业登记上报及流程信息参照危险化学品生产企业、进口企业信息登记要求进行操作。

（六）其他企业信息登记

其他企业如涉及危险化学品进口，属于法定登记范围，企业上报登记信息后需要省级登记办公室、部化学品登记中心两级审核，并发放登记证书；如不涉及危险化学品进口则不属于法定登记范围，企业上报登记信息后需要市县（或园区）应急管理部门初审、省级登记办公室复审通过，不发放登记证书。企业填报内容模块包括企业信息、化学品信息、工艺信息、重大危险源4个部分。不涉及重点监管的危险化工工艺不需要填写工艺信息；不涉及危险化学品重大危险源的企业不需要填写重大危险源信息。标注" * "号的内容均为必填项。涉及危险化学品进口的医药企业关于进口内容的填写参看危险化学品生产企业、进口企业信息登记部分。

1. 企业信息填报

企业信息分为基本信息、安全管理信息、证照信息、厂区、附件上传5个部分。

1）基本信息

其他企业基本信息包括企业名称、企业编码、行政区划、其他企业二级分类、统一社会信用代码、企业类型、经济类型、行业分类及代码、工商注册地址、工商注册时间、企业坐标、企业边界、工商营业执照经营范围、企业人数、上年度销售收入、注册资本、企业规模、企业网址、主要产品及生产规模、化工行业分类、企业是否在化工园区、化工园区名称、企业建筑面积、危险化学品库房或仓储场所建筑面积、储罐和容器总容积、安全值班电话、是否含其他化学合成工艺及工艺名称、所属监管部门、全厂可燃和有毒有害气体监测仪数量等，如图4－41所示。

其他企业二级分类可选择工贸企业、进口企业、医疗机构、教育机构、非煤矿山、化工（非监管）、城镇燃气、其他。

其中，企业编码、行业代码、企业规模为系统自动生成，不需企业填写；企业名称、企业类型、行政区划、工商注册地址、工商注册时间等从企业注册信息中代入；经济类型、行业分类、化工行业分类、企业

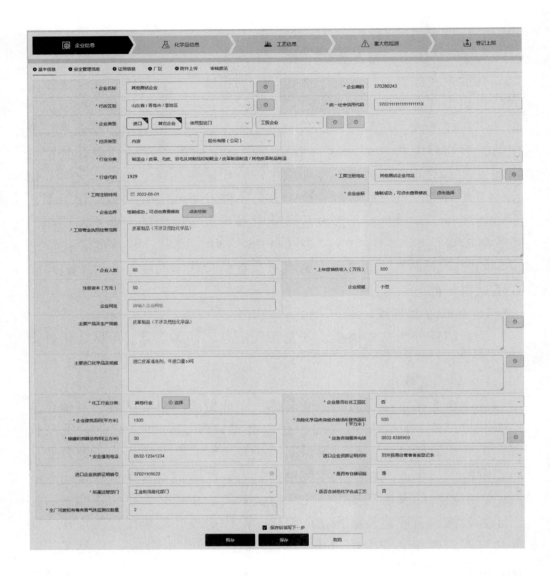

图 4-41　其他企业信息——基本信息

是否在化工园区为菜单选择项，化工行业分类可多选。企业规模通过填写的企业人数、上年度销售收入、行业分类等内容，根据《统计上大中小微型企业划分办法（2017）》自动判断出结果。

企业边界、企业坐标填写参照危险化学品生产企业、进口企业信息登记要求。

2）安全管理信息

其他企业安全管理信息参照危险化学品生产企业、进口企业信息登记要求进行填报。

3）证照信息

其他企业证照信息包括其他许可证情况、安全生产标准化等级、安全标准化等级认证时间、安全标准化等级认证机构等，如图 4 - 42 所示。

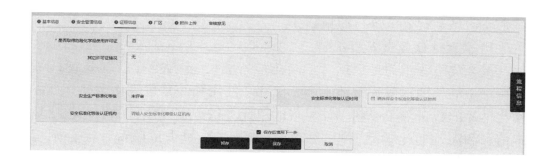

图 4 -42　其他企业信息——证照信息

4）厂区

其他企业厂区信息参照危险化学品生产企业、进口企业信息登记要求进行填报。

5）附件上传

其他企业需上传的附件主要包括工商营业执照扫描件、安全评价报告、安全生产标准化证书、危险化学品重大危险源备案登记表、其他附件等。

一般其他企业均需上传现状安全评价报告，刚验收企业可上传竣工验收评价报告，建设中企业可上传预评价报告；企业涉及的其他重要附件可在其他附件处上传。

2. 化学品信息填报

其他企业的化学品信息以原料为主。每个化学品产品、进口化学品、中间产品的信息包括基本信息、分类和标签信息、危险特性、安全措施及应急处置 4 个部分。每个化学品原料、经营化学品信息包括基本信息、分类和标签信息、危险特性 3 个部分，但填报内容较少。相关信息参照危险化学品生产企业、进口企业信息登记要求进行填报。

3. 工艺信息填报

工艺信息指的是属于重点监管危险化工工艺的信息。每个工艺信息包括基本信息和涉及的化学品信息。如企业涉及多套不同的工艺装置或危险工艺，需分别填报。其他企业一般不涉及危险化工工艺信息，如确实涉及，需仔细核实其准确性。相关信息参照危险化学品生产企业、进口企业信息登记要求进行填报。

4. 重大危险源信息填报

重大危险源指的是根据《危险化学品重大危险源辨识》（GB 18218）进行辨识的长期地或临时地生产、储存、使用和经营危险化学品，且危险化学品的数量等于或超过临界量的单元。每个重大危险源信息包括基本信息和涉及的化学品信息。如企业涉及多个重大危险源，需分别填报。相关信息参照危险化学品生产企业、进口企业信息登记要求进行填报。

5. 登记上报及流程信息

其他企业登记上报及流程信息参照危险化学品生产企业、进口企业信息登记要求进行相关操作。

（七）办理记录

企业用户可以通过该功能查看当前办理的业务状态和以前的业务办理记录，了解每一次业务办理进展和结果，如图 4-43 所示。

1. 当前正在办理的业务

左侧展示业务名称，右侧通过列表形式展示业务流程，包括环节提交时间、当前阶段、进展情况。若当前不存在办理中业务，本区域不展示内容。

2. 业务办理

若业务流程的当前节点为企业用户且该用户具有维护权限时，操作按钮为"办理"；否则只允许查看。点击"办理"按钮，跳转到对应业务办理页面，当前节点为企业信息登记时，跳转到企业信息登记页面；

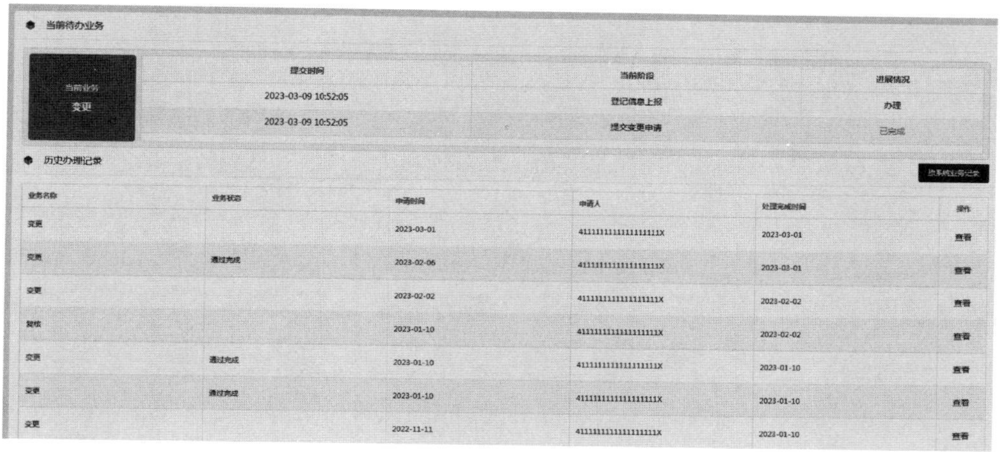

图 4 - 43　办理记录

当前节点为登记表提交时，跳转到登记表提交页面。点击"查看"按钮，跳转到企业信息查看页面，可查看当前业务企业登记信息和审核信息。

3. 历史业务办理记录

该区域展示企业历史业务办理记录（只展示新系统中办理的业务）。通过列表形式展示历史办理业务名称、业务状态、申请时间、申请人、业务处理完成时间等信息，点击查看可展开该业务记录的具体流程执行信息，包括每个流程节点的处理节点名称、处理人、处理时间、处理结果等信息。

（八）发证记录

企业用户通过此功能查看企业发证历史记录，可查看因办理有关业务获取的登记证书情况，可查看证书信息（包括证书有效期、证书编号等）。

1. 证书记录查询

企业用户可以通过业务名称、发证时间、证书状态（有效、过期）等进行信息检索，如图 4 - 44 所示。

2. 证书发证记录

企业名称	业务名称	发证时间	证书号	是否有效	证书有效期	操作
广东测试企业001	变更发证	2023-03-01	44012100003	未过期	2021-05-01 至 2024-04-30	查看
广东测试企业001	变更发证	2023-01-10	44012100003	未过期	2020-06-09 至 2023-06-08	查看
广东测试企业001	变更发证	2023-01-10	44012100003	未过期	2024-07-10 至 2027-07-09	查看
广东测试企业001	变更发证	2022-10-18	44012100003	未过期	2024-07-10 至 2027-07-09	查看
广东测试企业001	变更发证	2022-10-18	44012100003	未过期	2024-07-10 至 2027-07-09	查看
广东测试企业001	变更发证	2022-07-15	44012100003	未过期	2024-07-10 至 2027-07-09	查看
广东测试企业001	变更发证	2021-07-20	44012100003	未过期	2024-07-10 至 2027-07-09	查看
广东测试企业001	变更发证	2021-07-11	44012100002	未过期	2024-07-10 至 2027-07-09	查看
广东测试企业001	初次登记发证	2021-07-11	44012100001	未过期	2021-07-11 至 2024-07-10	查看

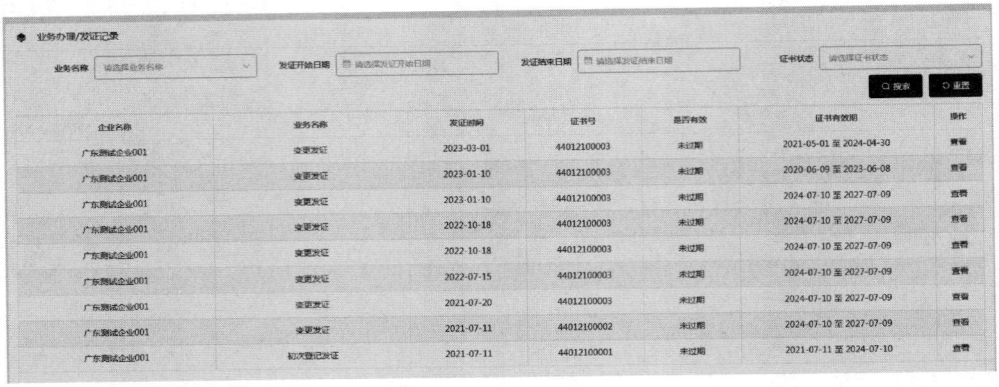

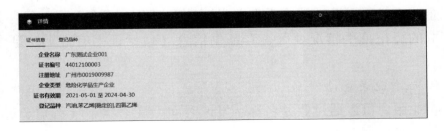

图 4－44　证书记录

展示每次发证办理的业务名称、发证时间、证书号、证书有效期、证书是否有效等信息。列表根据发证时间倒序排列。点击列表中的查看按钮可以跳转到证书的详细信息页面。

3. 证书信息

企业用户可以通过点击不同按钮查看证书的不同信息，包括证书信息、登记品种。证书信息包括企业名称、证书编号、注册地址、企业类型、证书有效期、登记品种等（图 4－45）；登记品种列表展示该企业当前证书下登记的危险化学品品种列表，列表字段包括化学品名称、别名、化学品性质、生产能力或进口量、化学品登记号、登记日期等（图 4－46）。

图 4－45　证书信息

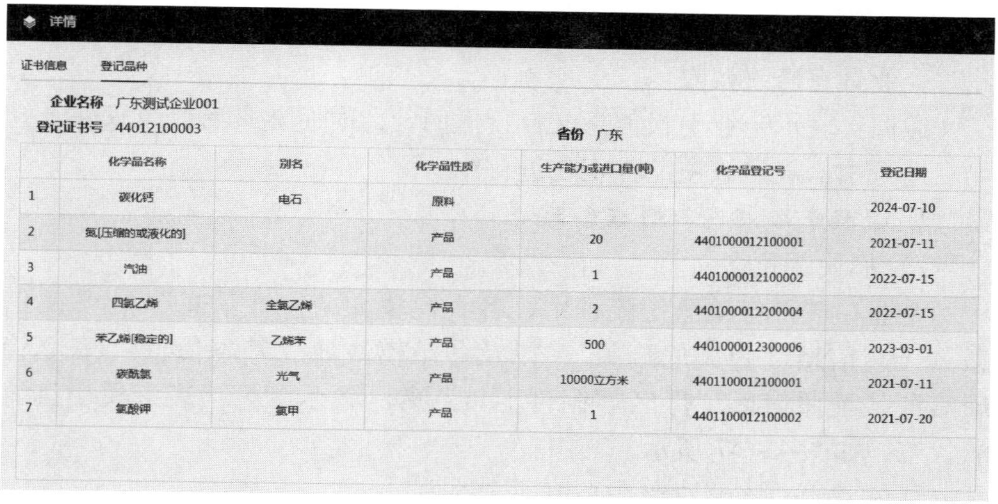

	化学品名称	别名	化学品性质	生产能力或进口量(吨)	化学品登记号	登记日期
1	碳化钙	电石	原料			2024-07-10
2	氮[压缩的或液化的]		产品	20	4401000012100001	2021-07-11
3	汽油		产品	1	4401000012100002	2022-07-15
4	四氯乙烯	全氯乙烯	产品	2	4401000012200004	2022-07-15
5	苯乙烯[稳定的]	乙烯苯	产品	500	4401000012300006	2023-03-01
6	碳酰氯	光气	产品	10000立方米	4401100012100001	2021-07-11
7	氯酸钾	氯甲	产品	1	4401100012100002	2021-07-20

图 4－46　登记品种

（九）登记流程各节点含义

1. 各审核节点的含义

1）节点含义

登记信息上报：表示企业正在填报信息，当前企业具有修改信息的权限。

登记办（省级）信息审核：表示省级登记办公室对企业信息进行审核。

登记中心信息审核：表示部化学品登记中心对企业信息进行审核。

提交登记表：表示企业信息已通过省、部两级审核，需要下载登记表并提交签字盖章扫描件，点击“办理”按钮可直接进入登记表页面。

登记表审核：表示省级登记办公室对企业登记表进行审核。

发证：表示部化学品登记中心对企业信息进行发证。

登记办（地方）信息审核、地方审批、区/县级审批：均表示市县（或园区）应急管理部门对企业信息进行审核。

2）操作含义

通过：表示该项流程已结束提交至下一阶段。

驳回：表示企业提交的信息被审核单位审核为不合格，驳回修改，此时企业具有修改权限。

撤回：表示企业上报信息又自行撤回，此时企业具有修改权限。

进行中：表示该项流程正在进行中。

2. 流程中各颜色和图标含义

1）模块颜色含义

企业在进行各项登记流程中，各大模块如"企业信息""化学品信息""工艺信息""重大危险源"，以及各小模块如"基本信息""安全管理信息""证照信息""厂区""附件上传"等，显示颜色代表该模块目前的状态，如图4-47所示。其中：

红色叉代表该模块存在必填项未填写；

橙色感叹号代表该模块的信息进行了修改；

无图标代表该模块未作修改。

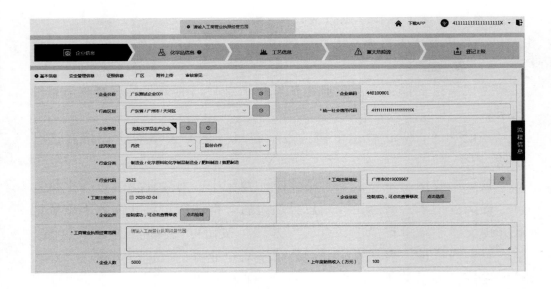

图4-47 模块颜色示例

2）条目颜色含义

企业在进行各项登记流程中，信息填报界面化学品列表、工艺列表、重大危险源列表中条目颜色，代表了该条信息目前的状态，如图4-48所示。其中：

红色代表该条信息企业已删除；

绿色代表该条信息为新增信息；

橙色代表该条信息企业进行了修改；

黑色代表该条信息企业未作修改。

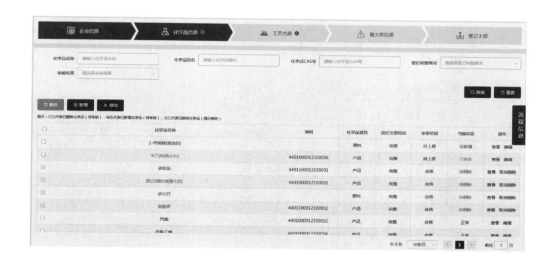

图4-48　条目颜色示例

3）字段颜色含义

企业在进行各项登记流程中，各字段名称如变为橙色，表示该字段进行了修改，鼠标移到字段内容上可查看上一次填写的内容。

四、危险化学品台账及"一书一签"管理

扫码看视频

（一）危险化学品台账管理

1. 危险化学品信息台账

企业可管理其涉及的所有危险化学品，从列表中可以查看化学品名称、CAS号、化学品属性、设计最大储量、储存情况（结合储存管理功能）、SDS、安全标签等，如图4-49所示。

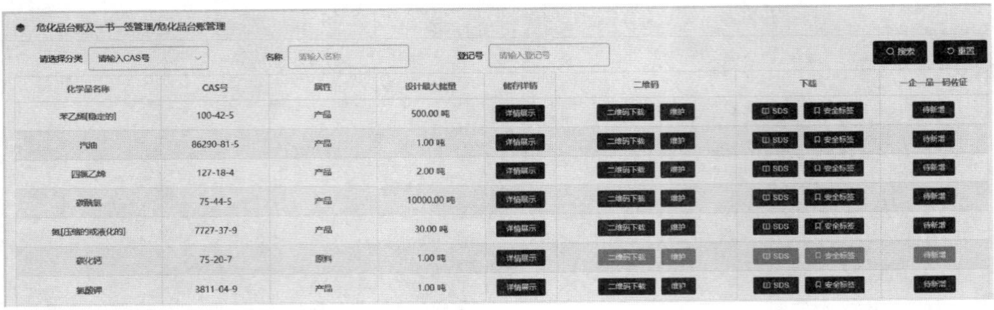

图 4 - 49　危险化学品信息台账

2. 危险化学品安全信息码生成、下载、维护

该项功能用于企业落实危险化学品"一企一品一码"制度，生成、维护危险化学品安全信息码；下载、打印"一书一签"，帮助企业管理涉及的所有危险化学品并向下游用户传递化学品的危害信息。

1）生成规则

（1）生产企业的产品与涉及进口企业（涉及进口的生产企业、经营企业、使用许可企业、化工企业、医药企业、其他企业）的进口化学品均可生成危险化学品安全信息码。

（2）危险化学品经营企业（涉及分装、充装、委托生产等）可以参照进口企业，通过系统填报上游生产企业或进口企业的危险化学品登记号（或经营企业的序列号）等信息，对本企业经营的危险化学品申请具有本企业标识的安全信息码，经市县应急管理部门、省级登记办公室审核通过后，生成安全信息码及序列号。

（3）原料、中间产品不生成安全信息码。原料的安全信息码从上游生产企业获取。

（4）企业需通过两级审核，如省级登记办公室、部化学品登记中心或市县应急管理部门、省级登记办公室两级审核后才可生成安全信息码。

2）下载要求

（1）企业需通过两级审核方可下载安全信息码（图 4 - 50）。

（2）企业可根据需要选取不同的像素进行下载。自定义下载支持

100～1000 像素之间，压缩包下载包含 300、500、1000 像素三种格式。

（3）简化版不包括危险化学品安全信息码和危险化学品登记号，主要用于小包装使用。

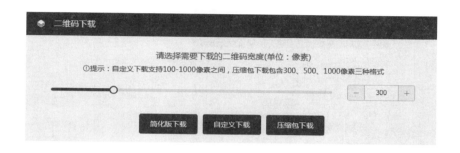

图 4 - 50　安全信息码下载

3）二维码维护

点击二维码后的"维护"按钮，进入"扫码补充信息填写"页面进行二维码信息维护。二维码扫码显示的信息，分固定内容和企业可编辑内容。

系统自动加载的信息为固定内容，与危险化学品登记的信息关联，如需修改相关内容，只能通过危险化学品登记信息变更才能修改。

下方点击"新增二维码"，企业可根据自身实际补充二维码信息，每新增一条记录信息，填写记录"名称"后，先进行保存，自动生成一个新的二维码。通过"新增内容"字段下的信息，可对新生成的二维码中的内容进行维护，然后进行保存，如图 4 - 51 所示。

3. 企业危险化学品"一书一签"下载

企业可以下载所有危险化学品的化学品安全技术说明书、安全标签。

（二）"一书一签"辅助编制

本功能可协助企业规范编制化学品安全技术说明书和安全标签。化学品登记中心全面真实地提供了部分常见危险化学品的数据，但是并不能保证其绝对的精确性和适用性。系统辅助生成的"一书一签"仅供参考，企业在编制"一书一签"时，应根据自身的实际情况作出独立判断并修改完善。

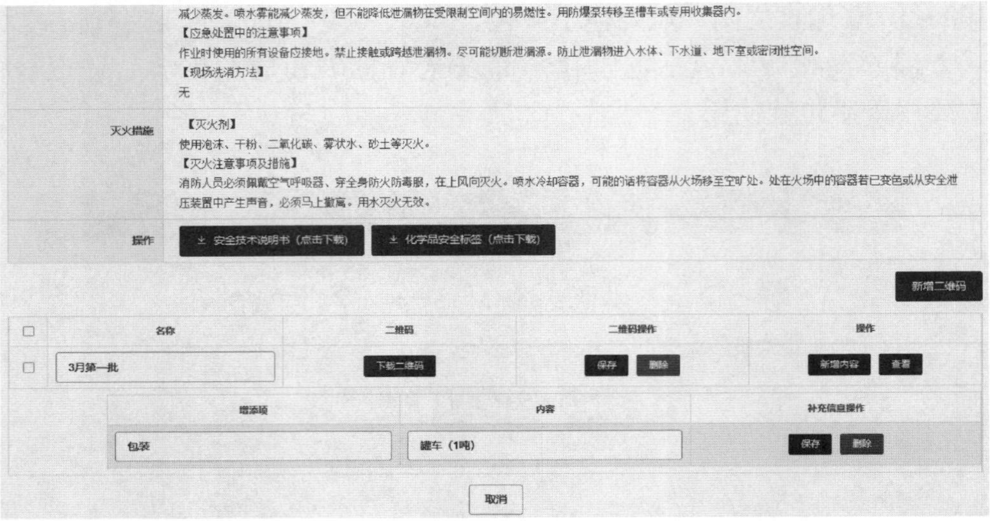

图 4 – 51 二维码维护

1. 收录判断

系统内置了常见危险化学品产品的安全信息数据，需判断要生成的化学品是否已收录数据库。选择 CAS 号或中文名进行精确查询，判断危险化学品的"一书一签"信息是否已收录。如已收录，可填写下方供应商基本信息后，辅助生成"一书一签"，如图 4 – 52 所示，如未收录，则提示未收录，可下载"一书一签"标准模板。

图 4 – 52 化学品收录判断

2. “一书一签”辅助生成

在保证危险化学品的“一书一签”信息被登记中心 SDS 数据库中收录后，可填写供应商基本信息，然后点击生成安全技术说明书和安全标签，如图 4－53 至图 4－55 所示。

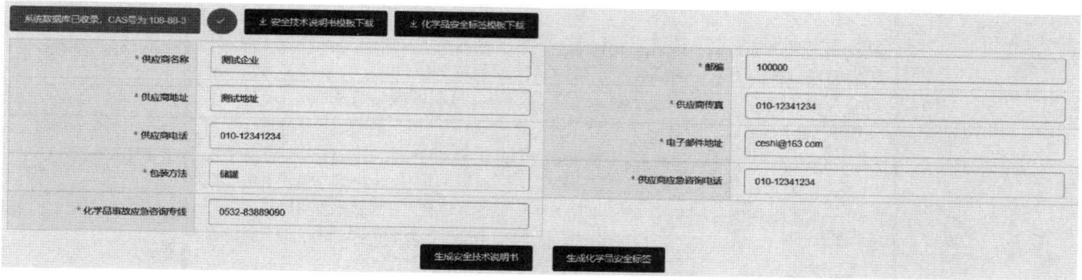

图 4－53　“一书一签”信息补充

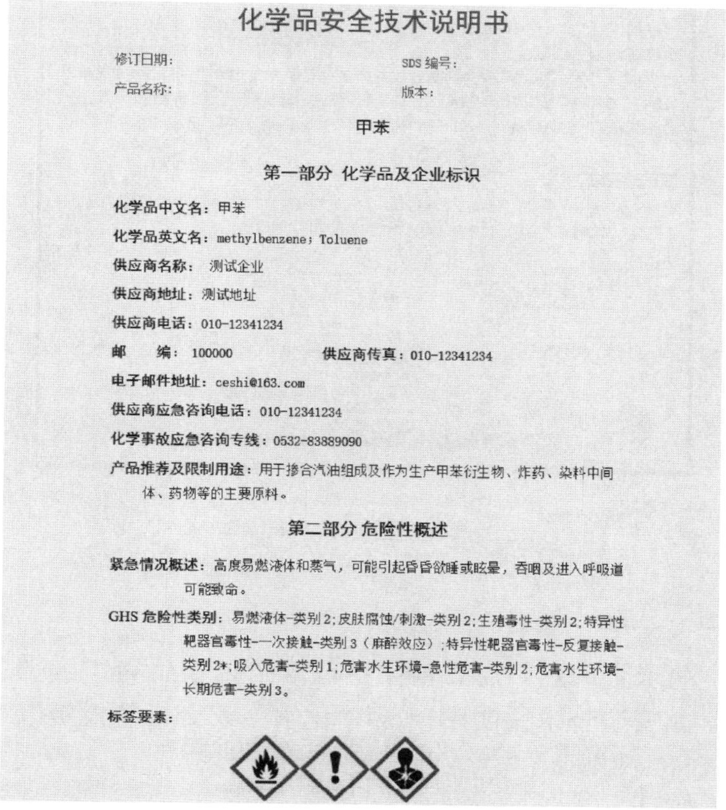

化学品安全技术说明书

修订日期：　　SDS 编号：

产品名称：　　版本：

甲苯

第一部分 化学品及企业标识

化学品中文名： 甲苯

化学品英文名： methylbenzene；Toluene

供应商名称： 测试企业

供应商地址： 测试地址

供应商电话： 010-12341234

邮　　编： 100000　　**供应商传真：** 010-12341234

电子邮件地址： ceshi@163.com

供应商应急咨询电话： 010-12341234

化学事故应急咨询专线： 0532-83889090

产品推荐及限制用途： 用于掺合汽油组成及作为生产甲苯衍生物、炸药、染料中间体、药物等的主要原料。

第二部分 危险性概述

紧急情况概述： 高度易燃液体和蒸气，可能引起昏昏欲睡或眩晕，吞咽及进入呼吸道可能致命。

GHS 危险性类别： 易燃液体-类别 2；皮肤腐蚀/刺激-类别 2；生殖毒性-类别 2；特异性靶器官毒性--次接触-类别 3（麻醉效应）；特异性靶器官毒性-反复接触-类别 2*；吸入危害-类别 1；危害水生环境-急性危害-类别 2；危害水生环境-长期危害-类别 3。

标签要素：

图 4－54　SDS 生成示例

甲苯

methylbenzene

危 险

高度易燃液体和蒸气；造成皮肤刺激；怀疑对生育能力或胎儿造成伤害；可能引起昏昏欲睡或眩晕；长时间或反复接触可能对器官造成伤害；吞咽及进入呼吸道可能致命；对水生生物有毒；对水生生物有害并具有长期持续影响

【预防措施】

P210:远离热源/火花/明火/热表面。禁止吸烟。P233:保持容器密闭。P240:容器和接收设备接地/等势联接。P241:使用防爆的电气/通风/照明/……/设备。P242:只能使用不产生火花的工具。P243:采取防止静电放电的措施。P280:戴防护手套/穿防护服/戴防护眼罩/戴防护面具。P264:作业后彻底清洗……。P201:使用前获特别指示。P202:在明白所有安全防范措施之前请勿搬动。P260:不要吸入粉尘/烟/气体/烟雾/蒸气/喷雾。P271:只能在室外或通风良好之处使用。P273:避免释放到环境中。

【事故响应】

P303+P361+P353:如皮肤（或头发）沾染：立即脱掉所有沾染的衣服。用水清洗皮肤/淋浴。P370+P378:火灾时使用……灭火。P302+P352:如皮肤沾染:用大量肥皂和水清洗。P321:具体治疗(见本标签上的……)。P332+P313:如发生皮肤刺激：求医/就诊。P362+P364:脱掉所有沾染的衣服清洗后方可重新使用。P308+P313:如接触到或有疑虑：求医/就诊。P304+P340:如误吸入：将受害人转移到空气新鲜处保持呼吸舒适的休息姿势。P312:如感觉不适叫解毒中心或医生。P314:如感觉不适求医/就诊。P301+P310:如误吞咽：立即呼叫解毒中心/医生。P331:不得诱导呕吐。

【安全储存】

P403+P235:存放在通风良好的地方。保持低温。P405:存放处必须加锁。P403+P233:存放在通风良好的地方。保持容器密闭。如果产品极易挥发可造成周围空气危险。

【废弃处置】

P501:处置内装物/容器……

请参阅化学品安全技术说明书

| 供应商: | 测试企业 | 电话: | 010-12341234 |
| 地址: | 测试地址 | 邮编: | 100000 |

化学事故应急咨询专线: 0532-83889090

图4-55 安全标签生成示例

3. "一书一签"模板

如化学品未查询到，需要企业自行编制化学品的"一书一签"。可通过"化学品安全技术说明书模板""化学品安全标签模板"，结合企业有关资料进行编制。

（三）"一书一签"分享

通过该功能可分享化学品安全技术说明书、化学品安全标签。通过添加化学品（安全技术说明书、化学品安全标签自动带出）、分享说明、分享有效期等，生成分享链接及分享内容提取密码，如图 4 – 56 至图 4 – 59 所示。被分享人可在有效期内根据分享链接及内容提取密码查看分享内容。

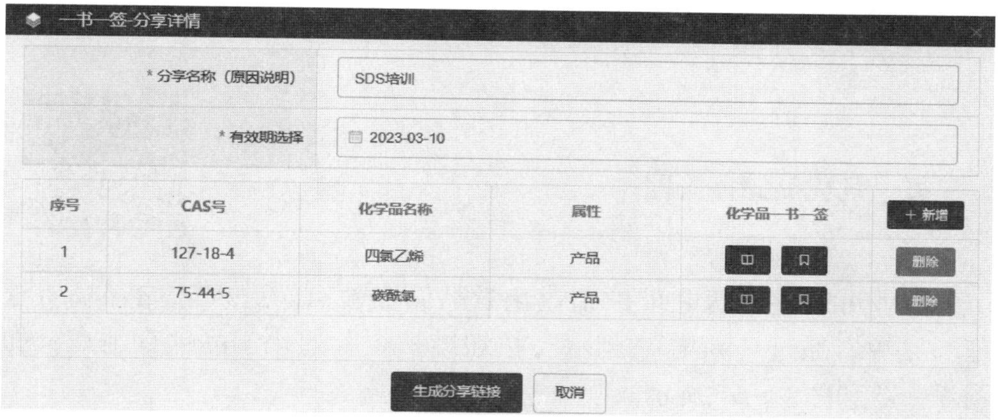

图 4 – 56 "一书一签"分享列表

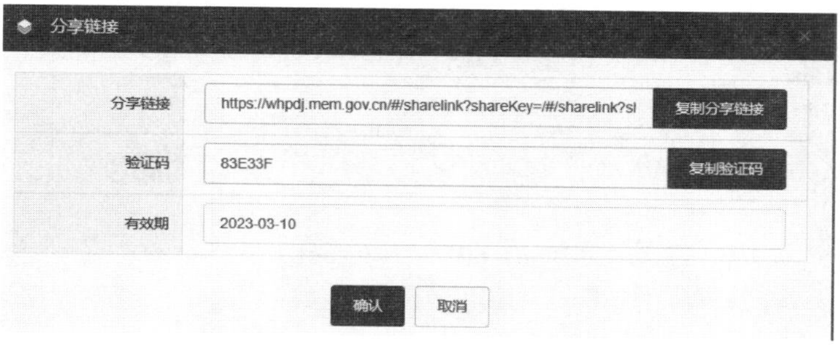

图 4 – 57 "一书一签"分享链接

图 4 – 58 "一书一签"提取

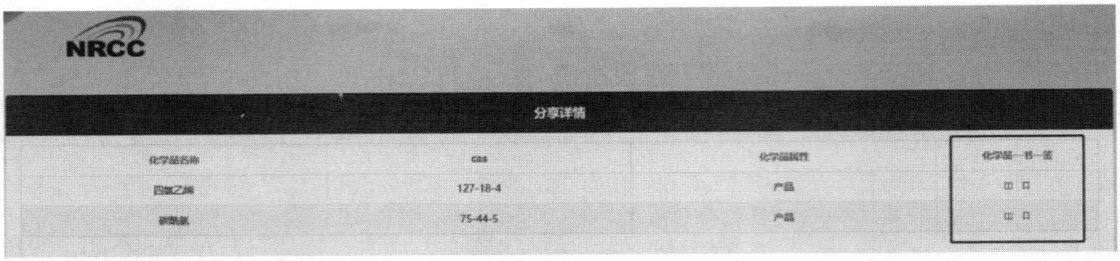

图 4-59 "一书一签"分享下载

五、危化品储存管理

(一) 储存地管理

企业可通过该功能维护企业化学品储存地点。进入"储存场所管理"菜单，通过"新增""删除"按钮维护企业的化学品储存地点，如图 4-60 和图 4-61 所示。

图 4-60 储存地列表

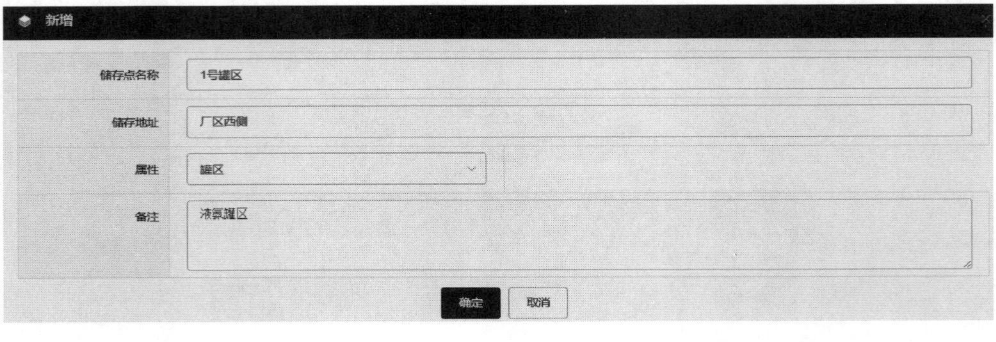

图 4-61 储存地信息

（二）化学品储存管理

企业可通过该功能维护化学品具体储存情况。点击"新增"按钮，进入化学品选择界面，在选择化学品后，化学品自动代入"储存详情 – 新增修改页面"，填写包装方式、填报时间、储量、单位，选择储存点名称和储存地址，完成保存，如图4 – 62和图4 – 63所示。

图4 – 62　化学品储存列表

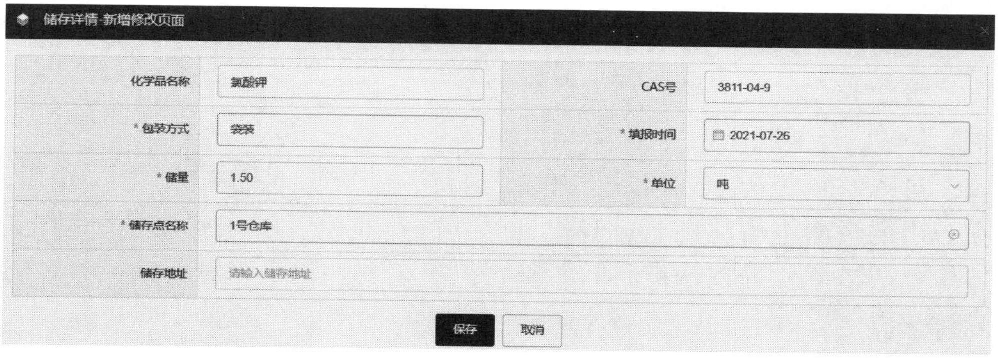

图4 – 63　化学品储存信息

（三）储存详情

化学品完成储存管理填写后，企业可通过危险化学品台账管理，点击"详情展示"，查看每种化学品的储存详情，如图4 – 64所示。

六、两类重点人员信息

根据《2021年危险化学品安全培训网络建设工作方案》《危险化

扫码看视频

详情维护						
储存点名称	请输入储存点名称		搜索 重置		储量合计：**0**立方米	储量合计：**1.5**吨
化学品名称	CAS号	填报时间	储量	储存点名称	包装方式	储存地址
氯酸钾	3811-04-9	2021-07-26	1.50 吨	1号仓库	袋装	厂区东侧

图 4 –64   详情展示

学品企业重点人员安全资质达标导则（试行）》要求，危险化学品企业需要通过"危险化学品登记信息管理系统（即现行危险化学品登记综合服务系统）"填报专职安全管理人员和高风险岗位操作人员（统称两类重点人员）相关信息，包括人员基本信息、安全资质条件、整改达标要求等。需要填报的企业范围包括：需依法取得应急管理部门许可的危险化学品生产企业、经营企业（含重大危险源），使用危险化学品从事生产的化工企业，涉及重点监管的危险化工工艺、重大危险源的精细化工企业和化学合成类药品生产企业。

（一）一般填报

进入"两类重点人员"菜单，进行信息填报。点击"新增"按钮，在弹出的页面中填写姓名、身份证号、人员类别、安全资质达标情况、达标整改措施、计划达标时间、是否已报名参加学历提升行动、报名时间等，完成保存，如图 4 –65 所示。

两类重点人员						
姓名		人员类别		安全资质达标情况		达标整改措施
是否已报名参加学历提升行动		报名时间				搜索 重置
导入模板下载 导入 新增 删除						
姓名	身份证号	人员类别	安全资质达标情况	达标整改措施	计划达标时间	操作
郭斌		专职安全管理	否	内部调整	2023	删除 修改
王某		专职安全管理	否	学历提升	2022	删除 修改

图 4 –65   两类重点人员列表

其中，身份证号要求为 18 位有效的身份证号或有效的护照号码；人员类别选择专职安全管理、特种作业人员、其他高危岗位操作人员其中之一；安全资质达标情况选择是或否；达标整改措施选择学历提升、内部调整、人员招录其中之一，如图 4-66 所示。

图 4-66　人员资格信息修改

（二）表格导入

如需批量导入，点击页面中的"导入模板下载"按钮，下载该模板。打开模板后，根据提示编辑相关信息，注意不要删除和修改表中的第一行信息，也不要加入多余的列，编辑完成后保存该文档。点击页面中的"导入"按钮，选择保存过的文件，待页面提示"导入成功"即可完成批量导入，如图 4-67 所示。注意：每次导入新数据时，会将原有的记录覆盖，只保留新导入的数据。

七、法律法规信息

各级监管部门将整理完成的法律法规，通过订阅分享形式推送给企业。企业通过主页"法律法规"模块，查阅监管部门推送的信息。点击查看后，该条法规信息变为"已读"，否则为"未读"，如图 4-68 和图 4-69 所示。

八、安全警示信息

各级监管部门根据实际情况，将事故警示、季节危

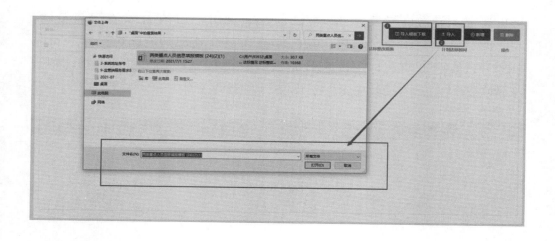

图 4 - 67　表格批量导入

	法律法规或标准名称	文号	实施时间	发布部门	是否已读	文件类型	操作
1	危险化学品仓库存储通则	GB15603	2023-07-01	国家市场监督管理总局	是	标准	查看
2	化工过程安全管理导则	AQ/T 3034-2022	2023-04-01	应急管理部	否	标准	查看
3	加油站作业安全规范	AQ3010-2022	2023-04-01	应急管理部	否	标准	查看
4	关于修改《危险化学品目录（2015版）实施指南	应急函〔2022〕300号	2022-12-31	应急管理部	否	规范性文件	查看
5	应急管理部等十部门公告	2022年第8号	2022-12-31	应急管理部	否	规范性文件	查看
6	精细化工反应安全风险评估规范	GB/T42300-2022	2022-12-30	国标委	否	标准	查看
7	危险化学品企业特殊作业安全规范	GB30871-2022	2022-10-01	国家市场监督管理总局	是	标准	查看
8	化工建设项目安全设计管理导则	AQ/T 3033-2022	2022-06-12	应急管理部	是	标准	查看
9	关于印发《危险化学品生产建设项目安全风险防范	应急〔2022〕52号	2022-06-10	应急管理部 国家发展改革委 工业和信息化部...	否	规范性文件	查看
10	浮顶储罐及气石在线监测系统 安全运行规范	DB 13/T 5551—2022	2022-03-31	河北省市场监督管理局	是	标准	查看

图 4 - 68　法律法规信息列表

险化学品警示、节假日提醒等安全生产预警警示信息，通过订阅分享形式推送给企业。企业通过主页"安全生产预警警示"模块，查阅监管部门推送的信息。点击查看后，该条法规信息变为"已读"，否则为"未读"，如图 4 - 70 和图 4 - 71 所示。

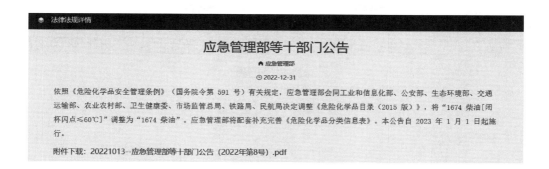

图 4 – 69　法律法规信息详情

图 4 – 70　安全生产预警警示信息列表

九、其他重点场所信息登记

　　企业用户通过此功能完成不构成危险化学品重大危险源的其他重点场所（包括其他罐区、装置、库区、装卸区等）的信息填报。该部分信息目前不需要进行流程审核，由企业自行维护。该功能为企业登记信息维护类功能，只有企业管理员及拥有维护权限的企业子账号可以对数据进行修改、保存。

扫码看视频

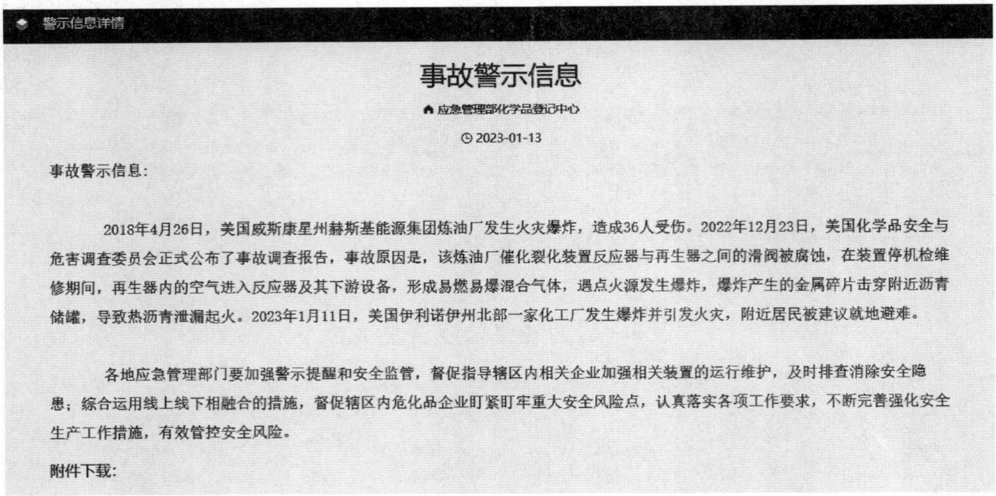

警示信息详情

事故警示信息

应急管理部化学品登记中心

2023-01-13

事故警示信息:

2018年4月26日，美国威斯康星州赫斯基能源集团炼油厂发生火灾爆炸，造成36人受伤。2022年12月23日，美国化学品安全与危害调查委员会正式公布了事故调查报告，事故原因是，该炼油厂催化裂化装置反应器与再生器之间的滑阀被腐蚀，在装置停机检维修期间，再生器内的空气进入反应器及其下游设备，形成易燃易爆混合气体，遇点火源发生爆炸，爆炸产生的金属碎片击穿附近沥青储罐，导致热沥青泄漏起火。2023年1月11日，美国伊利诺伊州北部一家化工厂发生爆炸并引发火灾，附近居民被建议就地避难。

各地应急管理部门要加强警示提醒和安全监管，督促指导辖区内相关企业加强相关装置的运行维护，及时排查消除安全隐患；综合运用线上线下相融合的措施，督促辖区内危化品企业盯紧盯牢重大安全风险点，认真落实各项工作要求，不断完善强化安全生产工作措施，有效管控安全风险。

附件下载:

图 4－71　安全生产预警警示信息详情

（一）其他重点场所基本信息填报

其他重点场所的基本信息包括其他重点场所编码，其他重点场所名称，其他重点场所分类，其他重点场所简称，其他重点场所经度/纬度，其他重点场所边界，其他重点场所投用时间，其他重点场所地址，单元内主要装置、设施及其存储（生产）规模，单元内主要装置，是否涉及 18 种危险工艺，所属 18 种危险工艺，所在厂区、职工人数，占地面积，储罐情况，罐规格，罐数量，罐类型，罐内介质等，如图 4－72 所示。

其中，其他重点场所编码为系统自动生成；其他重点场所分类选择罐区、装置、库区、装卸区、其他场所其中之一；重大危险源边界、重大危险源经度/纬度通过地图进行绘制；所在厂区选择企业信息中已填写过的厂区。

（二）其他重点场所化学品信息

其他重点场所一般对应多种化学品，因此需要通过列表形式进行登记。其他重点场所涉及的化学品信息包括化学品名称、CAS 号、别名、

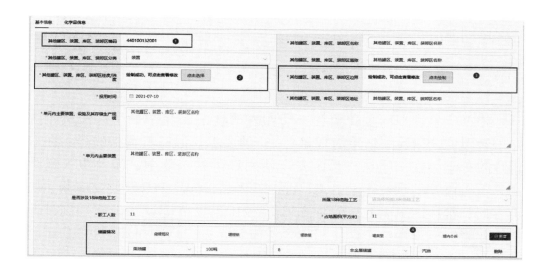

图4-72　其他重点场所基本信息

属性、化学品危险类别、主要用途、物理状态、存量、操作温度、操作压力、临界量、单元内危险化学品存量、生产工艺等，如图4-73所示。其中，化学品名称、CAS号、别名、属性、化学品危险类别、物理状态从企业登记的化学品自动代入。

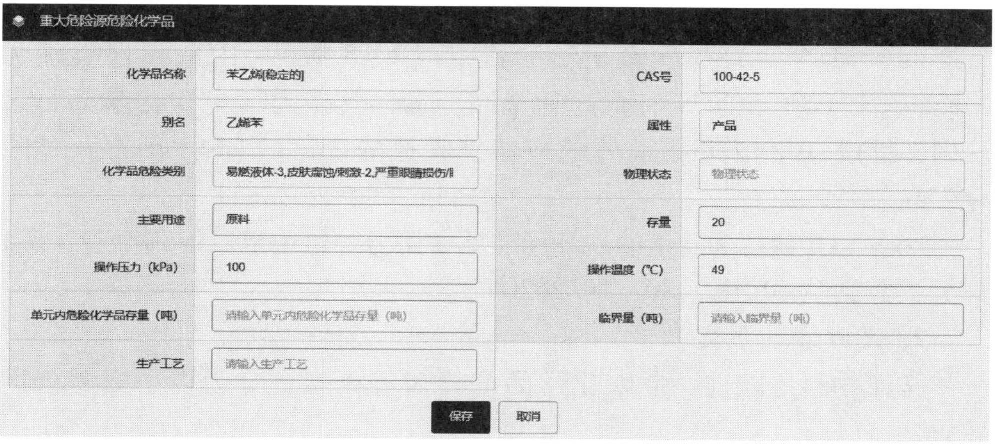

图4-73　其他重点场所涉及的化学品

十、老旧装置

（一）老旧装置范围与分类

1. 老旧装置范围

根据应急管理部危化监管一司印发的《危险化学品生产使用企业老旧装置安全风险评估指南（试行）》的要求，老旧装置指的是：在取得危险化学品安全生产许可、安全使用许可的企业中，涉及重大危险源、重点监管的危险化工工艺、毒性气体和爆炸品，且主要反应器、压力容器、常压储罐、低温储罐和 GC1 级压力管道等设备设施达到设计使用年限，或未规定设计使用年限、但实际投产运行时间超过 20 年的装置（包括独立装置和联合装置）。其中：

（1）适用范围不包括危险化学品储运系统罐区储罐，本指南中所指常压储罐、低温储罐为装置内储罐。

（2）对于已整体更换设备的装置，实际投产时间按设备整体更换后投产时间计算起始时间。经过数次改造，每次都有利旧设备、设施，但只更新一部分，未完全更换的按初始投产时间计算。

（3）联合装置是由两个或两个以上独立装置集中紧凑布置，且装置间直接进料，无供大修设置的中间原料储罐，其开工或停工检修等均同步进行，视为一套装置。评估时应把联合装置视为一套装置。

（4）爆炸品为《危险化学品目录（2015 版）》中危险性类别为"爆炸物 1.1 项"的 71 种危险化学品。毒性气体为《危险化学品目录（2015 版）》中列入重点监管的或特别管控的 21 种剧毒（高毒）危险化学品。

（5）GC1 级压力管道的划分标准见《压力管道规范　工业管道　第 1 部分：总则》（GB/T 20801.1—2020）。

2. 老旧装置分类

按照物料危险性、危险化学品的存量等因素，分为以下三类老旧装置：

（1）Ⅰ类老旧装置。涉及剧毒气体、爆炸品，且剧毒气体或爆炸品构成重大危险源的老旧装置。

（2）Ⅱ类老旧装置。火灾危险性为甲类的重大危险源装置；涉及高毒气体或液体的重大危险源装置（高毒气体或液体含量超过重大危险源临界量，或高毒气体浓度大于立即威胁生命和健康浓度 IDLH）。

（3）Ⅲ类老旧装置。除Ⅰ、Ⅱ类以外的其他老旧装置。

（二）老旧装置基本信息登记和评估上报

1. 老旧装置基本信息登记

每个老旧装置需要填写所属集团，装置名称，装置建成投产时间，规模，装置责任人，联系方式，工艺流程描述，是否涉及重大危险源，重大危险源名称及等级，是否涉及危险化工工艺，危险化工工艺名称，是否涉及爆炸物、剧毒（高毒）气体和液体，涉及的化学品名称，是否为联合装置，配置过程控制系统（如 DCS 系统、PLC 系统、SCADA 系统等），装置内涉及危险化学品的主要反应器，装置内涉及危险化学品的压力容器，装置内涉及危险化学品的常压储罐、低温储罐，装置内涉及危险化学品的 GC1 级压力管道，老旧装置分类，附件上传等，如图 4-74 所示。

填写装置基本信息时，先判断装置是否为"淘汰装置"。当"是否存在以下情况"选择"是"时，选择满足 5 种情况的一种或多种，点击"确定"按钮，即可提交上报。当"是否存在以下情况"选择"否"时，装置需要按照"老旧装置"填报具体要求，将相关信息逐一录入。页面中标注"*"号字段为必填项。附件中的台账内容，可下载模板，填写后上传系统。

2. 老旧装置风险评估

点击老旧装置—老旧装置风险评估菜单中的"新增"，在弹出框中，选择已录入的需要风险评估的装置。

其中：项目名称为系统自动生成，格式为"年月日＋装置名称"（图 4-75）。评估类型选择企业自评或深度评估。后果等级点击"评估"按钮，根据实际情况选择"装置周边是否包含防护目标"，如选择"是"，则需要点击"新增"按钮增加具体内容；如选择"否"，则根据《危险化学品生产使用企业老旧装置安全风险评估指南（试行）》标准自动判断该装置后果等级为 D 级（图 4-76）。可能性等级点击"评估"按

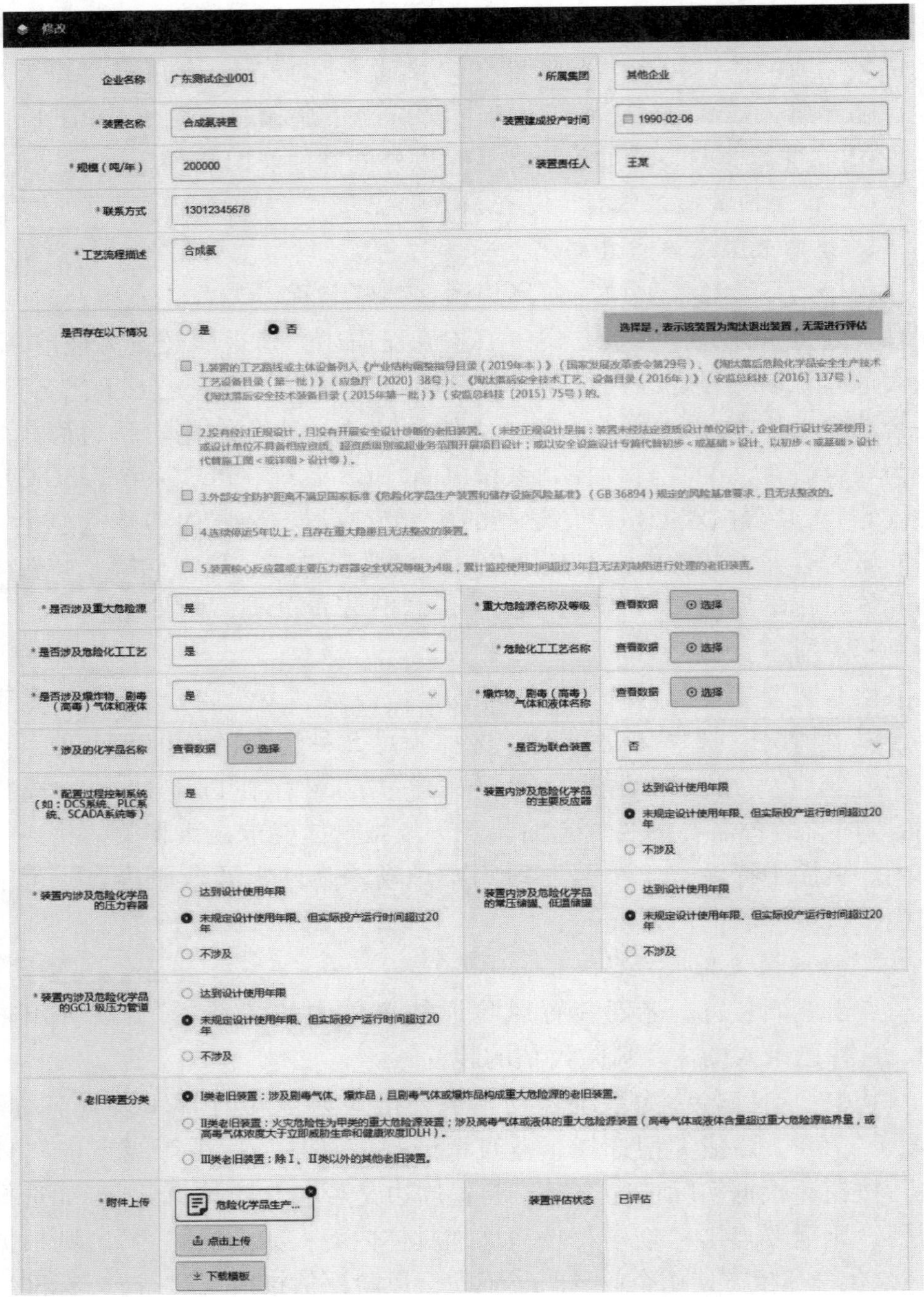

图 4 - 74 老旧装置基本信息

钮，需要根据实际评估情况将"基本要求检查""设备与管道安全检查""工艺过程安全检查""仪表系统安全检查"四大类检查项的全部检查结果进行勾选，系统自动计算得到总分（图4-77）。

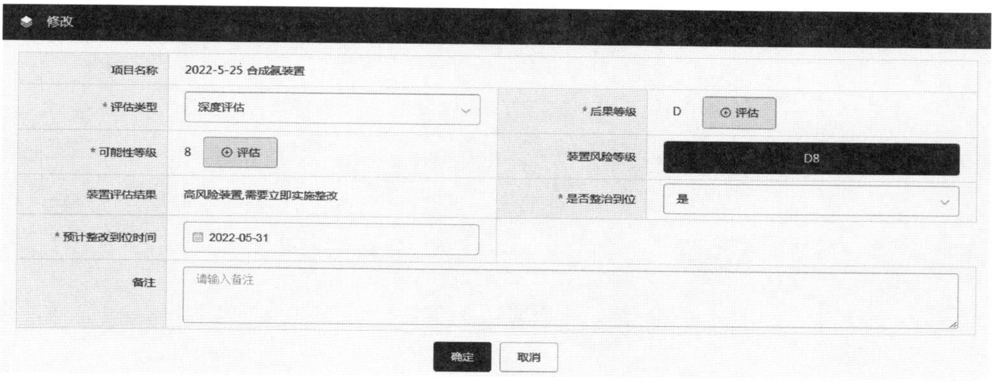

图4-75 老旧装置风险评估

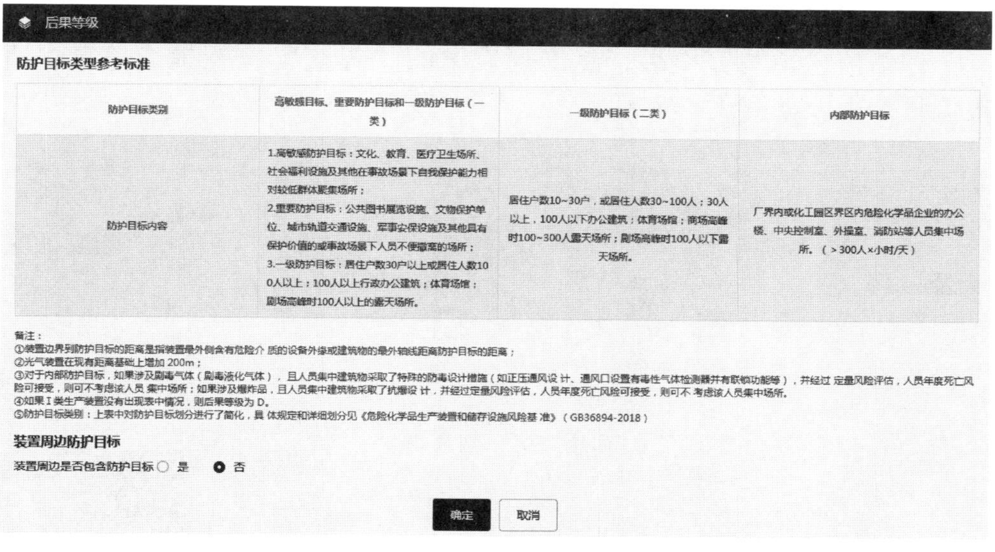

图4-76 后果等级评估

点击"确定"按钮，填写"是否整治到位""预计整改到位时间"，点击"确定"按钮保存。

图 4-77　可能性等级评估

3. 确认并提交评估结果

评估信息填写完整后，点击列表中的"提交"按钮提交信息，填报流程结束，如图 4-78 所示。

图 4-78　信息提交

扫码看视频

十一、企业安全设计诊断

（一）安全设计诊断信息填报

安全设计诊断的项目需要填报公司名称、项目名称、行政区划、企业性质、所在园区、是否转移项目、项目来源、立项时间、是否完成安全设计诊断、项目状态、安全设计诊断情况描述、安全设计诊断报告等内容，如图 4 - 79 所示。

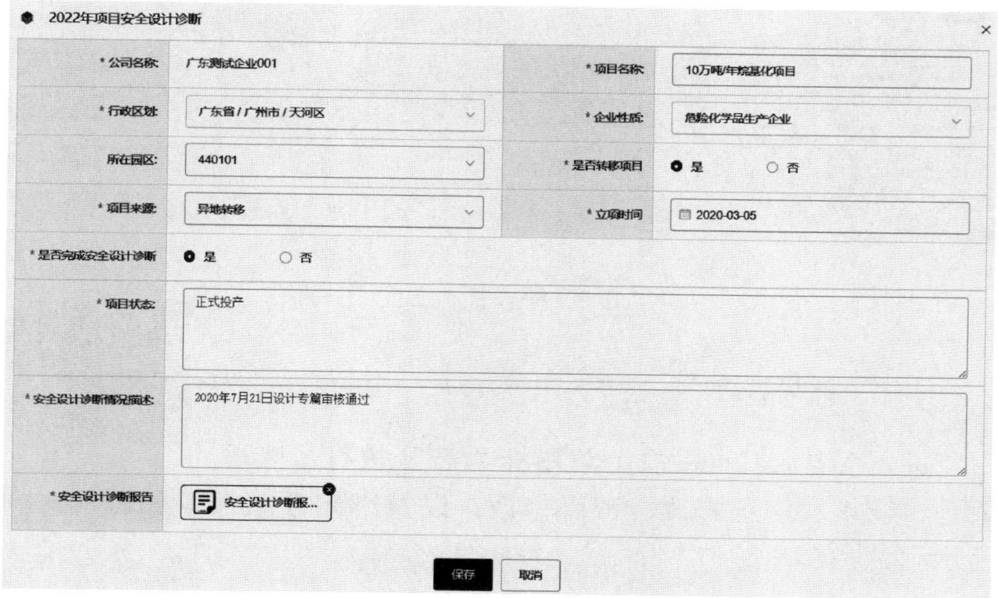

图 4 - 79 安全设计诊断信息

其中，公司名称、行政区划、企业性质、所在园区自动代入；项目来源选择异地转移或本地建设；项目状态填写项目当前的具体状态，如试生产、正式投产、正在走项目审批手续、项目在建中等，特殊情况可详细填写；安全设计诊断情况描述填写项目安全设计诊断内容，如某年某月某日设计专篇审核通过、安全设施设计专篇已递交、未完成设计等，特殊情况可详细填写；安全设计诊断报告上传完整的安全设计诊断报告附件。

（二）安全设计诊断信息上报

企业涉及的所有项目填报完成后，点击列表中"操作"项中的"上报"按钮提交到监管部门审核（图 4 - 80）。如果企业需修改，由市级监管部门驳回后企业方可进行修改。

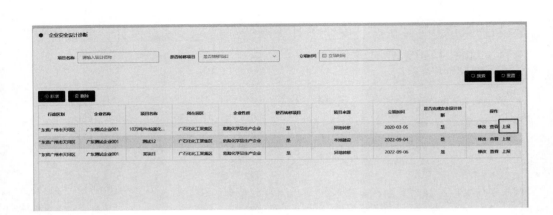

图 4 - 80 信息上报

扫码看视频

十二、账号管理

进入系统后，点击右上角图标"⚫"进行子账号管理、经办人信息修改、密码修改，以及绑定手机号，如图 4 - 81 所示。

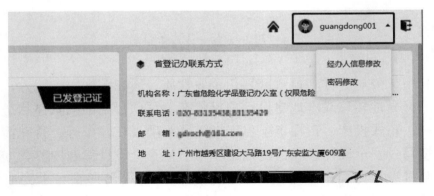

图 4 -81 账号信息位置

（一）子账号管理

根据企业不同岗位人员需要使用不同菜单的情况，企业可以自己新建企业子账号。该功能只有企业管理员有权限，在本企业所有功能权限、数据权限范围内，进行子账号信息填报、功能权限分配。

　　企业管理员账号对子账号分配的权限分为两类：一类是查看权限，即查询权限，能查看本企业数据权限范围内所有数据，只要企业管理员分配了某一应用的查询权限，则子账号能进入该应用进行查看；另一类是维护权限，即基本信息新增、修改权限及流程发起权限，企业管理员分配了某一应用的维护权限，则子账号能进入应用并完全操作该应用内容的全部操作权限，但可操作的数据权限范畴只能根据企业管理员数据权限范畴进行分配，如图 4 - 82 和图 4 - 83 所示。

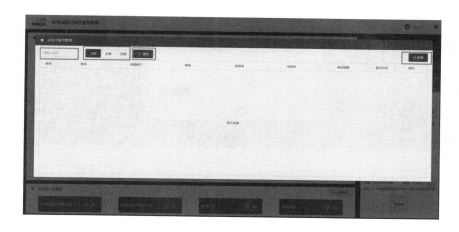

图 4 - 82　子账号列表

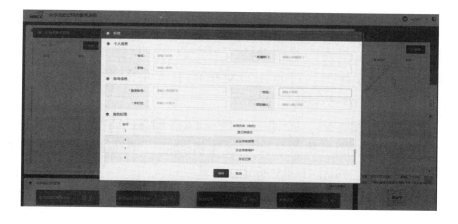

图 4 - 83　子账号分配

企业管理员对企业子账号进行全权限管理，包括企业基本模块、功能权限分配，并能进行企业子账号的注销、恢复、密码重置操作。

（二）经办人信息修改

为企业管理员账号提供经办人、经办人手机号信息修正功能。当企业原经办人由于离职或其他情况不能再继续担任登记系统管理员时，登录系统后，可点击首页中的右上角账户常用功能中的个人信息修改功能，如图4-84所示。

图4-84　经办人信息修改

个人信息修改只用于企业管理员账户修改经办人信息。进行经办人信息修改，原经办人信息自动带出，需填写新经办人、新经办人手机号，并进行新经办人手机号验证。

（三）修改密码

为企业用户提供密码修改功能。当企业有想要修改密码的意愿或忘记密码时，登录系统后，可点击首页中的右上角图标"　"选择"密码修改"，进入"修改密码"页面。

点击"获取验证码"按钮，系统会向注册账号时的手机号发送验证码，填写接收到的手机验证码完成手机验证，填写并确认新密码后即可完成密码修改，如图4-85所示。

（四）绑定手机号

企业登录系统必须绑定一个手机号，如图4-86所示。绑定后，可以通过向该手机号发送验证码的方式进行系统登录。

图 4 - 85　修改密码

图 4 - 86　手机号绑定

第二节　危险化学品登记综合服务系统（公众端）功能介绍

社会公众和登记企业均可通过危险化学品登记综合服务系统，跳转至国家危险化学品安全公共服务互联网平台，使用公众服务的功能。主要包括：危险化学品登记信息查询、化学品危害信息查询、事故案例查询、政策法规查询等。

一、危险化学品登记信息查询

（一）登记企业信息查询

通过危险化学品登记综合服务系统登录页面，点击
"国家危化品公共服务平台"进行跳转，如图 4 - 87 所示。点击"化学
品登记信息检索平台"进入登记企业查询页面，如图 4 - 88 所示。通
过搜索企业名称（全称）、企业登记证书号、企业统一社会信用代码其
中之一，查询登记企业情况。查询结果包括企业名称、企业所在地、单
位性质、应急咨询服务电话、发证有效期。

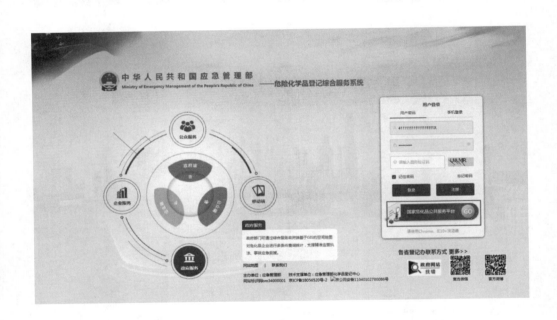

图 4 - 87　系统登录页面（跳转操作）

（二）登记化学品信息查询

查询到企业结果后，在"登记化学品检索"下可通过搜索企业登
记化学品中文名或别名、CAS 号、化学品登记号其中之一进行查询，
如图 4 - 89 和图 4 - 90 所示。

图 4-88　登记企业查询页面

图 4-89　登记化学品检索

扫码看视频

二、化学品危害信息查询

点击"化学品安全信息平台"进入化学品危害信息查询页面。可通过化学品中文名称、化学品英文名称、CAS 号、GHS 分类等条件进

图 4 - 90　登记化学品检索详情

行检索（图 4 - 91）。点击查询结果中的化学品名称，可查看详细信息，包括化学品基本信息、标签要素、理化特性、危害信息、应急处置措施等，同时可查看该化学品列入国内外主要目录的情况（图 4 - 92）。

图 4 - 91　化学品危害信息查询

图4-92 化学品危害信息详情

三、事故案例查询

点击"危化品事故信息"进入化学品事故信息网。可通过关键字进行事故信息检索。可查看事故名称、国内外、省份/国家、事故级别、事故分类、事故日期等（图4-93）。点击查询结果中的事故名称可查看事故详情（图4-94）。

四、政策法规查询

扫码看视频

点击"政策法规"进入政策法规查询界面。主要包括：

（1）化学品目录。可查看十余个常见的化学品目录，包括《危险化学品目录（2015版）》《高毒物品目录（2003年版）》《民用爆炸物品品名表》等，并可通过品名进行查询，如图4-95所示。

（2）法律法规。可查看国家危险化学品相关的法律法规信息，如图4-96所示。

（3）政策规划。可查看国家最新发布的政策规划、规范性文件等，

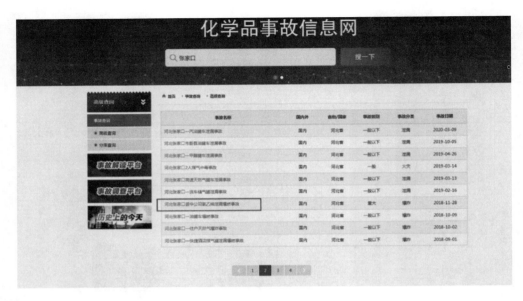

图 4-93　事故案例查询

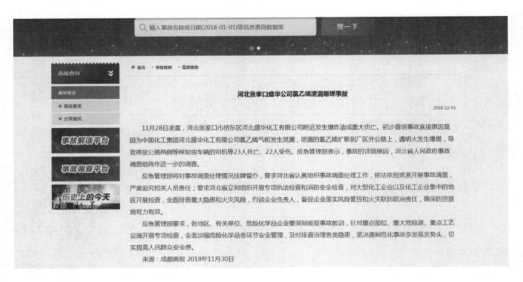

图 4-94　事故案例详情

如图 4-97 所示。

（4）标准。可查看国家最新发布的危险化学品相关标准，如图 4-98 所示。

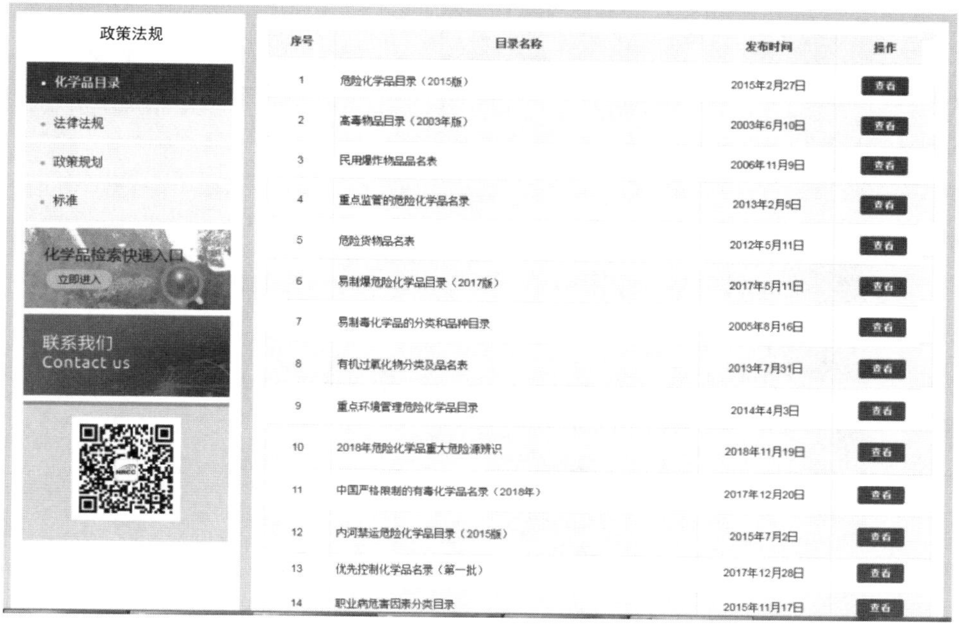

序号	目录名称	发布时间	操作
1	危险化学品目录（2015版）	2015年2月27日	查看
2	高毒物品目录（2003年版）	2003年6月10日	查看
3	民用爆炸物品品名表	2006年11月9日	查看
4	重点监管的危险化学品名录	2013年2月5日	查看
5	危险货物品名表	2012年5月11日	查看
6	易制爆危险化学品目录（2017版）	2017年5月11日	查看
7	易制毒化学品的分类和品种目录	2005年8月16日	查看
8	有机过氧化物分类及品名表	2013年7月31日	查看
9	重点环境管理危险化学品目录	2014年4月3日	查看
10	2018年危险化学品重大危险源辨识	2018年11月19日	查看
11	中国严格限制的有毒化学品名录（2018年）	2017年12月20日	查看
12	内河禁运危险化学品目录（2015版）	2015年7月2日	查看
13	优先控制化学品名录（第一批）	2017年12月28日	查看
14	职业病危害因素分类目录	2015年11月17日	查看

图 4－95　政策法规——化学品目录

序号	法规标题	文号	发布日期	实施时间
1	优先控制化学品名录（第二批）	公告 2020年 第47号	2020/10/30	2020/11/2
2	国内水路运输管理规定	交通运输部令2020年第4号令	2020/2/24	2020/5/1
3	危险货物道路运输安全管理办法	交通运输部令2019年第29号	2019/11/10	2020/1/1
4	易制爆危险化学品治安管理办法	公安部令	2019/7/6	2019/8/10
5	船舶载运危险货物安全监督管理规定	交通运输部令2018年第11号	2018/7/31	2018/9/15
6	《中华人民共和国监控化学品管理条例...	工信部令第48号	2018/7/2	2019/1/1
7	港口危险货物安全管理规定	交通运输部令2017年第27号	2017/9/4	2017/10/15
8	民用航空危险品运输管理规定	交通运输部令2016年第42号	2016/4/13	2016/5/13
9	关于废止和修改危险化学品等领域七部...	安全监管总局令第79号	2015/5/27	2015/7/1
10	铁路危险货物运输安全监督管理规定	交通运输部令2015年第1号	2015/3/12	2015/5/1

图 4－96　政策法规——法律法规

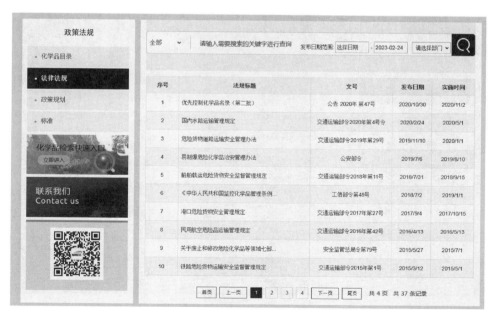

图 4-97　政策法规——政策规划

图 4-98　政策法规——标准

第三节　企业填报字段说明与示例

一、注册信息

企业用户注册信息及示例见表 4 - 1。

表 4 - 1　企业用户注册信息及示例

【企业名称】	与工商营业执照一致的企业名称	【企业类型】	正确选择企业类型。 （1）危险化学品生产企业：取得危险化学品安全生产许可证的企业、产品或中间产品的 GHS 分类属于危险化学品确定原则的生产企业，如同时包含危险化学品经营（生产是否涉及经营）选择是。 （2）危险化学品经营企业：取得危险化学品经营许可证的企业。
【企业名称】	与工商营业执照一致的企业名称	【企业类型】	（3）危险化学品使用企业（使用许可）：取得危险化学品使用许可证的企业。 （4）化工企业（不发使用许可）：符合化工、医药行业登记范围的化工生产企业，未达到危险化学品使用许可证条件的企业。 （5）医药企业：符合化工、医药行业登记范围的医药制造企业。 （6）其他企业：工贸企业、矿山企业、其他行业企业等
【省份、地市、区县】	选择正确的行政区划	【工商注册地址】	参照工商营业执照填写正确的工商注册地址
【统一社会信用代码】	参照工商营业执照填写，格式为 18 位数字或字母组合，如 910000000000000000W	【工商注册时间】	参照工商营业执照填写
【工商营业执照】	上传工商营业执照附件		

表 4 – 1（续）

【是否涉及危险化学品进口】	如具备进口危险化学品资质,且从事危险化学品进口,需选择"是"		
【登录账号】	填写登录账号,并记录保存	【经办人】	填写经办人姓名,经办人即企业账号管理员
【设置密码】	填写登录密码,包括大小写字母＋数字	【确认密码】	重复登录密码
【经办人手机号】	填写经办人手机号	【验证码】	填写手机号收取的验证码
【经办人邮箱】	填写经办人邮箱		

二、信息填报说明及示例

（一）企业信息

企业信息及示例见表 4 – 2 至表 4 – 6。

表 4 – 2　企业信息——基本信息及示例

【企业名称】	自动代入	【企业编码】	9 位数字,自动生成
【行政区划】	自动代入	【统一社会信用代码】	自动代入
【企业类型】	自动代入"危险化学品生产企业",注册选择后企业不能更改	【是否涉及进口】	自动代入,如涉及进口,显示"进口"
【进口二级分类】	选择"使用型进口""贸易经营型进口"	【是否涉及经营】	自动代入,如涉及经营,显示"生产涉及经营"
【经济类型】	根据企业实际情况选择经济类型	【行业分类】	根据企业实际情况参照工商营业执照选择

表 4 - 2（续）

【行业代码】	选择行业分类后自动生成	【工商注册地址】	自动代入
【工商注册时间】	自动代入	【企业坐标】	点击"点击选择"按钮进入地图点击坐标确认
【企业边界】	点击"点击绘制"按钮进入地图操作绘制		
【工商营业执照经营范围】	参照工商营业执照填写		
【企业人数】	填写企业总人数，仅填写数字，如 125	【上年度销售收入（万元）】	填写企业上年度总销售收入，上年度无收入可填 0
【注册资本（万元）】	填写企业注册资本	【企业规模】	自动生成
【企业网站】	填写企业正确的官方网站地址		
【主要产品及生产规模】	按照实际填写主要产品及生产规模，不限于危险化学品		
【主要进口化学品及规模】	按照实际填写主要进口化学品及进口规模，不限于危险化学品		
【化工行业分类】	选择企业主营的化工行业分类，可多选	【企业是否在化工园区】	下拉选择是否在认定的化工园区
【所属化工园区】	选择企业所在已认定的化工园区		
【企业建筑面积（平方米）】	填写企业实际的建筑面积，仅填写数字，如 36000	【危险化学品库房或仓储场所建筑面积（平方米）】	填写企业危险化学品库房或仓储场所建筑面积，仅填写数字，如 2400
【储罐和容器总容积（立方米）】	填写企业储罐和容器总容积，不包括生产装置内的储罐和容器，仅填写数字，如 780	【应急咨询服务电话】	填写企业 24 小时应急咨询电话，符合法规要求的固定电话号码，如 0532 - 33330000
【安全值班电话】	填写企业安全值班电话，固定电话号码，如 0532 - 33330000	【企业风险等级】	请选择应急管理部门为企业评定的安全风险等级（广东省）

表 4 - 2（续）

【进口企业资质证明名称】	下拉选择进口企业资质证明名称，其中之一即可	【进口企业资质证明编号】	填写进口企业资质证明编号
【是否有仓储设施】	进口企业选择是否有仓储设施		
【全厂可燃和有毒有害气体监测仪数量】	填写企业全厂可燃和有毒有害气体监测仪的个数，如89，如无可填0		
【是否含其他化学合成工艺】	填写是否含18种危险化工工艺之外的其他化学合成工艺（使用许可企业、化工企业、医药企业）	【其他化学合成工艺】	填写18种危险化工工艺之外的其他化学合成工艺名称，如结晶工艺（使用许可企业、化工企业、医药企业）
【经营二级分类】	选择带储存设施经营（不限是否重大危险源）、不带储存设施经营（贸易经营）、不带储存设施经营（门店经营）、仓储经营、加油站、管道企业其中一项（经营企业）		
【是否涉及加气】	加油站填写（经营企业）		
【储罐情况】	列表，加油站填写（经营企业）	【类型】	选择汽油、柴油，加油站填写（经营企业）
【储罐个数】	填写加油站储罐个数，加油站填写（经营企业）	【储罐总容量】	填写加油站储罐总容量，加油站填写（经营企业）
【月销售量】	填写加油站油品的月销售量，加油站填写（经营企业）	【年销售量】	填写加油站油品的年销售量，加油站填写（经营企业）
【管道信息】	列表，管道企业填写（经营企业）	【管道名称】	管道企业填写运输管道的名称（经营企业）
【投用时间】	管道企业填写运输管道的最早投用时间（经营企业）	【输送介质】	管道企业填写运输管道内输送化学品介质（经营企业）

表 4 - 2 （续）

【运输量】	管道企业填写运输管道的设计运输量（经营企业）	【运输距离】	管道企业填写运输管道的运输距离（经营企业）
【管道线路图】	管道企业上传填写运输管道的线路图（经营企业）		

表 4 - 3　企业信息——安全管理信息及示例

【企业法人】	填写企业法人姓名		
【企业负责人】	填写企业负责人姓名	【企业负责人手机号】	填写企业负责人手机号,用于信息推送,如 13512341234
【企业分管安全负责人】	填写企业分管安全负责人姓名	【企业分管安全负责人手机号】	填写企业分管安全负责人手机号,用于信息推送,如 13512341234
【企业安管机构负责人】	填写企业安全管理机构负责人姓名	【企业安管机构负责人手机号】	填写企业安全管理机构负责人手机号,用于信息推送,如 13512341234
【经办人】	可点击系统右上角"经办人信息修改"进行更改	【经办人身份证号】	填写经办人身份证号
【经办人手机号】	填写经办人手机号,如 13512341234		
【企业内设的安全管理部门】	填写企业内设的安全管理部门,如安环部	【注册安全工程师人数】	填写相应人数,仅填写数字,如 36
【专职安全生产管理人员人数】	填写相应人数,仅填写数字,如 36	【兼职安全生产管理人数】	填写相应人数,仅填写数字,如 36
【应急救援队伍专职人数】	填写相应人数,仅填写数字,如 36	【应急救援队伍兼职人数】	填写相应人数,仅填写数字,如 36
【剧毒化学品作业人员人数】	填写相应人数,仅填写数字,如 36	【危险化学品作业人员人数】	填写相应人数,仅填写数字,如 36
【特种作业人员人数】	填写相应人数,仅填写数字,如 36		
应急预案	上传企业的各类应急预案,至少上传综合预案		

表 4-4　企业信息——证照信息及示例

【是否取得危险化学品安全生产许可证】	正确选择已取得许可证、试生产阶段待取得、生产未列入目录危险化学品无须许可、许可证过期待换证其中之一	【危险化学品安全生产许可证编号】	参照安全生产许可证正确填写,如(鲁)WH 安许证字[2021]000001 号(使用许可企业、涉及危化品经营的企业参照生产企业填写)
【危险化学品生产许可证开始日期】	参照安全生产许可证正确填写	【危险化学品生产许可证结束日期】	参照安全生产许可证正确填写
【初次申领时间】	填写初次申领时间	【发证机关】	参照安全生产许可证正确填写
【生产许可范围】	参照安全生产许可证正确填写		
【其他许可证情况】	填写企业涉及的其他许可证情况,如危险化学品船舶运输许可证、危险化学品道路运输许可证等		
【安全生产标准化等级】	填写安全生产标准化等级,可选择未评审	【安全生产标准化证书编号】	填写安全生产标准化证书编号
【安全标准化等级认证时间】	填写安全标准化等级认证时间	【安全标准化等级认证机构】	填写安全标准化等级认证机构
【燃气经营许可证号】	燃气经营企业填写燃气经营许可证号(经营企业)	【发证机关】	燃气经营企业填写燃气经营许可证的发证机关(经营企业)
【主要负责人】	燃气经营企业填写主要负责人(经营企业)	【有效期限开始日期】	燃气经营企业填写燃气经营许可证有效期限开始日期(经营企业)
【有效期限结束日期】	燃气经营企业填写燃气经营许可证有效期限结束日期(经营企业)	【燃气经营许可范围】	燃气经营企业填写燃气经营许可证许可范围(经营企业)

表 4-5　企业信息——厂区及示例

【厂区名称】	填写厂区名称(企业自行命名),如公司东厂区	【厂区编码】	自动生成
【省/市/区】	选择该厂区所在行政区	【所在园区】	选择该厂区所在的化工园区

表 4 – 5（续）

【详细地址】	填写厂区地址	【厂区边界数据】	点击"点击绘制"按钮进入地图操作绘制厂区边界图
【厂区平面布置图】	上传该厂区平面布置图	【经度/纬度】	点击"点击选择"按钮进入地图操作
【厂区类型】	选择生产/储存	【厂区产权】	选择自用/租用（非土地产权）
【备注】	填写厂区的其他情况		

表 4 – 6　企业信息——附件上传及示例

【安全生产标准化证书附件】	上传安全生产标准化证书扫描件	【危险化学品重大危险源备案登记表】	危险化学品重大危险源备案登记表扫描件
【安全评价报告】	上传企业现状安全评价报告（刚建成上传竣工验收评价报告）；试生产阶段上传预评价报告	【对外贸易经营者备案登记表】	进口企业上传资质扫描件
【中华人民共和国外商投资企业批准证书等】	进口企业上传资质扫描件	【危险化学品安全生产许可证证书】	生产企业上传许可证扫描件（使用许可证企业、涉及危化品经营的企业上传使用许可证、经营许可证附件）
【重大危险源评估报告附件】	重大危险源企业上传评估报告，如安全评价报告已包括重大危险源评估内容可不上传	【工商营业执照扫描件】	自动代入
【其他附件】	上传其他附件		

（二）化学品信息

化学品信息及示例见表 4 – 7 至表 4 – 10。

表4-7 化学品信息——基本信息及示例

【登记号】	系统自动生成	【化学品中文名】	列入《危险化学品目录》的,一般可输入关键字,下拉选择标准名称,特殊情况可修改;未列入《危险化学品目录》的混合物,填写中文商品名
【化学品中文别名】	填写中文别名	【化学品英文名】	填写英文名
【化学品英文别名】	填写英文别名	【CAS号】	纯物质或工业产品必须正确填写CAS号;没有CAS号混合物不需填写CAS号
【化学品属性】	根据实际情况选择产品、中间产品、进口化学品、原料、经营化学品	【分子式】	填写分子式
【分子量】	填写分子量	【结构式】	上传结构式图片
【参考分类】	系统自动生成,参照使用		
【组分信息】	分别填写每种组分的名称、CAS号、百分含量		
【设计生产能力】	产品、中间产品需填写设计生产能力,单位为吨/年或立方米/年	【上年度生产量】	产品、中间产品需填写上年度生产量,上年度未生产的可以填0
【设计最大储量】	填写化学品的最大设计储量		
【主要用途】	填写该化学品的主要用途,包括推荐用途和限制用途		
【是否溶剂回收提纯回用】	中间产品和原料选择是否溶剂回收提纯回用	【产品标准编号】	产品填写标准编号,包括生产该产品参照的国家标准、行业标准、企业标准
【标准原文文档】	属于企业标准的,需上传标准文档	【是否特别管控危险化学品】	列入《危险化学品目录》的,输入关键字,下拉选择标准名称后,自动生成该项

表 4 - 7（续）

【是否剧毒品】	列入《危险化学品目录》的，输入关键字，下拉选择标准名称后，自动生成该项	【是否易制毒化学品】	列入《危险化学品目录》的，输入关键字，下拉选择标准名称后，自动生成该项
【是否重点监管危险化学品】	列入《危险化学品目录》的，输入关键字，下拉选择标准名称后，自动生成该项	【是否易制爆化学品】	列入《危险化学品目录》的，输入关键字，下拉选择标准名称后，自动生成该项
【中文 SDS 文档】	上传符合国家标准的中文安全技术说明书	【标签文档】	上传符合国家标准的安全标签
【鉴定分类报告】	已做过鉴定分类的化学品可上传	【年使用量】	原料需填写年设计使用量
【是否有中间储存设施】	中间产品需填写	【中间最大储量】	中间产品需填写设计的中间最大储量
【上年度使用量】	原料需填写	【商品编码】	填写进口化学品的海关商品编码
【原产国(地区)】	填写进口化学品原产国或地区	【年度计划进口数量(吨)】	填写进口化学品年度计划进口量
【制造商名称】	填写进口化学品制造商名称	【制造商地址】	填写进口化学品制造商地址
【制造商所在国或地区】	填写进口化学品制造商所在国或地区	【制造商联系人】	填写进口化学品制造商联系人
【联系人电话】	填写进口化学品制造商联系人电话	【传真】	填写进口化学品制造商联系人传真
【电子邮箱】	填写进口化学品制造商联系人电子邮箱	【制造商网址】	填写进口化学品制造商网址
【制造商主营业务简介】	填写进口化学品制造商主营业务简介		

表 4 - 8 化学品信息——分类和标签信息及示例

【危险性类别】	正确选择化学品 GHS 分类（建议仅填写符合危险化学品确定原则的类别），与中文 SDS 保持一致。列入《危险化学品目录》的，其类别不得低于《危险化学品目录》实施指南列出的分类		
【象形图编码】	选择类别后自动生成		
【危险性说明】	选择类别后自动生成		
【警示词】	选择类别后自动生成		
【防范说明（包括预防措施、应急响应、安全储存、废弃处置四部分）】	参照 GB 30000 系列标准，填写化学品的防范说明，包括预防措施、应急响应、安全储存、废弃处置 4 个部分		
【储存方式】	选择该化学品在企业的储存方式；无储存时可填写"无储存"	【化学品储存位置】	填写该化学品在企业的具体储存位置

表 4 - 9 化学品信息——危险特性及示例

【状态】	选择化学品在企业的实际状态	【pH 值】	填写化学品的 pH 值
【外观与性状】	填写化学品的实际外观与性状,如无色液体		
【理化性质】	填写化学品的理化参数及数据来源,包括熔点/凝固点（℃）、沸点或初沸点（℃）、闪点（闭杯,℃）、相对蒸气密度（空气 =1）、相对水密度（水 =1）、爆炸下限[% (v/v)]、爆炸上限[% (v/v)]、自燃温度（℃）、稳定性、聚合危害、燃烧性,要与中文 SDS 保持一致;数据来源填写国内外权威数据库、网站或实验室鉴定数据		
【毒理学性质】	填写化学品的毒理学参数、性质及数据来源		
【生态毒理学】	填写化学品的生态毒理学参数、性质及数据来源		

表4-10 化学品信息——安全措施及应急处置及示例

【UN号】	参照《危险货物品名表》（GB 12268）填写化学品的UN号（危险货物编号），与SDS第14部分保持一致，如1202	【危险货物分类】	参照《危险货物品名表》（GB 12268）填写化学品的危险货物分类，与SDS第14部分保持一致
【储存的安全要求】	填写化学品储存的安全要求。 1. 建筑或库房条件 储存于阴凉、通风的库房。 2. 安全设施、设备要求 保持容器密封。采用防爆型照明、通风设施。禁止使用易产生火花的机械设备和工具。 3. 环境卫生条件要求 远离火种、热源。储区应备有泄漏应急处理设备和合适的收容材料。 4. 温湿度条件要求 库温不宜超过30 ℃。 5. 禁配物 氧化剂		
【使用的安全要求】	填写化学品使用的安全要求。 1. 作业人员防护措施 呼吸系统防护：空气中浓度超标时，佩戴自吸过滤式防毒面具（半面罩）。紧急事态抢救或撤离时，应该佩戴空气呼吸器或氧气呼吸器。 眼睛防护：戴化学安全防护眼镜。 皮肤和身体防护：穿防毒物渗透工作服。 手防护：戴橡胶耐油手套。 其他防护：工作现场禁止吸烟、进食和饮水。工作完毕，淋浴更衣。保持良好的卫生习惯。 2. 安全操作要求 密闭操作，加强通风。操作人员必须经过专门培训，严格遵守操作规程。建议操作人员佩戴自吸过滤式防毒面具（半面罩），戴化学安全防护眼镜，穿防毒物渗透工作服，戴橡胶耐油手套。远离火种、热源，工作场所严禁吸烟。使用防爆型通风系统和设备。防止蒸气泄漏到工作场所空气中。避免与氧化剂接触。 3. 使用现场危害预防措施 灌装时应控制流速，且有接地装置，防止静电积聚。搬运时要轻装轻卸，防止包装及容器损坏。配备相应品种和数量的消防器材及泄漏应急处理设备		

表 4 – 10（续）

【运输的安全要求】	填写化学品运输的安全要求。 1. 运输方式要求 公路，管道。 2. 对运输工具的要求 本品铁路运输时限使用钢制企业自备罐车装运，装运前需报有关部门批准。铁路运输时要禁止溜放。严禁用木船、水泥船散装运输。公路运输时要按规定路线行驶，勿在居民区和人口稠密区停留。 3. 对运输温度的要求 夏季最好早晚运输。运输途中应防曝晒、雨淋，防高温。 4. 包装方法 小开口钢桶；内螺纹口玻璃瓶、铁盖压口玻璃瓶、塑料瓶或金属桶（罐），外包装为普通木箱。 5. 安全装卸要求 禁止使用易产生火花的机械设备和工具装卸。铁路运输时要禁止溜放。 6. 安全装卸禁配物 严禁与氧化剂、食用化学品等混装混运。 7. 运输中的安全措施 装运该物品的车辆排气管必须配备阻火装置，禁止使用易产生火花的机械设备和工具装卸。公路运输时要按规定路线行驶，勿在居民区和人口稠密区停留。铁路运输时要禁止溜放。严禁用木船、水泥船散装运输。 8. 应急、防护设备及消防器材要求 运输时运输车辆应配备相应品种和数量的消防器材及泄漏应急处理设备。运输时所用的槽（罐）车应有接地链，槽内可设孔隔板以减少震荡产生静电
【急救措施】	填写化学品的急救措施。 1. 皮肤接触 立即脱去所有被污染的衣物，包括鞋类。用流动清水冲洗皮肤和头发（可用肥皂）。如果出现刺激症状，就医。 2. 眼睛接触 立即翻开上下眼睑，用流动清水彻底冲洗。立即送医院或寻求医生帮助，不得延迟。眼睛受伤后，应由专业人员取出隐形眼镜。 3. 吸入 如果吸入蒸气或燃烧产物，脱离污染区。静卧，保暖。开始急救前，首先取出义齿等，防止阻塞气道。如果呼吸停止，立即进行人工呼吸，用活瓣气囊面罩通气或有效的袖珍面具可能效果更佳。呼吸心跳停止，立即进行心肺复苏术。送医院或寻求医生帮助。 4. 食入 禁止催吐。如果发生呕吐，让病人前倾或左侧位躺下（头部保持低位），保持呼吸道通畅，防止吸入呕吐物。仔细观察病情。禁止给有嗜睡症状或知觉降低即正在失去知觉的病人服用液体。意识清醒者可用水漱口，然后尽量多饮水。寻求医生或医疗机构的帮助

表 4 – 10（续）

【泄漏应急处置】	填写化学品泄漏应急处置方法。 1. 火源控制措施 消除所有点火源。 2. 警戒区及安全区域确定 根据液体流动和蒸气扩散的影响区划定警戒区。 3. 应急人员防护措施 建议应急处理人员戴正压自给式呼吸器，穿防毒、防静电服。作业时使用的所有设备应接地。禁止接触泄漏物。 4. 泄漏源控制方法 尽可能切断泄漏源。采用吸收、水冲洗、构筑围堤或挖坑收容、泡沫覆盖、回收或运至废物处理场所处置。 5. 泄漏物处置方法 小量泄漏，用砂土和其他不燃材料吸收。也可用大量水冲洗，洗水放入废水处理系统。大量泄漏，大量泄漏构筑围堤或挖坑收容。用泡沫覆盖，降低蒸气灾害。用防爆泵转移至槽车或专用收集器内，回收或运至废物处理场所处置。水上泄漏：如没有危险，可采取行动阻止泄漏，立即用围油栅限制溢漏范围，从表面撇去，并警告其他船只。 6. 应急处置中的注意事项 上述泄漏处置建议是根据该材料最可能的泄漏情况提出的；然而，各种自然条件都可能对所采取的方案有很大影响，为此应咨询当地专家。注意：当地法规可能对所采取的方案有规定或限制。 7. 现场洗消方法 根据实际情况，参照泄漏物处置方法
【灭火方法】	填写化学品火灾情况下的灭火方法。 1. 灭火剂 用泡沫、干粉、二氧化碳、砂土灭火。 2. 灭火注意事项及措施 消防人员必须佩戴自给式呼吸器，穿全身防火防毒服，在上风向灭火。尽可能将容器从火场移至空旷处。喷水保持火场容器冷却，直至灭火结束。处在火场中的容器若已变色或从安全泄压装置中产生声音，必须马上撤离。用水灭火无效

（三）危险工艺

1. 危险工艺基本信息

逐条填写企业涉及的重点监管的危险化工工艺信息（表 4 – 11）。

表 4 - 11　危险工艺——基本信息

【危险化工工艺名称】	选择 18 种重点监管的危险化工工艺名称之一	【装置名称】	填写装置名称,如蜡油催化裂化装置
【装置规模(万吨/年)】	填写装置规模,仅限数字,如 20	【重点管控单元】	填写重点管控单元,如预加氢反应器、重整反应器
【工艺危险性特点】	如实选择工艺危险性特点,可复选	【工艺装置所在地址】	填写工艺装置所在详细地址
【投用时间】	填写工艺装置投用时间	【是否实行自动化控制】	选择是否
【安全仪表系统是否投用】	选择是否		
【反应类型】	填写该危险工艺的反应类型,如烯烃与异丁烷的烷基化反应,主要是在硫酸催化剂的存在下,二者通过某些中间反应生成汽油馏分过程		
【单元内主要装置、设施、装卸台及生产(储存)规模】	填写单元内主要装置、设施、装卸台及生产(储存)规模,例如:液氨储罐 3 个,单罐容积 2000 立方米 1 个、1000 立方米 2 个;液氧储槽 1 个,容积 100 立方米;液氮储槽 1 个,容积 100 立方米		
【危险性描述】	填写该危险工艺的危险性描述,如烷基化单元采用高温高压的液相分子筛工艺,极易发生泄漏,易造成着火爆炸的重大事故		
【重点监控工艺参数】	填写该危险工艺的重点监控工艺参数,如出入口温度、出入口压力,床层温升,乙烯压缩机的出口压力,原料苯流量		
【安全控制的基本要求及宜采用的控制方式】	填写该危险工艺的安全控制的基本要求及宜采用的控制方式,如 R - 101、102、103 出入口温度、出入口压力,R - 104 出入口压力设置联锁,乙烯压缩机 C - 101 设置联锁,原料苯 P - 201 设置紧急切断装置,可燃气体检测报警仪和火灾报警器等		
【3 年内安全事故情况】	填写该危险工艺 3 年内安全事故情况		
【是否开展反应风险评估】	选择该危险工艺是否开展反应风险评估,如是,需上传反应风险评估报告附件		
【工艺流程图附件】	上传工艺流程图附件,必填		

2. 涉及的化学品信息

从已登记的化学品信息中选择（表 4 – 12）。

表 4 – 12　危险工艺——化学品信息

【化学品名称】	选择后自动代入	【CAS 号】	选择后自动代入
【别名】	选择后自动代入	【属性】	选择后自动代入
【化学品危险类别】	选择后自动代入	【物理状态】	选择后自动代入
【主要用途】	填写该化学品在该工艺中的用途,如原料	【操作压力(kPa)】	填写在容器、装置中的操作压力,仅限数字,如 200
【操作温度(℃)】	填写在容器、装置中的操作温度,仅限数字,如 850	【单元内实际存量(吨)】	填写单元内该化学品的实际存量,仅限数字,如 1200
【临界量(吨)】	填写该化学品在重大危险源辨识标准中的临界量,仅限数字,如 50	【单个最大容器存量(吨)】	填写单元内单个最大容器该化学品的实际存量,仅限数字,如 200

（四）重大危险源

1. 重大危险源基本信息

逐条填写企业涉及的已进行辨识、备案的重大危险源信息（表 4 – 13）。与重大危险源备案登记表、重大危险源评估报告保持一致。

表 4 – 13　重大危险源——基本信息

【重大危险源编码】	系统自动生成	【重大危险源名称】	填写重大危险源名称
【重大危险源分类】	选择重大危险源类别:罐区/装置/库区	【重大危险源级别】	选择重大危险源级别
【危险源经度/纬度】	地图上点击重大危险源坐标	【重大危险源边界】	地图上绘制重大危险源边界
【重大危险源 R 值】	填写该重大危险源的 R 值,仅限数字,如 155	【重大危险源投用时间】	填写该重大危险源的投用时间

表 4 – 13 （续）

【是否包含装卸台】	选择是否		
【单元内主要装置、设施、装卸台及生产（储存）规模】	填写单元内主要装置、设施、装卸台及生产（储存）规模，如 2 台储存正己烷储罐 R – 110、R – 111 单台储罐容积分别为 400 立方米、150 立方米，1 台储存丁二烯二聚油储罐 R – 125		
【重大危险源地址】	填写该重大危险源详细地址	【所在厂区】	选择该重大危险源所在厂区（需在企业信息首先填写厂区）
【重大危险源与周边重点防护目标最近距离情况（米）】	填写该重大危险源与周边重点防护目标最近距离，仅限数字，如 5000	【500 米内人数估算】	填写该重大危险源 500 米内人数估算，仅限数字，如 200
【3 年内安全事故情况】	填写该重大危险源 3 年内安全事故		
【职工人数（仅针对该重大危险源）】	填写该重大危险源职工人数，仅限数字，如 26	【占地面积（平方米）（仅针对该重大危险源）】	填写该重大危险源占地面积，仅限数字，如 140
【包保责任人信息】	逐条填写该重大危险源包保责任人信息，分别填写企业负责人、技术负责人、操作负责人的姓名、电话、职位、职责。一条记录不得填写多个人的信息。 例如，类型：主要负责人。 姓名：王某。 电话：13912341234。 职位：总经理。 职责： （1）组织建立重大危险源安全包保责任制，并指定对重大危险源负有安全包保责任的技术负责人、操作负责人。 （2）组织制定重大危险源安全生产规章制度和操作规程，并采取有效措施保证其得到执行。 （3）组织对重大危险源的管理和操作岗位人员进行安全技能培训。 （4）保证重大危险源安全生产所必需的安全投入。 （5）督促、检查重大危险源安全生产工作。 （6）组织制定并实施重大危险源生产安全事故应急救援预案。 （7）组织通过危险化学品登记信息管理系统填报重大危险源有关信息，保证重大危险源安全监测监控有关数据接入危险化学品安全生产风险监测预警系统		

2. 涉及化学品信息

从已登记的化学品信息中选择（表 4 – 14）。

表 4 – 14 重大危险源——化学品信息

【化学品名称】	选择后自动代入	【CAS 号】	选择后自动代入
【别名】	选择后自动代入	【属性】	选择后自动代入
【化学品危险类别】	选择后自动代入	【物理状态】	选择后自动代入
【主要用途】	填写该化学品在该危险源中的用途,如原料	【设计存量(吨)】	填写单元内该化学品的实际存量,仅限数字,如 50
【操作压力(kPa)】	填写在容器、装置中的操作压力,仅限数字,如 500	【操作温度(℃)】	填写在容器、装置中的操作温度,仅限数字,如 240
【单个最大容器存量(吨)】	填写单元内单个最大容器该化学品的实际存量,仅限数字,如 30	【临界量(吨)】	填写该化学品在重大危险源辨识标准中的临界量,仅限数字,如 50
【生产工艺】	填写该化学品的工艺情况,如加氢工艺		

第四节 危险化学品登记综合服务系统常见问题

一、系统使用问题

(一) 系统支持哪些浏览器

新系统支持 360 极速浏览器、谷歌浏览器、Edge 浏览器、火狐浏览器、傲游浏览器等常见开源内核（国际通用）的浏览器。使用其他非开源内核浏览器可能会出现系统不兼容的情况。

(二) 企业如何注册

新登记企业用户首先通过系统进行注册。注册信息包括企业信息和经办人信息。企业信息包括企业名称、工商注册地址、企业类型、所在省市县、统一社会信用代码、工商注册时间、是否涉及危险化学品进口、工商营业执照附件等。经办人信息包括账号、密码、经办人姓名、经办人手机号、验证码等。如提示"该企业已存在"说明企业已在系统注册，及时联系地方监管部门或省级登记办公室找回用户名密码。

（三）企业登录系统后，如何填报信息

新登记企业完成注册后，使用用户名密码登录系统，通过主页进入"危化品登记"或"化工或医药企业信息登记""经营企业信息登记""使用企业信息登记"（视企业类型而定），进入业务办理－企业信息登记模块，依次填写企业信息、化学品信息、危险工艺、重大危险源等，填写完毕后进行上报。

（四）企业登录系统后发现信息无法填写或修改怎么办

企业登录后发现部分字段无法填写或者修改，化学品信息、重大危险源信息无法编辑。

原因1：企业信息目前处于业务办结的不可修改状态，需要企业进入"企业登记工作台"，点击"业务申请"，重新提交变更或复核申请，变更申请不需审批，复核申请由省级登记办公室批准后获得修改权限。

原因2：企业正在进行有关业务的流程，信息已经上报提交，正处于待审核状态，此时企业没有权限修改。企业可通过工作台－当前业务查看，只要其中有逐条的记录，则说明企业正在进行流程。最上面的流程表示当前的状态。如最上面流程为"省级登记办审核"，表示企业信息已上报至省级登记办公室。

（五）填报过程存在部分页面加载有问题怎么办

尝试更换浏览器（360极速浏览器、谷歌浏览器、火狐浏览器等），缩放页面。

（六）企业如何查看所填信息审核意见

企业上报信息后，有关监管部门、登记机构对企业上报信息进行审核。企业登录系统，可通过"工作台"右上的模块查看不合格意见，并进行下载核对修改；也可点击"企业信息登记"，逐个查看企业信息、化学品信息、工艺信息、重大危险源的"审核记录"。

（七）企业既属于生产企业又属于经营企业如何填报

每一个企业只能在系统内申请一个账号。如果企业属于危险化学品生产企业同时又属于危险化学品经营企业，那么不需要重新申请账号，可电话联系省级登记办公室或部化学品登记中心，由省级登记办公室或部化学品登记中心管理员修改企业类型为危险化学品生产兼经营企业。

（八）企业类型发生变更如何操作

一个企业只能在系统内申请一个账号。如企业类型发生变更，包括但不限于下列情况：

（1）增加或去掉涉及危险化学品进口。

（2）生产企业修改为经营企业、使用许可企业、化工企业、医药企业、其他企业中的任一种。

（3）经营企业修改为生产企业、使用许可企业、化工企业、医药企业、其他企业中的任一种。

（4）化工企业修改为生产企业、经营企业、使用许可企业、医药企业、其他企业中的任一种。

（5）医药企业修改为生产企业、经营企业、使用许可企业、化工企业、其他企业中的任一种。

（6）生产企业增加或去掉生产涉及经营。

一般需要电话联系企业所在省级登记办公室，通过省级登记办公室核实无误后为企业修改类型。修改企业类型可能造成数据遗失，企业务必核实准确后方可申请修改。

（九）系统厂区边界、经纬度填报出现问题怎么办

原因1：浏览器不兼容问题，尝试更换浏览器（谷歌浏览器、360极速浏览器等）。

原因2：企业无修改权限，具体情况参照问题（四）。

原因3：仅出现一个地图边框，可能为网络原因导致，更换计算机或网络环境再行尝试。

（十）如何在地图上绘制企业边界、厂区边界或重大危险源边界

企业边界需通过地图进行绘制。以厂区边界为例说明。

第一步：打开地图，通过查询标志性建筑、道路或直接缩放图层找到企业厂区所在位置。

第二步：左键点击"边界选择"按钮，鼠标变为"十"字形状后，从企业边界的一个角点击，松开鼠标，然后沿着厂区直线边缘进行拖动画线，直到厂区的下一个拐点点击鼠标左键，然后再次松开鼠标拖动画线，依次进行，逐步绘制完成一个完整的多边形闭环区域。

第三步：点击右键或双击左键，形成边界地图，中间区域为黄色区域，且整个图形无多余的线条、点、面。

第四步：点击"保存"按钮保存绘制的地图。

（十一）企业不涉及危险工艺、重大危险源是否需要填写

危险工艺指的是应急管理部发布的 18 种重点监管的危险化工工艺。不涉及危险工艺、重大危险源的企业均不需要填写，直接跳过即可。

（十二）企业填报界面红色叉标志有何意义

企业在信息填报界面，各大模块如"企业信息""化学品信息""危险工艺""重大危险源"，以及各小模块如"基本信息""安全管理信息""厂区"等若出现红色叉"⊗"标志，表示该项信息存在必填项未填写的情况，如不明哪项可以点击保存，系统会提示需补充的项。除无储存设施贸易企业（可能涉及经营企业或其他企业）外，所有企业均应当添加厂区信息。

（十三）企业填报界面化学品列表、工艺列表、重大危险源列表中条目颜色有何意义

企业信息填报界面，化学品列表、工艺列表、重大危险源列表中条目颜色代表该条信息目前的状态（图 4 – 48）。红色代表该条信息企业已进行了删除，审核结束会从列表消失；绿色代表该条信息为新增信息；橙色代表该条化学品企业进行修改；黑色代表该条信息未作改动。这些颜色都是企业正在流程中，但尚未完成的情况。流程结束后，条目颜色统一为黑色。

（十四）企业上报后仍要修改如何操作

企业上报后发现有漏登、错登情况时，首先要查询"流程信息"，确认在哪级单位审核，然后电话联系审核员退回，企业再行修改。如企业上报后上级单位尚未审核，可以进行"撤回"。

（十五）生产企业、进口企业进行到提交登记表的流程节点发现信息需要修改如何操作

如生产企业、进口企业信息已全部审核通过，进行到企业提交登记表的时间节点，此时企业信息已锁定不能再进行退回修改。如企业确实有重要内容需要修改，可以点击图中问号按钮，申请撤回，重新进行信

息修改、上报、审核，如图 4 – 99 所示。

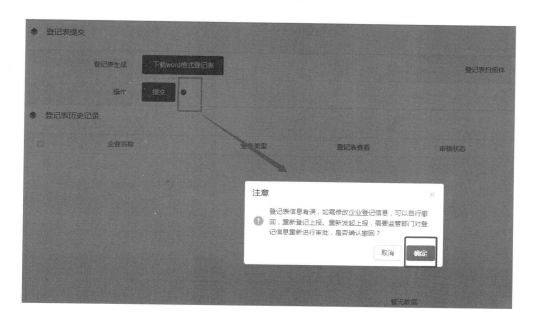

图 4 – 99 登记表撤回

（十六）企业登记流程中各个节点如何理解

企业在工作台 – 当前流程，以及审核页面的"流程信息"看到的各个审核节点的含义如下：

（1）登记信息上报：表示企业正在填报信息，当前企业具有修改信息的权限。

（2）登记办（省级）信息审核：表示省级登记办公室对企业信息进行审核。

（3）登记中心信息审核：表示部化学品登记中心对企业信息进行审核。

（4）提交登记表：表示企业信息已通过省、部两级审核，需要下载登记表并提交签字盖章扫描件，点击"办理"按钮可直接进入登记表页面。

（5）登记表审核：表示省级登记办公室对企业登记表进行审核。

（6）发证：表示部化学品登记中心对企业信息进行发证。

（7）登记办（地方）信息审核、地方审批、区/县级审批：均表示市县（或园区）应急管理部门对企业信息进行审核。

（8）通过：表示该项流程已结束提交至下一阶段。

（9）驳回：表示企业提交的信息被审核单位审核为不合格，驳回修改，此时企业具有修改权限。

（10）撤回：表示企业上报信息又自行撤回，此时企业具有修改权限。

（11）进行中：表示该项流程正在进行中。

（十七）网上流程结束后生产企业、进口企业的登记证书多久下发

企业网上流程结束后，部化学品登记中心一般会在一周内下发企业的登记证书、登记品种页等信息，并邮寄至各省级登记办公室，企业需联系省级登记办公室领取。

二、登记内容填报问题

（一）企业类型如何判断

根据危险化学品企业的具体情况，在系统内将企业分为危险化学品生产企业、危险化学品经营企业、危险化学品使用许可企业（发使用许可证）、化工企业（不发使用许可证）、医药企业、其他企业（化工企业、医药企业范围详见工作方案）。每种企业类型都分为涉及危化品进口和不涉及危化品进口两种情况。相关说明见表4-15。

表4-15　各类型企业说明及化学品登记范围

序号	企业类型	说　　明	登记化学品	
			涉及危化品进口	不涉及危化品进口
1	危险化学品生产企业	取得危险化学品安全生产许可证的企业、产品GHS分类属于危险化学品确定原则的生产企业	产品、中间产品、进口化学品、原料	产品、中间产品、原料
2	危险化学品经营企业	取得危险化学品经营许可证的企业	经营化学品、进口化学品	经营化学品

表 4 – 15（续）

序号	企业类型	说　明	登记化学品	
			涉及危化品进口	不涉及危化品进口
3	危险化学品使用许可企业（发使用许可证）	取得危险化学品使用许可证的企业	进口化学品、原料、产品、中间产品	原料、产品、中间产品
4	化工企业（不发使用许可证）	符合化工、医药行业登记范围的化工生产企业，未达到危险化学品使用许可证条件的企业	进口化学品、原料、产品、中间产品	原料、产品、中间产品
5	医药企业	符合化工、医药行业登记范围的医药制造企业	进口化学品、原料、产品、中间产品	原料、产品、中间产品
6	其他企业	其他企业如工贸企业、矿山企业、其他行业企业等	进口化学品、原料、产品、中间产品	各省级应急管理部门确定

（二）如何保证二维码扫码内容准确

为确保二维码扫描查到的信息准确无误，企业填报时就需对化学品名称、CAS 号、登记号、企业名称、部分标签要素（警示词、危害象形图、危险性说明）、急救措施、泄漏应急措施、灭火方法、"一书一签"等信息进行认真核实。

（三）厂区如何填报

（1）需要分别填写厂区的情况：

一是几个厂区相互不接壤，甚至位于不同的区县、地市。

二是各厂区管理人员设置相对独立，存在各自管理单独考核的情况。

（2）厂区边界地图出现空白问题的解决方法：

企业点击"编辑"按钮后，打开地图，如出现空白，可点击右上角"删除"按钮，再点击"确定"按钮，将页面关掉，再打开地图即可重新绘制。如上述操作无效，说明企业厂区后台数据存在问题，企业可删除整条厂区信息，重新添加一条。

（四）生产企业登记化学品有哪些要求

生产企业登记的危险化学品应包括产品、原料和中间产品。产品是指生产企业生产且用于出售的危险化学品；原料是指生产企业外购的作为原料使用的危险化学品；中间产品是指生产企业为生产某种产品，在生产过程中产生，并根据目前技术已知的、稳定存在的且不向外出售的危险化学品。

（五）哪类化学品可生成二维码

（1）产品和进口化学品。生产企业的产品与进口企业（涉及进口的生产企业、经营企业、使用许可企业、化工企业、医药企业、其他企业）的进口化学品均可生成二维码。最终产品为危险化学品的其他企业根据实际需要，可以申请取得安全信息码，具体要求由省级应急管理部门确定。

（2）部分经营化学品。危险化学品经营分装、充装、委托加工等企业可以参照进口企业，通过系统填报实际生产企业或进口企业的危险化学品登记号等信息，对本企业经营分装的危险化学品申请具有本企业标识的安全信息码，经省级化学品登记部门审核通过后，生成安全信息码及序列号。

化工企业、医药企业、使用许可企业、其他企业的产品及所有的原料、中间产品不生成二维码。原料的二维码从上游生产企业获取。

（六）产品标准有什么要求

生产企业的产品要求填写产品标准编号，包括生产该产品参照的国家标准、行业标准、企业标准。其中使用企业标准的，还需要上传企业标准的文档。原则上，登记机构不受理无产品标准的危险化学品产品登记。

（七）化学品名称填写有什么要求

企业登记填报化学品名称时：

（1）列入《目录》的化学品，参照《目录》中的名称填写，即利用下拉菜单选择。

（2）未列入《目录》的化学品或混合物登记时，不得填写纯英文代号，如 CY - 01。因化学品填报需体现其登记的意义，建议可采用功能性描述 + 代号来填写，如抗凝剂 CY - 01、油漆稀释剂 PU - 112、润滑油添加剂 X5 - 01。

（3）化学品名称中避免出现怪异的符号或空格，如氨溶液（✓30%）、硫化氢等。

（4）《目录》第 2828 项，不得填写集合条目名称"含易燃溶剂的合成树脂、油漆、辅助材料、涂料等制品［闭杯闪点 ≤60 ℃］"，需填写具体产品名称。

（5）只要有 CAS 的化学品都需要填写 CAS 号，一般包括纯物质、特殊混合物（如汽油、液化石油气、天然气），其他混合物不需要填写。

（八）化学品的分类和标签信息如何填写

根据危险化学品登记文书要求，在登记系统中"分类和标签信息"栏，应填写该化学品的整体而非某个组分的分类和标签信息。其中，"危险性类别"栏，目前根据企业自分类及参考分类情况填写，且要与相应的数据对应。"危险性说明"，填写《化学品分类和标签规范》（GB 30000）系列标准规定的危险性说明，有固定的短语，系统自动生成。"防范说明"，填写《化学品分类和标签规范》（GB 30000）系列标准规定的防范说明，有相对固定的短语，分为预防措施、应急响应、安全储存、废弃处置 4 个部分。

（九）中间产品如何填报

对需登记的中间产品，企业仍需对中间产品编写"一书一签"，但由于中间产品不对外销售，因此中间产品的"一书一签"只在企业内部使用。

（十）危险化学品登记需上报哪些材料

全国各地均已于 2020 年 3 月起取消了纸质登记材料的上报。《危险化学品登记管理办法》中所规定需提交纸质材料的工商营业执照、进口企业的对外贸易经营者备案登记表、化学品安全技术说明书、化学品安全标签、应急咨询服务委托书、危险化学品产品标准等材料均改为在登记系统内上传电子文档；危险化学品登记表在企业两级审核通过后，可下载登记表打印并盖章，完成后上传电子版扫描件。

（十一）"物理化学性质"栏数据来源如何填写

"物理化学性质"栏，分为选填项部分和必填项部分。对于"熔点/凝固点""沸点或初沸点"等11项必填内容，除需填写该化学品有关理化数据外，还需填写其数据来源。如该数据是通过查找有关数据库、书籍、网站获得的，建议参照系统内"参考数据源"填写该数据库、书籍、网站的具体情况；如该数据是通过试验获得的，需填写试验报告编号、实验室名称、测试时间等内容。

（十二）企业应急咨询电话有哪些要求

1. 企业自行设置应急咨询电话应具备的条件

根据《危险化学品登记管理办法》第二十二条，应急咨询电话应具备以下条件：

（1）设立专门应急咨询服务电话，且为固定电话号码，号码应印在本企业生产的危险化学品的"一书一签"上，该电话不得挪作他用。

（2）有专职人员负责接听并回答用户应急咨询，专职人员应当熟悉本企业生产的危险化学品的分类和标签信息、物理化学性质、主要用途、危险特性、储存、使用、运输的安全要求、出现危险情况的应急处置措施等。

（3）除不可抗拒的因素外，应急服务咨询电话应当每天24小时开通，并有专职人员值守。危险化学品生产企业不能提供规定的应急咨询服务的，应当委托登记机构代理应急咨询服务。

2. 关于进口企业设立应急咨询服务电话的问题

《危险化学品登记管理办法》第二十二条第三款规定，"危险化学品进口企业应当自行或者委托进口代理商、登记机构提供符合本条第一款要求的应急咨询服务，并在其进口的危险化学品安全标签上标明应急咨询服务电话号码。"为了落实上述规定，从促进进口企业发展的角度考虑，在应急咨询服务电话符合规定的前提下，以下情况均视为提供了应急咨询电话：

（1）危险化学品进口企业提供自行设立的应急咨询电话。

（2）危险化学品进口企业提供委托登记机构设立的应急咨询电话。

（3）国外供应商提供在中国国内自行设立的应急咨询电话。

（4）国外供应商提供委托中国国内登记机构设立的应急咨询电话。

（十三）"一书一签"辅助编制功能如何使用

"一书一签"辅助编制功能、"一书一签"分享和储存管理功能均为辅助企业进行登记填报及内部管理的工具，不是企业必须要填写的项目。系统内置了部分常见化学品"一书一签"用于辅助企业进行编制。如企业有常见纯化学品不会编制较为标准的"一书一签"，可通过"一书一签"辅助编制功能进行编制生成；如有混合物需要编制，则需要下载模板自行编制。"一书一签"分享功能主要用于企业内部或向下游用户提供化学品"一书一签"的下载链接。

（十四）化学品储存管理功能如何使用

储存场所管理、化学品储存管理等功能，主要用于企业内部对化学品储存情况进行实时管理。企业通过填写储存场所、储存化学品信息，实现对化学品储存情况的动态管理，可从危险化学品台账页直接进行查看。

三、其他问题

（一）企业应该什么时候办理登记

《危险化学品登记管理办法》第十条第一款规定"新建的生产企业应当在竣工验收前办理危险化学品登记"，指新建的生产企业应当在竣工验收前办理完成危险化学品登记工作，具体开始办理时间由登记企业根据实际情况自行决定，建议企业在试生产阶段完成危险化学品登记。危险化学品进口企业应当在首次进口前办理危险化学品进口登记。

（二）构成重大危险源的企业是否都进行登记填报

构成重大危险源的危险化学品生产企业、经营企业、使用许可企业、化工企业、医药企业都应当通过综合服务系统填报或完善信息，为全国危险化学品安全生产风险监测预警系统提供基础支撑。

（三）危险化学品可以进行大类登记吗

对于组分相同的危险化学品，如果浓度的变化没有引起化学品危险性类别的改变，且化学品的商品名也相同（或类似），则可以作为同一化学品进行登记，但在名称后面括号中或在组分信息中应说明主要有害组分浓度范围；如果浓度的变化引起了化学品危险性类别的改变，则作为不同危险化学品分别登记。

（四）如何区分使用型进口企业和贸易经营型进口企业

进口企业进口的危险化学品全部或部分作为原料从事本企业生产活动的，按照使用型进口企业登记；不满足上述条件的，按照贸易经营型进口企业登记。

（五）哪些企业需要填写两类重点人员达标信息

根据《2021年危险化学品安全培训网络建设工作方案》《危险化学品企业重点人员安全资质达标导则（试行）》要求，危险化学品企业需要通过"危险化学品登记信息管理系统"填报专职安全管理人员和高风险岗位操作人员（统称两类重点人员）相关信息，包括人员基本信息、人员类别、安全资质达标情况、达标整改措施、计划达标时间等。需要填报的企业范围包括：

（1）需依法取得应急管理部门许可的危险化学品生产企业。

（2）需依法取得应急管理部门许可、储存设施构成重大危险源的危险化学品经营企业。

（3）需依法取得应急管理部门许可、使用危险化学品从事生产的化工企业。

（4）涉及重点监管的危险化工工艺、重大危险源的精细化工企业。

（5）涉及重点监管的危险化工工艺、重大危险源的化学合成类药品生产企业。

附录一 危险化学品目录

国家安全生产监督管理总局
中华人民共和国工业和信息化部
中华人民共和国公安部
中华人民共和国环境保护部
中华人民共和国交通运输部
中华人民共和国农业部
中华人民共和国国家卫生和计划生育委员会
中华人民共和国国家质量监督检验检疫总局
国家铁路局 中国民用航空局
公 告

2015 年 第 5 号

按照《危险化学品安全管理条例》（国务院令第 591 号）有关规定，安全监管总局会同工业和信息化部、公安部、环境保护部、交通运输部、农业部、国家卫生计生委、质检总局、铁路局、民航局制定了《危险化学品目录（2015 版）》，现予公布，请自行下载（网址：www. chinasafety. gov. cn）。《危险化学品目录（2015 版）》于 2015 年 5 月 1 日起施行。《危险化学品名录（2002 版）》（原国家安全生产监督管理局公告 2003 年第 1 号)、《剧毒化学品目录（2002 年版）》(原国家安全生产监督管理局等 8 部门公告 2003 年第 2 号) 同时废止。

安 全 监 管 总 局

工 业 和 信 息 化 部

公　安　部

环 境 保 护 部

交 通 运 输 部

农　业　部

国 家 卫 生 计 生 委

质　检　总　局

铁　路　局

民　航　局

2015 年 2 月 27 日

危险化学品目录说明

一、危险化学品的定义和确定原则

定义：具有毒害、腐蚀、爆炸、燃烧、助燃等性质，对人体、设施、环境具有危害的剧毒化学品和其他化学品。

确定原则：危险化学品的品种依据化学品分类和标签国家标准，从下列危险和危害特性类别中确定：

1. 物理危险

爆炸物：不稳定爆炸物、1.1、1.2、1.3、1.4。

易燃气体：类别 1、类别 2、化学不稳定性气体类别 A、化学不稳定性气体类别 B。

气溶胶（又称气雾剂）：类别 1。

氧化性气体：类别 1。

加压气体：压缩气体、液化气体、冷冻液化气体、溶解气体。

易燃液体：类别1、类别2、类别3。

易燃固体：类别1、类别2。

自反应物质和混合物：A型、B型、C型、D型、E型。

自燃液体：类别1。

自燃固体：类别1。

自热物质和混合物：类别1、类别2。

遇水放出易燃气体的物质和混合物：类别1、类别2、类别3。

氧化性液体：类别1、类别2、类别3。

氧化性固体：类别1、类别2、类别3。

有机过氧化物：A型、B型、C型、D型、E型、F型。

金属腐蚀物：类别1。

2. 健康危害

急性毒性：类别1、类别2、类别3。

皮肤腐蚀/刺激：类别1A、类别1B、类别1C、类别2。

严重眼损伤/眼刺激：类别1、类别2A、类别2B。

呼吸道或皮肤致敏：呼吸道致敏物1A、呼吸道致敏物1B、皮肤致敏物1A、皮肤致敏物1B。

生殖细胞致突变性：类别1A、类别1B、类别2。

致癌性：类别1A、类别1B、类别2。

生殖毒性：类别1A、类别1B、类别2、附加类别。

特异性靶器官毒性–一次接触：类别1、类别2、类别3。

特异性靶器官毒性–反复接触：类别1、类别2。

吸入危害：类别1。

3. 环境危害

危害水生环境–急性危害：类别1、类别2；危害水生环境–长期危害：类别1、类别2、类别3。

危害臭氧层：类别1。

二、剧毒化学品的定义和判定界限

定义：具有剧烈急性毒性危害的化学品，包括人工合成的化学品及其混合物和天然毒素，还包括具有急性毒性易造成公共安全危害的化学品。

剧烈急性毒性判定界限：急性毒性类别1，即满足下列条件之一：大鼠实验，经口 $LD_{50} \leqslant 5$ mg/kg，经皮 $LD_{50} \leqslant 50$ mg/kg，吸入（4 h）$LC_{50} \leqslant 100$ mL/m^3（气体）或 0.5 mg/L（蒸气）或 0.05 mg/L（尘、雾）。经皮 LD_{50} 的实验数据，也可使用兔实验数据。

三、《危险化学品目录》各栏目的含义

（一）"序号"是指《危险化学品目录》中化学品的顺序号。

（二）"品名"是指根据《化学命名原则》（1980）确定的名称。

（三）"别名"是指除"品名"以外的其他名称，包括通用名、俗名等。

（四）"CAS 号"是指美国化学文摘社对化学品的唯一登记号。

（五）"备注"是对剧毒化学品的特别注明。

四、其他事项

（一）《危险化学品目录》按"品名"汉字的汉语拼音排序。

（二）《危险化学品目录》中除列明的条目外，无机盐类同时包括无水和含有结晶水的化合物。

（三）序号 2828 是类属条目，《危险化学品目录》中除列明的条目外，符合相应条件的，属于危险化学品。

（四）《危险化学品目录》中除混合物之外无含量说明的条目，是指该条目的工业产品或者纯度高于工业产品的化学品，用作农药用途时，是指其原药。

（五）《危险化学品目录》中的农药条目结合其物理危险性、健康危害、环境危害及农药管理情况综合确定。

危险化学品目录（略）。

附录二 危险化学品目录实施指南

国家安全监管总局办公厅关于印发 危险化学品目录（2015 版）实施 指南（试行）的通知

安监总厅管三〔2015〕80 号

各省、自治区、直辖市及新疆生产建设兵团安全生产监督管理局：

为有效实施《危险化学品目录（2015 版）》(国家安全监管总局等10 部门公告 2015 年第 5 号)，国家安全监管总局组织编制了《危险化学品目录（2015 版）实施指南（试行）》(请自行从国家安全监管总局网站下载)，现印发给你们，请遵照执行。在实施过程中，如遇到问题，请及时反馈国家安全监管总局监管三司（联系人及电话：陆旭，010－64463239〈带传真〉）。

安全监管总局办公厅
2015 年 8 月 19 日

危险化学品目录（2015 版）实施指南（试行）

一、《危险化学品目录（2015 版）》(以下简称《目录》) 所列化学品是指达到国家、行业、地方和企业的产品标准的危险化学品（国家明令禁止生产、经营、使用的化学品除外）。

二、工业产品的 CAS 号与《目录》所列危险化学品 CAS 号相同时（不论其中文名中名称是否一致），即可认为是同一危险化学品。

三、企业将《目录》中同一品名的危险化学品在改变物质状态后进行销售的，应取得危险化学品经营许可证。

四、对生产、经营柴油的企业（每批次柴油的闭杯闪点均大于 60 ℃ 的除外）按危险化学品企业进行管理。

五、主要成分均为列入《目录》的危险化学品，并且主要成分质量比或体积比之和不小于70% 的混合物（经鉴定不属于危险化学品确定原则的除外），可视其为危险化学品并按危险化学品进行管理，安全监管部门在办理相关安全行政许可时，应注明混合物的商品名称及其主要成分含量。

六、对于主要成分均为列入《目录》的危险化学品，并且主要成分质量比或体积比之和小于70% 的混合物或危险特性尚未确定的化学品，生产或进口企业应根据《化学品物理危险性鉴定与分类管理办法》（国家安全监管总局令第 60 号）及其他相关规定进行鉴定分类，经过鉴定分类属于危险化学品确定原则的，应根据《危险化学品登记管理办法》（国家安全监管总局令第 53 号）进行危险化学品登记，但不需要办理相关安全行政许可手续。

七、化学品只要满足《目录》中序号第 2828 项闪点判定标准即属于第 2828 项危险化学品。为方便查阅，危险化学品分类信息表中列举部分品名。其列举的涂料、油漆产品以成膜物为基础确定。例如，条目"酚醛树脂漆（涂料）"，是指以酚醛树脂、改性酚醛树脂等为成膜物的各种油漆涂料。各油漆涂料对应的成膜物详见国家标准《涂料产品分类和命名》（GB/T 2705—2003）。胶粘剂以粘料为基础确定。例如，条目"酚醛树脂类胶粘剂"，是指以酚醛树脂、间苯二酚甲醛树脂等为粘料的各种胶粘剂。各胶粘剂对应的粘料详见国家标准《胶粘剂分类》（GB/T 13553—1996）。

八、危险化学品分类信息表（见附件）是各级安全监管部门判定危险化学品危险特性的重要依据。各级安全监管部门可根据《指南》中列出的各种危险化学品分类信息，有针对性地指导企业按照其所涉及的危险化学品危险特性采取有效防范措施，加强安全生产工作。

九、危险化学品生产和进口企业要依据危险化学品分类信息表列出的各种危险化学品分类信息，按照《化学品分类和标签规范》系列标准（GB 30000.2—2013～GB 30000.29—2013）及《化学品安全标签编写规定》（GB 15258—2009）等国家标准规范要求，科学准确地确定本企业化学品的危险性说明、警示词、象形图和防范说明，编制或更新化学品安全技术说明书、安全标签等危险化学品登记信息，做好化学品危害告知和信息传递工作。

十、危险化学品在运输时，应当符合交通运输、铁路、民航等部门的相关规定。

十一、按照《危险化学品安全管理条例》第三条的有关规定，随着新化学品的不断出现、化学品危险性鉴别分类工作的深入开展，以及人们对化学品物理等危险性认识的提高，国家安全监管总局等10部门将适时对《目录》进行调整，国家安全监管总局也将会适时对危险化学品分类信息表进行补充和完善。

附件：危险化学品分类信息表（略）。

附录三　危险化学品目录
调　整　公　告

中华人民共和国应急管理部
中华人民共和国工业和信息化部
中华人民共和国公安部
中华人民共和国生态环境部
中华人民共和国交通运输部
中华人民共和国农业农村部
中华人民共和国国家卫生健康委员会
国家市场监督管理总局
国家铁路局　中国民用航空局
公　告

2022 年　第 8 号

依照《危险化学品安全管理条例》（国务院令第 591 号）有关规定，应急管理部会同工业和信息化部、公安部、生态环境部、交通运输部、农业农村部、卫生健康委、市场监管总局、铁路局、民航局决定调整《危险化学品目录（2015 版）》，将"1674 柴油［闭杯闪点≤60 ℃］"

调整为"1674 柴油"。应急管理部将配套补充完善《危险化学品分类信息表》。本公告自 2023 年 1 月 1 日起施行。

应 急 管 理 部

工 业 和 信 息 化 部

公 安 部

生 态 环 境 部

交 通 运 输 部

农 业 农 村 部

卫 生 健 康 委

市 场 监 管 总 局

铁 路 局

民 航 局

2022 年 10 月 13 日

附录四　危险化学品登记管理办法

国家安全生产监督管理总局令

第 53 号

《危险化学品登记管理办法》已经 2012 年 5 月 21 日国家安全生产监督管理总局局长办公会议审议通过，现予公布，自 2012 年 8 月 1 日起施行。原国家经济贸易委员会 2002 年 10 月 8 日公布的《危险化学品登记管理办法》同时废止。

2012 年 7 月 1 日

危险化学品登记管理办法

第一章　总　　则

第一条　为了加强对危险化学品的安全管理，规范危险化学品登记工作，为危险化学品事故预防和应急救援提供技术、信息支持，根据《危险化学品安全管理条例》，制定本办法。

第二条　本办法适用于危险化学品生产企业、进口企业（以下统称登记企业）生产或者进口《危险化学品目录》所列危险化学品的登记和管理工作。

第三条　国家实行危险化学品登记制度。危险化学品登记实行企业申请、两级审核、统一发证、分级管理的原则。

第四条　国家安全生产监督管理总局负责全国危险化学品登记的监督管理工作。

县级以上地方各级人民政府安全生产监督管理部门负责本行政区域内危险化学品登记的监督管理工作。

第二章　登　记　机　构

第五条　国家安全生产监督管理总局化学品登记中心（以下简称登记中心），承办全国危险化学品登记的具体工作和技术管理工作。

省、自治区、直辖市人民政府安全生产监督管理部门设立危险化学品登记办公室或者危险化学品登记中心（以下简称登记办公室），承办本行政区域内危险化学品登记的具体工作和技术管理工作。

第六条　登记中心履行下列职责：

（一）组织、协调和指导全国危险化学品登记工作；

（二）负责全国危险化学品登记内容审核、危险化学品登记证的颁发和管理工作；

（三）负责管理与维护全国危险化学品登记信息管理系统（以下简称登记系统）以及危险化学品登记信息的动态统计分析工作；

（四）负责管理与维护国家危险化学品事故应急咨询电话，并提供24小时应急咨询服务；

（五）组织化学品危险性评估，对未分类的化学品统一进行危险性分类；

（六）对登记办公室进行业务指导，负责全国登记办公室危险化学品登记人员的培训工作；

（七）定期将危险化学品的登记情况通报国务院有关部门，并向社会公告。

第七条　登记办公室履行下列职责：

（一）组织本行政区域内危险化学品登记工作；

（二）对登记企业申报材料的规范性、内容一致性进行审查；

（三）负责本行政区域内危险化学品登记信息的统计分析工作；

（四）提供危险化学品事故预防与应急救援信息支持；

（五）协助本行政区域内安全生产监督管理部门开展登记培训，指导登记企业实施危险化学品登记工作。

第八条 登记中心和登记办公室（以下统称登记机构）从事危险化学品登记的工作人员（以下简称登记人员）应当具有化工、化学、安全工程等相关专业大学专科以上学历，并经统一业务培训，取得培训合格证，方可上岗作业。

第九条 登记办公室应当具备下列条件：

（一）有 3 名以上登记人员；

（二）有严格的责任制度、保密制度、档案管理制度和数据库维护制度；

（三）配备必要的办公设备、设施。

第三章 登记的时间、内容和程序

第十条 新建的生产企业应当在竣工验收前办理危险化学品登记。

进口企业应当在首次进口前办理危险化学品登记。

第十一条 同一企业生产、进口同一品种危险化学品的，按照生产企业进行一次登记，但应当提交进口危险化学品的有关信息。

进口企业进口不同制造商的同一品种危险化学品的，按照首次进口制造商的危险化学品进行一次登记，但应当提交其他制造商的危险化学品的有关信息。

生产企业、进口企业多次进口同一制造商的同一品种危险化学品的，只进行一次登记。

第十二条 危险化学品登记应当包括下列内容：

（一）分类和标签信息，包括危险化学品的危险性类别、象形图、警示词、危险性说明、防范说明等；

（二）物理、化学性质，包括危险化学品的外观与性状、溶解性、熔点、沸点等物理性质，闪点、爆炸极限、自燃温度、分解温度等化学性质；

（三）主要用途，包括企业推荐的产品合法用途、禁止或者限制的用途等；

（四）危险特性，包括危险化学品的物理危险性、环境危害性和毒理特性；

（五）储存、使用、运输的安全要求，其中，储存的安全要求包括对建筑条件、库房条件、安全条件、环境卫生条件、温度和湿度条件的要求，使用的安全要求包括使用时的操作条件、作业人员防护措施、使用现场危害控制措施等，运输的安全要求包括对运输或者输送方式的要求、危害信息向有关运输人员的传递手段、装卸及运输过程中的安全措施等；

（六）出现危险情况的应急处置措施，包括危险化学品在生产、使用、储存、运输过程中发生火灾、爆炸、泄漏、中毒、窒息、灼伤等化学品事故时的应急处理方法，应急咨询服务电话等。

第十三条 危险化学品登记按照下列程序办理：

（一）登记企业通过登记系统提出申请；

（二）登记办公室在 3 个工作日内对登记企业提出的申请进行初步审查，符合条件的，通过登记系统通知登记企业办理登记手续；

（三）登记企业接到登记办公室通知后，按照有关要求在登记系统中如实填写登记内容，并向登记办公室提交有关纸质登记材料；

（四）登记办公室在收到登记企业的登记材料之日起 20 个工作日内，对登记材料和登记内容逐项进行审查，必要时可进行现场核查，符合要求的，将登记材料提交给登记中心；不符合要求的，通过登记系统告知登记企业并说明理由；

（五）登记中心在收到登记办公室提交的登记材料之日起 15 个工作日内，对登记材料和登记内容进行审核，符合要求的，通过登记办公室向登记企业发放危险化学品登记证；不符合要求的，通过登记系统告知登记办公室、登记企业并说明理由。

登记企业修改登记材料和整改问题所需时间，不计算在前款规定的期限内。

第十四条 登记企业办理危险化学品登记时，应当提交下列材料，并对其内容的真实性负责：

（一）危险化学品登记表一式 2 份；

（二）生产企业的工商营业执照，进口企业的对外贸易经营者备案登记表、中华人民共和国进出口企业资质证书、中华人民共和国外商投资企业批准证书或者台港澳侨投资企业批准证书复制件 1 份；

（三）与其生产、进口的危险化学品相符并符合国家标准的化学品安全技术说明书、化学品安全标签各 1 份；

（四）满足本办法第二十二条规定的应急咨询服务电话号码或者应急咨询服务委托书复制件 1 份；

（五）办理登记的危险化学品产品标准（采用国家标准或者行业标准的，提供所采用的标准编号）。

第十五条 登记企业在危险化学品登记证有效期内，企业名称、注册地址、登记品种、应急咨询服务电话发生变化，或者发现其生产、进口的危险化学品有新的危险特性的，应当在 15 个工作日内向登记办公室提出变更申请，并按照下列程序办理登记内容变更手续：

（一）通过登记系统填写危险化学品登记变更申请表，并向登记办公室提交涉及变更事项的证明材料 1 份；

（二）登记办公室初步审查登记企业的登记变更申请，符合条件的，通知登记企业提交变更后的登记材料，并对登记材料进行审查，符合要求的，提交给登记中心；不符合要求的，通过登记系统告知登记企业并说明理由；

（三）登记中心对登记办公室提交的登记材料进行审核，符合要求且属于危险化学品登记证载明事项的，通过登记办公室向登记企业发放登记变更后的危险化学品登记证并收回原证；符合要求但不属于危险化学品登记证载明事项的，通过登记办公室向登记企业提供书面证明文件。

第十六条 危险化学品登记证有效期为 3 年。登记证有效期满后，登记企业继续从事危险化学品生产或者进口的，应当在登记证有效期届满前 3 个月提出复核换证申请，并按下列程序办理复核换证：

（一）通过登记系统填写危险化学品复核换证申请表；

（二）登记办公室审查登记企业的复核换证申请，符合条件的，通过登记系统告知登记企业提交本规定第十四条规定的登记材料；不符合条件的，通过登记系统告知登记企业并说明理由；

（三）按照本办法第十三条第一款第三项、第四项、第五项规定的程序办理复核换证手续。

第十七条　危险化学品登记证分为正本、副本，正本为悬挂式，副本为折页式。正本、副本具有同等法律效力。

危险化学品登记证正本、副本应当载明证书编号、企业名称、注册地址、企业性质、登记品种、有效期、发证机关、发证日期等内容。其中，企业性质应当注明危险化学品生产企业、危险化学品进口企业或者危险化学品生产企业（兼进口）。

第四章　登记企业的职责

第十八条　登记企业应当对本企业的各类危险化学品进行普查，建立危险化学品管理档案。

危险化学品管理档案应当包括危险化学品名称、数量、标识信息、危险性分类和化学品安全技术说明书、化学品安全标签等内容。

第十九条　登记企业应当按照规定向登记机构办理危险化学品登记，如实填报登记内容和提交有关材料，并接受安全生产监督管理部门依法进行的监督检查。

第二十条　登记企业应当指定人员负责危险化学品登记的相关工作，配合登记人员在必要时对本企业危险化学品登记内容进行核查。

登记企业从事危险化学品登记的人员应当具备危险化学品登记相关知识和能力。

第二十一条　对危险特性尚未确定的化学品，登记企业应当按照国家关于化学品危险性鉴定的有关规定，委托具有国家规定资质的机构对其进行危险性鉴定；属于危险化学品的，应当依照本办法的规定进行登记。

第二十二条　危险化学品生产企业应当设立由专职人员 24 小时值

守的国内固定服务电话，针对本办法第十二条规定的内容向用户提供危险化学品事故应急咨询服务，为危险化学品事故应急救援提供技术指导和必要的协助。专职值守人员应当熟悉本企业危险化学品的危险特性和应急处置技术，准确回答有关咨询问题。

危险化学品生产企业不能提供前款规定应急咨询服务的，应当委托登记机构代理应急咨询服务。

危险化学品进口企业应当自行或者委托进口代理商、登记机构提供符合本条第一款要求的应急咨询服务，并在其进口的危险化学品安全标签上标明应急咨询服务电话号码。

从事代理应急咨询服务的登记机构，应当设立由专职人员 24 小时值守的国内固定服务电话，建有完善的化学品应急救援数据库，配备在线数字录音设备和 8 名以上专业人员，能够同时受理 3 起以上应急咨询，准确提供化学品泄漏、火灾、爆炸、中毒等事故应急处置有关信息和建议。

第二十三条　登记企业不得转让、冒用或者使用伪造的危险化学品登记证。

第五章　监　督　管　理

第二十四条　安全生产监督管理部门应当将危险化学品登记情况纳入危险化学品安全执法检查内容，对登记企业未按照规定予以登记的，依法予以处理。

第二十五条　登记办公室应当对本行政区域内危险化学品的登记数据及时进行汇总、统计、分析，并报告省、自治区、直辖市人民政府安全生产监督管理部门。

第二十六条　登记中心应当定期向国务院工业和信息化、环境保护、公安、卫生、交通运输、铁路、质量监督检验检疫等部门提供危险化学品登记的有关信息和资料，并向社会公告。

第二十七条　登记办公室应当在每年 1 月 31 日前向所属省、自治区、直辖市人民政府安全生产监督管理部门和登记中心书面报告上一年度本行政区域内危险化学品登记的情况。

登记中心应当在每年 2 月 15 日前向国家安全生产监督管理总局书面报告上一年度全国危险化学品登记的情况。

第六章 法 律 责 任

第二十八条 登记机构的登记人员违规操作、弄虚作假、滥发证书，在规定限期内无故不予登记且无明确答复，或者泄露登记企业商业秘密的，责令改正，并追究有关责任人员的责任。

第二十九条 登记企业不办理危险化学品登记，登记品种发生变化或者发现其生产、进口的危险化学品有新的危险特性不办理危险化学品登记内容变更手续的，责令改正，可以处 5 万元以下的罚款；拒不改正的，处 5 万元以上 10 万元以下的罚款；情节严重的，责令停产停业整顿。

第三十条 登记企业有下列行为之一的，责令改正，可以处 3 万元以下的罚款：

（一）未向用户提供应急咨询服务或者应急咨询服务不符合本办法第二十二条规定的；

（二）在危险化学品登记证有效期内企业名称、注册地址、应急咨询服务电话发生变化，未按规定按时办理危险化学品登记变更手续的；

（三）危险化学品登记证有效期满后，未按规定申请复核换证，继续进行生产或者进口的；

（四）转让、冒用或者使用伪造的危险化学品登记证，或者不如实填报登记内容、提交有关材料的；

（五）拒绝、阻挠登记机构对本企业危险化学品登记情况进行现场核查的。

第七章 附 则

第三十一条 本办法所称危险化学品进口企业，是指依法设立且取得工商营业执照，并取得下列证明文件之一，从事危险化学品进口的企业：

（一）对外贸易经营者备案登记表；

（二）中华人民共和国进出口企业资质证书；

（三）中华人民共和国外商投资企业批准证书；

（四）台港澳侨投资企业批准证书。

第三十二条 登记企业在本办法施行前已经取得的危险化学品登记证，其有效期不变；有效期满后继续从事危险化学品生产、进口活动的，应当依照本办法的规定办理危险化学品登记证复核换证手续。

第三十三条 危险化学品登记证由国家安全生产监督管理总局统一印制。

第三十四条 本办法自 2012 年 8 月 1 日起施行。原国家经济贸易委员会 2002 年 10 月 8 日公布的《危险化学品登记管理办法》同时废止。

附录五 化学品物理危险性
鉴定与分类管理办法

国家安全生产监督管理总局令

第 60 号

《化学品物理危险性鉴定与分类管理办法》已经 2013 年 6 月 24 日国家安全生产监督管理总局局长办公会议审议通过,现予公布,自 2013 年 9 月 1 日起施行。

2013 年 7 月 10 日

化学品物理危险性鉴定与分类管理办法

第一章 总 则

第一条 为了规范化学品物理危险性鉴定与分类工作,根据《危险化学品安全管理条例》,制定本办法。

第二条 对危险特性尚未确定的化学品进行物理危险性鉴定与分类,以及安全生产监督管理部门对鉴定与分类工作实施监督管理,适用本办法。

第三条 本办法所称化学品，是指各类单质、化合物及其混合物。

化学品物理危险性鉴定，是指依据有关国家标准或者行业标准进行测试、判定，确定化学品的燃烧、爆炸、腐蚀、助燃、自反应和遇水反应等危险特性。

化学品物理危险性分类，是指依据有关国家标准或者行业标准，对化学品物理危险性鉴定结果或者相关数据资料进行评估，确定化学品的物理危险性类别。

第四条 下列化学品应当进行物理危险性鉴定与分类：

（一）含有一种及以上列入《危险化学品目录》的组分，但整体物理危险性尚未确定的化学品；

（二）未列入《危险化学品目录》，且物理危险性尚未确定的化学品；

（三）以科学研究或者产品开发为目的，年产量或者使用量超过1吨，且物理危险性尚未确定的化学品。

第五条 国家安全生产监督管理总局负责指导和监督管理全国化学品物理危险性鉴定与分类工作，公告化学品物理危险性鉴定机构（以下简称鉴定机构）名单以及免予物理危险性鉴定与分类的化学品目录，设立化学品物理危险性鉴定与分类技术委员会（以下简称技术委员会）。

县级以上地方各级人民政府安全生产监督管理部门负责监督和检查本行政区域内化学品物理危险性鉴定与分类工作。

第六条 技术委员会负责对有异议的鉴定或者分类结果进行仲裁，公布化学品物理危险性的鉴定情况。

国家安全生产监督管理总局化学品登记中心（以下简称登记中心）负责化学品物理危险性分类结果的评估与审核，建立国家化学品物理危险性鉴定与分类信息管理系统，为化学品物理危险性鉴定与分类工作提供技术支持，承担技术委员会的日常工作。

第二章 物理危险性鉴定与分类

第七条 鉴定机构应当依照有关法律法规和国家标准或者行业标准的规定，科学、公正、诚信地开展鉴定工作，保证鉴定结果真实、准确、客观，并对鉴定结果负责。

第八条　化学品生产、进口单位（以下统称化学品单位）应当对本单位生产或者进口的化学品进行普查和物理危险性辨识，对其中符合本办法第四条规定的化学品向鉴定机构申请鉴定。

化学品单位在办理化学品物理危险性鉴定过程中，不得隐瞒化学品的危险性成分、含量等相关信息或者提供虚假材料。

第九条　化学品物理危险性鉴定按照下列程序办理：

（一）申请化学品物理危险性鉴定的化学品单位向鉴定机构提交化学品物理危险性鉴定申请表以及相关文件资料，提供鉴定所需要的样品，并对样品的真实性负责；

（二）鉴定机构收到鉴定申请后，按照有关国家标准或者行业标准进行测试、判定。除与爆炸物、自反应物质、有机过氧化物相关的物理危险性外，对其他物理危险性应当在 20 个工作日内出具鉴定报告，特殊情况下由双方协商确定。

送检样品应当至少保存 180 日，有关档案材料应当至少保存 5 年。

第十条　化学品物理危险性鉴定应当包括下列内容：

（一）与爆炸物、易燃气体、气溶胶、氧化性气体、加压气体、易燃液体、易燃固体、自反应物质、自燃液体、自燃固体、自热物质、遇水放出易燃气体的物质、氧化性液体、氧化性固体、有机过氧化物、金属腐蚀物等相关的物理危险性；

（二）与化学品危险性分类相关的蒸气压、自燃温度等理化特性，以及化学稳定性和反应性等。

第十一条　化学品物理危险性鉴定报告应当包括下列内容：

（一）化学品名称；

（二）申请鉴定单位名称；

（三）鉴定项目以及所用标准、方法；

（四）仪器设备信息；

（五）鉴定结果；

（六）有关国家标准或者行业标准中规定的其他内容。

第十二条　申请化学品物理危险性鉴定的化学品单位对鉴定结果有

异议的，可以在收到鉴定报告之日起 15 个工作日内向原鉴定机构申请重新鉴定，或者向技术委员会申请仲裁。技术委员会应当在收到申请之日起 20 个工作日内作出仲裁决定。

第十三条　化学品单位应当根据鉴定报告以及其他物理危险性数据资料，编制化学品物理危险性分类报告。

化学品物理危险性分类报告应当包括下列内容：

（一）化学品名称；

（二）重要成分信息；

（三）物理危险性鉴定报告或者其他有关数据及其来源；

（四）化学品物理危险性分类结果。

第十四条　化学品单位应当向登记中心提交化学品物理危险性分类报告。登记中心应当对分类报告进行综合性评估，并在 30 个工作日内向化学品单位出具审核意见。

第十五条　化学品单位对化学品物理危险性分类的审核意见有异议的，可以在收到审核意见之日起 15 个工作日内向技术委员会申请仲裁。技术委员会应当在收到申请之日起 20 个工作日内作出仲裁决定。

第十六条　化学品单位应当建立化学品物理危险性鉴定与分类管理档案，内容应当包括：

（一）已知物理危险性的化学品的危险特性等信息；

（二）已经鉴定与分类化学品的物理危险性鉴定报告、分类报告和审核意见等信息；

（三）未进行鉴定与分类化学品的名称、数量等信息。

第十七条　化学品单位对确定为危险化学品的化学品以及国家安全生产监督管理总局公告的免予物理危险性鉴定与分类的危险化学品，应当编制化学品安全技术说明书和安全标签，根据《危险化学品登记管理办法》办理危险化学品登记，按照有关危险化学品的法律、法规和标准的要求，加强安全管理。

第十八条　鉴定机构应当于每年 1 月 31 日前向国家安全生产监督管理总局上报上一年度鉴定的化学品品名和工作总结。

第三章　法　律　责　任

第十九条　化学品单位有下列情形之一的，由安全生产监督管理部门责令限期改正，可以处 1 万元以下的罚款；拒不改正的，处 1 万元以上 3 万元以下的罚款：

（一）未按照本办法规定对化学品进行物理危险性鉴定或者分类的；

（二）未按照本办法规定建立化学品物理危险性鉴定与分类管理档案的；

（三）在办理化学品物理危险性的鉴定过程中，隐瞒化学品的危险性成分、含量等相关信息或者提供虚假材料的。

第二十条　鉴定机构在物理危险性鉴定过程中有下列行为之一的，处 1 万元以上 3 万元以下的罚款；情节严重的，由国家安全生产监督管理总局从鉴定机构名单中除名并公告：

（一）伪造、篡改数据或者有其他弄虚作假行为的；

（二）未通过安全生产监督管理部门的监督检查，仍从事鉴定工作的；

（三）泄露化学品单位商业秘密的。

第四章　附　　　则

第二十一条　对于用途相似、组分接近、物理危险性无显著差异的化学品，化学品单位可以向鉴定机构申请系列化学品鉴定。

多个化学品单位可以对同一化学品联合申请鉴定。

第二十二条　对已经列入《危险化学品目录》的化学品，发现其有新的物理危险性的，化学品单位应当依照本办法进行物理危险性鉴定与分类。

第二十三条　本办法自 2013 年 9 月 1 日起施行。

附录六　化学品安全技术说明书样例

化学品安全技术说明书

产品名称：苯

修订日期：2019 年 5 月 17 日

最初编制日期：2001 年 11 月 20 日

按照 GB/T 16483、GB/T 17519 编制

SDS 编号：×××××－×××

版本：2.1

第1部分　化学品及企业标识

化学品中文名：苯

化学品英文名：benzene

企业名称：××××××公司

企业地址：××省××市××区××路××号

邮编：××××××　　**传真**：×××－×××××××××

联系电话：×××－×××××××××；×××－×××××××××

电子邮件地址：×××××@×××.com

企业应急电话：×××－×××××××××（24 h）；国家化学事故应急咨询专线（已签委托协议）：0532－83889090（24 h）

产品推荐及限制用途：是染料、塑料、合成橡胶、合成树脂、合成纤维、合成药物和农药的重要原料。用作溶剂。

第2部分　危险性概述

紧急情况概述：

> 无色液体，有芳香气味。易燃液体和蒸气。其蒸气能与空气形成爆炸性混合物。重度中毒出现意识障碍、呼吸循环衰竭、猝死。可发生心室纤颤。损害造血系统。可致白血病。

GHS 危险性类别：

　　易燃液体　类别2

　　皮肤腐蚀/刺激　类别2

　　严重眼睛损伤/眼睛刺激性　类别2

　　致癌性　类别1A

　　生殖细胞突变性　类别1B

　　特异性靶器官系统毒性－一次接触　类别3

　　特异性靶器官系统毒性－反复接触　类别1

　　吸入危害　类别1

　　对水环境危害－急性　类别2

　　对水环境危害－慢性　类别3

标签要素：

　　象形图：

　　警示词：危险

　　危险性说明：易燃液体和蒸气，引起皮肤刺激，引起严重眼睛刺激，可致癌，可引起遗传性缺陷，可能引起昏睡或眩晕，长期或反复接触引起器官损伤，吞咽并进入呼吸道可能致命，对水生生物有毒，对水生生物有害并且有长期持续影响。

防范说明：

• 预防措施：

——在得到专门指导后操作。在未了解所有安全措施之前，切勿操作。

——远离热源、火花、明火、热表面。使用不产生火花的工具作业。

——采取防止静电措施，容器和接收设备接地、连接。

——使用防爆型电器、通风、照明及其他设备。

——保持容器密闭。

——仅在室外或通风良好处操作。

——避免吸入蒸气（或雾）。

——戴防护手套和防护眼镜。

——空气中浓度超标时戴呼吸防护器具。

——妊娠、哺乳期间避免接触。

——作业场所不得进食、饮水、吸烟。

——操作后彻底清洗身体接触部位。污染的工作服不得带出工作场所。

——应避免释放到环境中。

• 事故响应：

——如食入，立即就医。禁止催吐。

——如吸入，立即将患者转移至空气新鲜处，休息，保持有利于呼吸的体位。就医。

——眼接触后应该用水清洗若干分钟，注意充分清洗。如戴隐形眼镜并可方便取出，应将其取出，继续清洗。就医。

——皮肤（或头发）接触，立即脱去所有被污染的衣着，用大量肥皂水和水冲洗。如发生皮肤刺激，就医。受污染的衣着在重新穿用前应彻底清洗。

——收集泄漏物。

——发生火灾时，使用雾状水、干粉、泡沫或二氧化碳灭火。

• 安全储存：

——在阴凉、通风良好处储存。

——上锁保管。

• 废弃处置：

——本品或其容器采用焚烧法处置。

物理和化学危险： 易燃液体和蒸气。其蒸气与空气混合，能形成爆炸性混合物。遇明火、高热能引起燃烧爆炸。与强氧化剂能发生强烈反应。流速过快，容易产生和积聚静电。其蒸气比空气重，能在较低处扩散到相当远的地方，遇火源会着火回燃。

健康危害：

急性中毒：短期内吸入大量苯蒸气引起急性中毒。轻者出现头晕、头痛、恶心、呕吐、黏膜刺激症状，伴有轻度意识障碍。重度中毒出现中、重度意识障碍或呼吸循环衰竭、猝死。可发生心室纤颤。

慢性中毒：长期接触可引起慢性中毒。可有头晕、头痛、乏力、失眠、记忆力减退；造血系统改变有白细胞减少（计数低于 $4 \times 10^9/L$）、血小板减少，重者出现再生障碍性贫血；并有易感染和（或）出血倾向。少数病例在慢性中毒后可发生白血病（以急性粒细胞性为多见）。

皮肤损害有脱脂、干燥、皲裂、皮炎。

环境危害： 对水生生物有毒，有长期持续影响。

第3部分　成分/组成信息

组分	浓度或浓度范围（质量分数,%）	CAS No.
苯	99	71 – 43 – 2

第4部分　急　救　措　施

急救：

吸入：迅速脱离现场至空气新鲜处。保持呼吸道通畅。如呼吸困难，给输氧。呼吸心跳停止，立即进行心肺复苏术。立即就医。

皮肤接触：脱去污染的衣着，用肥皂水和清水彻底冲洗皮肤。如有不适感，就医。

眼睛接触：分开眼睑，用流动清水或生理盐水冲洗。如有不适感，就医。

食入：漱口，饮水，禁止催吐。就医。

对保护施救者的忠告：进入事故现场应佩戴携气式呼吸器。

对医生的特别提示：急性中毒可用葡萄糖醛酸内酯；忌用肾上腺素，以免发生心室纤颤。

第5部分 消 防 措 施

灭火剂：

用水雾、干粉、泡沫或二氧化碳灭火剂灭火。

避免使用直流水灭火，直流水可能导致可燃性液体的飞溅，使火势扩散。

特别危险性：

易燃液体和蒸气。燃烧会产生一氧化碳、二氧化碳、醛类和酮类等有毒气体。

在火场中，容器内压增大有开裂和爆炸的危险。

灭火注意事项及防护措施：

消防人员须佩戴携气式呼吸器，穿全身消防服，在上风向灭火。

尽可能将容器从火场移至空旷处。

喷水保持火场容器冷却，直至灭火结束。

处在火场中的容器若已变色或从安全泄压装置中发出声音，必须马上撤离。

隔离事故现场，禁止无关人员进入。

收容和处理消防水，防止污染环境。

第6部分 泄 漏 应 急 处 理

作业人员防护措施、防护装备和应急处置程序：

建议应急处理人员戴携气式呼吸器，穿防静电服，戴橡胶耐油手套。

禁止接触或跨越泄漏物。

作业时使用的所有设备应接地。

尽可能切断泄漏源。

消除所有点火源。

根据液体流动和蒸气扩散的影响区域划定警戒区，无关人员从侧风、上风向撤离至安全区。

环境保护措施： 收容泄漏物，避免污染环境。防止泄漏物进入下水道、地表水和地下水。

泄漏化学品的收容、清除方法及所使用的处置材料：

小量泄漏：尽可能将泄漏液体收集在可密闭的容器中。用砂土、活性炭或其他惰性材料吸收，并转移至安全场所。禁止冲入下水道。

大量泄漏：构筑围堤或挖坑收容。封闭排水管道。用泡沫覆盖，抑制蒸发。用防爆泵转移至槽车或专用收集器内，回收或运至废物处理场所处置。

第7部分　操作处置与储存

操作注意事项：

操作人员应经过专门培训，严格遵守操作规程。

操作处置应在具备局部通风或全面通风换气设施的场所进行。

避免眼和皮肤的接触，避免吸入蒸气。个体防护措施参见第8部分。

远离火种、热源，工作场所严禁吸烟。

使用防爆型的通风系统和设备。

灌装时应控制流速，且有接地装置，防止静电积聚。

避免与氧化剂等禁配物接触（禁配物参见第10部分）。

搬运时要轻装轻卸，防止包装及容器损坏。

倒空的容器可能残留有害物。

使用后洗手，禁止在工作场所进饮食。

配备相应品种和数量的消防器材及泄漏应急处理设备。

储存注意事项：

储存于阴凉、通风的库房。

库温不宜超过 37 ℃。

应与氧化剂、食用化学品分开存放，切忌混储（禁配物参见第 10 部分）。

保持容器密封。

远离火种、热源。

库房必须安装避雷设备。

排风系统应设有导除静电的接地装置。

采用防爆型照明、通风设施。

禁止使用易产生火花的设备和工具。

储区应备有泄漏应急处理设备和合适的收容材料。

第 8 部分　接触控制／个体防护

职业接触限值：

组分名称	标准来源	类型	标准值	备注
苯	GBZ 2.1—2019	PC－TWA	6 mg/m^3	皮[a]，G1[b]
		PC－STEL	10 mg/m^3	

a　皮——通过完整的皮肤吸收引起全身效应。
b　G1——IARC 致癌性分类：确认人类致癌物

生物限值：

组分名称	标准来源	生物监测指标	生物限值	采样时间
苯	ACGIH（2009）	尿中 S－苯巯基尿酸	25 μg/g（肌酐）	班末
		尿中 t，t－黏糠酸	500 μg/g（肌酐）	

监测方法：

工作场所空气有毒物质测定方法：GBZ 2.1—2019——溶剂解析 - 气相色谱法、热解析 - 气相色谱法、无泵型采样 - 气相色谱法。

生物监测检验方法：ACGIH——尿中 t，t－黏糠酸——高效液相色谱法；尿中 S－苯巯基尿酸——气相色谱／质谱法。

工程控制：

  本品属高毒物品，作业场所应与其他作业场所分开。

  密闭操作，防止蒸气泄漏到工作场所空气中。

  加强通风，保持空气中的浓度低于职业接触限值。

  设置自动报警装置和事故通风设施。

  设置应急撤离通道和必要的泄险区。

  设置红色区域警示线、警示标识和中文警示说明，并设置通信报警系统。

  提供安全淋浴和洗眼设备。

个体防护装备：

  呼吸系统防护：空气中浓度超标时，佩戴过滤式防毒面具（半面罩）。紧急事态抢救或撤离时，应该佩戴携气式呼吸器。

  手防护：戴橡胶耐油手套。

  眼睛防护：戴化学安全防护眼镜。

  皮肤和身体防护：穿防毒物渗透工作服。

第9部分　理　化　特　性

外观与性状： 无色透明液体，有强烈芳香味。

pH 值： 无资料	**临界温度（℃）：** 288.9
熔点（℃）： 5.5	**临界压力（MPa）：** 4.92
沸点（℃）： 80	**自燃温度（℃）：** 498
闪点（℃）： －11（闭杯）	**分解温度（℃）：** 无资料
爆炸上限[%（体积分数）]: 8.0	**燃烧热（kJ／mol）：** 3264.4
爆炸下限[%（体积分数）]： 1.2	**蒸发速率：** 5.1[乙酸（正）丁酯＝1]
饱和蒸气压（kPa）： 10(20℃)	**易燃性（固体、气体）：** 不适用
相对密度（水＝1）： 0.88	**黏度（mPa·s）：** 0.604(25℃)
相对蒸气密度（空气＝1）： 2.7	**气味阈值（mg／m³）：** 15(4.68 ppm)

辛醇／水分配系数（lgP_{ow}）： 2.13

溶解性： 不溶于水，溶于醇、醚、丙酮等多数有机溶剂

第10部分　稳定性和反应性

稳定性：在正常环境温度下储存和使用，本品稳定。

危险反应：与强氧化剂等禁配物接触，有发生火灾和爆炸的危险。

避免接触的条件：静电放电、热等。

禁配物：氯、硝酸、过氧化氢、过氧化钠、过氧化钾、三氧化铬、高锰酸、臭氧、二氟化二氧、六氟化铀、液氧、过（二）硫酸、过一硫酸、乙硼烷、高氯酸盐（如高氯酸银）、高氯酸硝酰盐、卤间化合物等。

危险的分解产物：无资料。

第11部分　毒 理 学 信 息

急性毒性：

大鼠经口 LD_{50} 范围为 810～10016 mg/kg。大鼠使用数量较大试验的结果显示经口 LD_{50} 大于 2000 mg/kg[1]。

兔经皮 LD_{50}：≥8200 mg/kg[2]。

大鼠吸入 LC_{50}：44.6 mg/L（4 h）[3]。

皮肤刺激或腐蚀：

兔标准德瑞兹试验：20 mg（24 h），中度皮肤刺激[4]。

兔皮肤刺激试验：0.5 mL（未稀释，4 h），中度皮肤刺激[5]。

眼睛刺激或腐蚀：

兔眼内滴入 1～2 滴未稀释液苯，引起结膜中度刺激和角膜一过性轻度损伤[2,3]。

呼吸或皮肤过敏：

未见苯对皮肤和呼吸系统有致敏作用的报道[1,2]。从苯的化学结构分析，本品不可能引起与呼吸道和皮肤过敏有关的免疫性改变[1]。

生殖细胞突变性：

体内研究显示，苯对哺乳动物和人有明显的体细胞致突变作用。有关生殖细胞致突变的显性死试验没有得出明确的结论。根据苯对精原细胞的遗传效应的阳性数据及其毒物代谢动力学特点，苯有到达性腺并导致生殖细胞发生突变的潜在能力[1]。

致癌性：

苯所致白血病已列入《职业病目录》，属职业性肿瘤。

IARC 对本品的致癌性分类：G1——确认人类致癌物[6]。

生殖毒性：

动物试验结果显示，苯在对母体产生毒性的剂量下出现胚胎毒性[7,8]。

特异性靶器官系统毒性　一次接触：

大鼠经口和小鼠吸入苯后出现麻醉作用；吸入麻醉作用的阈值约为 13000 mg/m^3[3]。

人吸入高浓度或口服大剂量苯引起急性中毒，表现为中枢神经系统抑制，甚至死亡。急性中毒的原因主要是工业事故或为追求欣快感而故意吸入含苯产品引起。除非发生死亡，接触停止后中枢神经系统的抑制症状可逆[2,3]。

特异性靶器官系统毒性　反复接触：

大鼠吸入最低中毒浓度（TCLo）：300 ppm（每天 6 h，共 13 周，间断），白细胞减少[4]。

小鼠吸入最低中毒浓度（TCLo）：300 ppm（每天 6 h，共 13 周，间断），出现贫血和血小板减少[4]。

人反复或长期接触苯主要对骨髓造血系统产生抑制作用，出现血小板减少、白细胞减少、再生障碍性贫血，甚至发生白血病。这些毒效应取决于接触剂量、时间以及受影响干细胞的发育阶段[3]。

一项对 32 名苯中毒者的研究显示，患者吸入接触苯的时间为 4 个月到 15 年，接触浓度为 480～2100 mg/m^3（150～650 ppm），出现伴有再生不良、过度增生或幼红细胞骨髓象的各类血细胞减少。其中 8 名有血小板减少，导致出血和感染[3]。

吸入危害：

液苯直接吸入肺部，可立即在肺组织接触部位引起水肿和出血[1]。

第 12 部分　生 态 学 信 息[1]

生态毒性：

鱼类急性毒性试验（OECD 203）：虹鳟（*Oncorhynchus mykis*）

LC_{50}：5.3 mg/L（96 h）。

使用流水式试验系统，对苯浓度进行实时监测。

溞类 24 hEC_{50}急性活动抑制试验（OECD 202）：大型溞（*Daphnia magna*）EC_{50}：10 mg/L（48 h）。

藻类生长抑制试验（OECD 201）：羊角月牙藻（*Selenastrum capri-cornutum*）ErC_{50}：100 mg/L（72 h）。使用密闭系统。

鱼类早期生活阶段毒性试验（OECD 210）：呆鲦鱼（*Pimephales promelas*）NOEC：0.8 mg/L（32 天）。

持久性和降解性：

非生物降解：苯不会水解，不易直接光解。在大气中，与羟基自由基反应降解的半衰期为 13.4 天。

生物降解性：呼吸计量法试验（OECD 301F），28 天后降解率 82% ~ 100%（满足 10 天的观察期）。试验表明，苯易快速生物降解。

生物富集或生物积累性：

生物富集因子（BCF）：大西洋鲱（*Clupea harrengus*）为 11；高体雅罗鱼（*Leuciscus idus*）< 10。众多鱼类试验表明苯的生物富集性很低。

土壤中的迁移性：

有氧条件下被土壤和有机物吸附，厌氧条件下转化为苯酚；根据 K_{oc} 值估算，苯易挥发。因此，苯在土壤中有很强的迁移性。

第 13 部分　废　弃　处　置

废弃化学品：

尽可能回收利用。如果不能回收利用，采用焚烧方法进行处置。

不得采用排放到下水道的方式废弃处置本品。

污染包装物：

将容器返还生产商或按照国家和地方法规处置。

废弃注意事项：

废弃处置前应参阅国家和地方有关法规。

处置人员的安全防范措施参见第 8 部分。

第 14 部分 运 输 信 息

联合国危险货物编号（UN号）： 1114

联合国运输名称： 苯

联合国危险性分类： 3

包装类别： Ⅱ

包装标志： 易燃液体

包装方法： 小开口钢桶；螺纹口玻璃瓶、铁盖压口玻璃瓶、塑料瓶或金属桶（罐）外普通木箱

海洋污染物（是／否）： 否

运输注意事项：

本品铁路运输时限使用企业自备钢制罐车装运，装运前需报有关部门批准。

铁路运输时应严格按照交通运输部《危险货物运输规则》中的危险货物配装表进行配装。

运输车辆应配备相应品种和数量的消防器材及泄漏应急处理设备。

严禁与氧化剂、食用化学品等混装混运。

装运该物品的车辆排气管必须配备阻火装置。

使用槽（罐）车运输时应有接地链，槽内可设孔隔板以减少震荡产生静电。

禁止使用易产生火花的机械设备和工具装卸。

夏季最好早晚运输。

运输途中应防曝晒、雨淋，防高温。

中途停留时应远离火种、热源、高温区。

公路运输时要按规定路线行驶，勿在居民区和人口稠密区停留。

铁路运输时要禁止溜放。

第 15 部分 法 规 信 息

下列法律、法规、规章和标准，对该化品的管理作了相应的规定：

中华人民共和国职业病防治法：

　　职业病危害因素分类目录：列入

　　可能导致的职业病：苯中毒、苯所致白血病

　　职业病目录：苯中毒，苯所致白血病

危险化学品安全管理条例：

　　危险化学品目录：列入

　　危险化学品重大危险源监督管理暂行规定

　　《危险化学品重大危险源辨识》（GB 18218）：类别：易燃液体，临界量（t）：50

　　国家安全监管总局关于公布首批重点监管的危险化学品名录的通知——附件：首批重点监管的危险化学品名录：列入

　　危险化学品环境管理登记办法（试行）

使用有毒物品作业场所劳动保护条例：

　　高毒物品目录：列入

新化学物质环境管理办法：

　　中国现有化学物质名录：列入

第 16 部分　其　他　信　息

编写和修订信息：

　　与第一版相比，本修订版 SDS 对下述部分的内容进行了修订：

　　第 2 部分——危险性概述，增加了 GHS 危险性分类和标签要素。

　　第 9 部分——理化特性，增加了黏度数据。

　　第 11 部分——毒理学信息。

　　第 12 部分——生态学信息。

参考文献：

　　［1］European Union Risk Assessment Report—BENZENE（Final version of 2008）.

　　［2］AUSTRALIA. National Industrial Chemicals Notification and Assessment Schem（NICNAS），Priority Existing Chemical Assessment Report No. 21—Benzene.

　　［3］International Programme on Chemical Safety（IPCS）. Environmental Health Criteria（ECH）150—Benzene，1993.

　　［4］ Symyx Technologies. Registry of Toxic Effects of Chemical Substances（RTECS），http：//ccinfoweb. ccohs. ca/rtecs/search. html.

　　［5］ Canadian Centre for Occupational Health and Safety（CCOHS）. CHEMINFO database，http：//ccinfoweb. ccohs. ca/cheminfo/search. html.

　　［6］ International Agency for Research on Cancer（IARC）. Summaries & Evaluations BENZENE VOL. ：29（1982）（p. 93）.

　　［7］ National Toxicology Program（NTP）Technical Report Series No. 289. Toxicology and Carcinogenesis Studies of Benzene in F344/N Rats and B6C3F1 Mice（Gavage Studies），1986.

　　［8］ Agency for Toxic Substances and Disease Registry（ATSDR）. Toxicological Profile for Benzene，2007.

缩略语和首字母缩写：

　　PC－TWA：时间加权平均容许浓度（permissible concentration－time weighted average），指以时间为权数规定的 8 h 工作日、40 h 工作周的平均容许接触浓度。

　　PC－STEL：短时间接触容许浓度（permissible concentration－short term exposure limit），指在遵守 PC－TWA 前提下允许短时间（15 min）接触的浓度。

　　IARC：国际癌症研究机构（International Agency for Research on Cancer）。

　　ACGIH：美国政府工业卫生学家会议（American Conference of Governmental Industrial Hygienists）。

免责声明：

　　本 SDS 的信息仅适用于所指定的产品，除非特别指明，对于本产品与其他物质的混合物等情况不适用。本 SDS 只为那些受过适当专业训练的该产品的使用人员提供产品使用安全方面的资料。本 SDS 的使用者，在特殊的使用条件下必须对该 SDS 的适用性作出独立判断。在特殊的使用场合下，由于使用本 SDS 所导致的伤害，本 SDS 的编写者将不负任何责任。

附录七 化学品危害信息常用数据源

附表1 化学品危害信息常用数据源

序号	数据源名称	简　介	网　址
1	OECD 全球化学品门户网（eChemPortal）	eChemPortal 是由 OECD、欧盟委员会（EC）、欧洲化学品管理署（ECHA）、美国、加拿大、日本、国际化学品协会理事会（ICCA）、商业和工业咨询委员会（BI-AC）、WHO 的化学品安全项目（IPCS）、联合国环境规划署（UNEP）以及其他环保类的非政府组织共同创建的。eChemPortal 提供关于化学物质的理化特性、毒理学、生态毒理学和环境归宿等信息,如果有 GHS 的分类信息也会显示。另外,还提供化学品的暴露和使用信息等	https：//www. echemportal. org/echemportal/
2	欧盟已注册物质数据库（ECHA CHEM）	ECHA CHEM 包含欧盟已经按照 REACH 法规要求进行申报的物质。该数据库采用 IUCLID 格式,包括化学品理化、健康毒理、生态毒理、环境归趋等详细信息,可按照 CAS 号、名称等多个关键词进行检索	http：//echa. europa. eu/web/guest/information – on – chemicals/registered – substances
3	欧盟已有物质风险评估报告	欧盟 REACH 法规实施前,在 Council Regulation（EEC）No. 793/93 法规框架下,欧委会和成员国对一系列的优先现有物质进行了评估。这些评估报告经过较全面的数据收集、评价和风险评估,并经过成员国专家评估。这些报告包括化学品理化、健康毒理、生态毒理、环境归趋等详细信息	http：//echa. europa. eu/information – on – chemicals/information – from – existing – substances – regulation

附表 1（续）

序号	数据源名称	简　介	网　址
4	高产量化学品筛选资料数据库（SIDS）	在经济合作与发展组织（OECD）赞助下实施的"筛选资料数据库"（SIDS）计划，是始于 1989 年的一个自愿性的国际合作试验计划。筛选资料数据库的数据用于"筛选"化学品和确定进一步试验或风险评估/管理活动的优先重点。该数据库的试验数据库包括理化特性、环境行为试验结果、生态毒理试验结果和健康毒理试验结果等	https://hpvchemicals. oecd. org/ui/search. aspx
5	化学物信息表（Chemistry Dashboard）	美国 EPA 开发的，收集了化学物化学、毒理和生产使用信息的网站，目前已涵盖 875000 种化学物	https://comptox. epa. gov/dashboard/
6	日本化学品风险信息平台（CHRIP）	日本化学品风险信息平台由国家技术和评价研究院建立并维护。它包括化学物质的理化性质、暴露信息及健康和生态毒理学的数据，以及各国对该化学物质的法规监管现状	http://www. safe. nite. go. jp/english/sougou/view/SystemTop_en. faces
7	日本化学物质环境风险评估概要（PIERAC）	日本化学物质环境风险评估由环境部发布，成为初步环境或生态风险评估。报告通常包括物质基本信息、暴露评估、生态毒理学数据的危害评估以及环境风险评估	http://www. env. go. jp/en/chemi/chemicals/profile_erac/index. html
8	日本初步风险评估报告（IRA）	日本初步风险评估报告由国家技术和评价研究院基于化学物质管理法（CSCL）对于优先评价化学物质（PACS）的要求发布。它包括化学物质的理化性质、暴露信息、健康和生态毒理学的数据，以及各国对该化学物质的法规监管现状	https://www. nite. go. jp/en/chem/risk/initial_risk. html
9	加拿大优先物质评估报告（ESE:PSAP）	依据加拿大环境保护法，环境和卫生部建立了优先物质清单以评价优先化学物质对人类健康和环境的风险。针对每个物质的评估报告包括理化性质、生产使用进口情况、暴露和环境归趋行为的分析、环境浓度、生态毒理学效应和健康毒理学效应的数据以及环境与健康风险评估	http://www. hc‐sc. gc. ca/ewh‐semt/contaminants/existsub/eval‐prior/index‐eng. php

附表1（续）

序号	数据源名称	简　介	网　址
10	加拿大化学品管理计划（CMP）	加拿大环境和健康部正按照化学品管理计划（CMP）管理化学品,包括挑战、快速筛选方法和石油化工方法等项目。此外,加拿大政府也开始对 CMP 之外的化学品采取行动,包括风险评估等项目。这些项目的结果包括一系列比较全面的评估,以及理化、健康、环境行为和毒理等一系列数据	http://www. chemicalsubstance-schimiques. gc. ca/plan/approach - approche/other_chem - autres_sub - eng. php
11	澳大利亚优先现有化学品评估报告（NICNAS - PECAR）	澳大利亚基于生产、使用、存储和废弃处理等可能造成对人类健康和环境的风险筛选了优先现有化学物质进行风险评估。评估分为全面评估和预评估。全面评估全面评价人类健康和环境风险,预评估则针对化学物质的特定性质、用途、暴露水平或者针对人类健康和环境的危害进行。这些报告的环境风险评估涵盖了国际已有的评估结论,化学物质理化性质、监测方法、环境暴露源、环境行为和归趋、环境和人类健康危害评估（生态和健康毒理学数据）,以及环境风险评估	https://www. industrialchemicals. gov. au/chemical - information/search - assessments
12	生态毒理学数据库（ECOTOX）	生态毒理学数据库（ECOTOX）是由美国环保局的研究与发展办公室（ORD）和国家健康与环境影响研究实验室（NHEERL）的中陆生态部（MED）创建并维持的。它提供用于定位对于水生生物、陆生植物和野生动物的单一化学毒性数据的数据库,包括分别针对水生生物、陆生植物和陆生野生动物的毒理数据	http://cfpub. epa. gov/ecotox/
13	PubMed	PubMed 是由美国国立医学图书馆生物技术信息中心（NCBI）1977 年基于因特网上免费检索的生物医学文摘数据库开发的。其内容包括:DNA 与蛋白质序列,基因图数据、3D 蛋白构象、化学与生物医学、毒理学等数据	http://www. ncbi. nlm. nih. gov/pubmed/

附表 1（续）

序号	数据源名称	简　介	网　　址
14	环境卫生基准（EHC）	环境卫生标准(EHC)文件提供了国际上对化学品、不同化学品组合及物理和生物因子对人类健康和环境影响的严格审查。 　　每个环境卫生标准包括概述及随后的识别信息、暴露来源、环境迁移、分布和转化、环境水平和人体暴露、试验动物及人体中的运动和代谢、对试验动物的影响以及离体检测系统。此外，对人类和实验室内或其他场所的其他生物的影响的信息也涵盖在内。还包括人体健康和环境保护的总体评价与结论，并指出了进一步研究的需要	https://inchem.org/pages/ehc.html
15	简明国际化学品评估文件（CICADs）	简明国际化学品评估文件(CICADs)与环境卫生标准文件(EHC)类似，提供了国际认可的关于化学品或化学品组合对人类健康和环境影响的审查。它们旨在说明化学品暴露危害和剂量反应的特征，并提供了在国家或地方一级应用的暴露估算和风险特征实例。该文件概述了那些被认为对风险特性至关重要的信息，以进行独立评估	http://www. inchem. org/pages/cicads. html
16	农药数据表（PDSs）	PDSs 是 IPCS INCHEM 的一部分。IPCS INCHEM 由国际化学品安全项目(IPCS)和加拿大职业健康和安全中心合作，旨在整合现有的经国际同行评议的关于化学品安全的全文和数据库资料信息。PDSs 包括农药原药的健康和生态毒理学数据以及安全使用的相关信息	https://inchem.org/#/
17	农药:重新登记	美国环保署对农药原药的重新登记要求对其人类健康和环境的潜在风险进行评估。评估结果呈现在"重新登记合格结论(RED)"的报告中。这些报告详尽归纳了农药原药已有的健康和环境毒理学数据，由使用造成的潜在环境和人体暴露，以及针对不同毒性效应和暴露场景的人类健康和环境风险评估	https://ordspub. epa. gov/ords/pesticides/f? p = CHEMICALSEARCH

附表 1 （续）

序号	数据源名称	简　介	网　　址
18	日本化学物质生态毒性试验结果（TEECS - Japan）	TEECS - Japan 是一张数据汇总表格，目前包括日本环境部进行的化学物质生态毒理学试验结果。这些试验都按 OECD 试验准则和 GLP 标准进行，其中包括藻类生长抑制、大型蚤和鱼类的急性慢性毒性试验等数据	http://www. env. go. jp/chemi/sesaku/02e. pdf
19	人体和环境风险评估（HERA）	人体和环境风险评估（HERA）项目由国际肥皂、洗涤剂和维护产品协会和欧洲化学工业理事会联合发起，旨在为家用清洁产品中常用原料的安全风险评估提供有效的方法体系。该评估报告包括化学物质的理化特性、使用和环境暴露数据、环境行为和归趋数据，以及健康和生态毒理学数据	http://www. heraproject. com
20	Swedish Keml - Riskline	KemI - Riskline 包含环境和健康的信息和数据。该数据库由瑞典的化学品监督机构创立，用于日常监督，尤其是建议如何对化学品进行分类和标签。KemI - Riskline 的每一个引用都代表了毒理学家们在这个研究中所得出的结论。该数据库主要包括毒理、生态毒理、化学物质和同行评议的数据和文档	https://inchem. org/#/
21	危险物质数据库（HSDB）	危险物质数据库（HSDB）是一个着眼于有潜在危险的物质的毒理信息的数据库。它提供的信息包括人类暴露、职业卫生、应急处理程序、环境归趋、法规要求、纳米材料以及相关领域的信息。在 HSDB 的数据已经通过一个科学审查小组评估	https://www. nlm. nih. gov/toxnet/index. html https://www. nlm. nih. gov/toxnet/Accessing_HSDB_Content_from_PubChem. pdf
22	毒理学数据网（TOXNET）	TOXNET 毒理学数据库是由美国国立医学图书馆专业化信息服务部建成的一系列有关于毒理学、有害化学品、环境卫生及相关领域的文献数据库的总称。目前 TOXNET 共包括 HSDB、IRIS、GENE - TOX、TOXLINE、CCRIS、DART/ETIC、TRI 和 ChemIDplus 等多个数据库	https://www. nlm. nih. gov/toxnet/index. html

附表 1（续）

序号	数据源名称	简　介	网　址
23	德国危险物质 GESTIS 数据库	该数据库为 BIA 开发，主要包括化学物质在工作场所的安全操作信息，如健康效应、必要的保护措施等，也包括这些物质的理化性质、环境毒理及法规信息	https://gestis-database.dguv.de/
24	风险评估文件（RAD）	该风险评估文档由日本化学品风险管理（CRM）开发，包括全面的化学品风险评估信息，具有多个特色，如采用 CRM 的新方法和技术进行风险评估，通过外部专家评议和风险管理措施考虑社会经济学效应等。这些评估报告包括被评估物质的理化、健康和环境等多方面的详细信息，参考价值高	http://unit.aist.go.jp/riss/crm/mainmenu/e_1.html
25	危害评估报告（HAP）	2001—2007 年,化学品评估和研究机构（CERI）参与了由新能源与工业技术开发组织（NEDO）资助的化学品风险评估和风险评估方法开发的项目。该项目是日本首次尝试对化学品进行全面的危害评估,以用于将来的风险评估。这些评估报告包含了被评估物质理化、健康和环境等方面的详细信息	https://www.cerij.or.jp/ceri_en/hazard_assessment_report/yugai_index_en.htm
26	国际化学品安全卡（ICSC）	世界卫生组织和国际劳工组织合作制作了国际化学品安全卡（ICSCs）,其中提供了关于化学品的基本健康与安全信息,以促进其安全使用。这些信息包括特定化学品固有危害的信息和急救与消防措施,以及关于溢漏、处置、储存、包装、标签和运输的预警信息	英文:http://www.inchem.org/pages/icsc.html 中文:http://icsc.brici.ac.cn/
27	PhysProp 数据库	PhysProp 数据库由非盈利研究组织 SRC 建立并维护,并与美国 EPA 的 QSAR 工具 EPI Suite 对接。它包含超过几万种化学物质的名称、结构和理化性质信息。这些数据可能来自试验、外推或预测值	http://www.srcinc.com/what-we-do/databaseforms.aspx?id=386

附表 1（续）

序号	数据源名称	简　介	网　址
28	美国环保署 EPI Suite 软件	EPA EPI Suite 是由美国国家环保署与美国 SRC 公司(Syracuse Research Corporation)联合开发的软件。这套软件包括多个独立的有机物性质估算软件,可以对生物降解、光降解及水解反应速率常数、$\lg K_{ow}$、BCF、亨利常数、熔沸点、饱和蒸气压及生态毒性指标等性质参数进行估算。在环境化学研究中受到广泛关注	http://www.epa.gov/oppt/exposure/pubs/episuite.htm
29	OECD QSAR Toolbox	QSAR 工具箱是 OECD 开发的一个软件工具,可以用来填补化学物质评估和化学品分类所需要的毒理和生态毒理数据缺口,同时也能用于集成测试策略的开发。该工具箱也包括很多理化、健康毒理、环境行为和生态毒性等方面的数据	https://www.oecd.org/chemicalsafety/risk-assessment/oecd-qsar-toolbox.htm
30	化学品危害袖珍手册	该数据库为美国 NIOSH 联合 OSHA 开发的主要用作工业卫生信息的重要来源。该数据库主要包括化学物质及类别的化学结构、推荐暴露限值、理化性质、个人防护措施、暴露途径和急救等信息。但该数据库不包括环境毒理数据	http://www.cdc.gov/niosh/npg/default.html
31	危险物质情况说明书	该数据库主要为新泽西知情权危险物质清单而制作,主要包括纯物质的健康危害、暴露限值、个人防护、急救,应急响应等信息。但该数据库不包括环境毒理信息	http://web.doh.state.nj.us/rtkhsfs/indexfs.aspx

注:所有数据源应采用最新版本

附录八 危险化学品登记办公室联系方式

附表 2 危险化学品登记办公室联系方式

序号	地区	名称、地址、电话	序号	地区	名称、地址、电话
1	北京市	名称：北京市危险化学品登记注册事务中心 地址：北京市通州区运河东大街 57 号院 4 号楼 631 房间 电话：010 – 55573669	5	内蒙古自治区	名称：内蒙古自治区危险化学品登记办公室 地址：呼和浩特市赛罕区腾飞路 40 号应急管理厅一楼 113 室 电话：0471 – 4625030，13644710778
2	天津市	名称：天津市危险化学品登记办公室 地址：天津市河西区怒江道创智西园 2 号楼 1803 室 电话：022 – 28051895	6	辽宁省	名称：辽宁省化学品登记中心 地址：沈阳市大东区联合路 19 号 423 室 电话：024 – 28510838
3	河北省	名称：河北省危险化学品登记注册办公室 地址：石家庄市国泰街 18 号 电话：0311 – 87805086	7	吉林省	名称：吉林省危险化学品登记办公室 地址：吉林省长春市人民大街副 54 号 电话：0431 – 82733046
4	山西省	名称：山西省危险化学品登记注册中心 地址：太原市迎泽区五一路 36 号 2 号楼 电话：0351 – 6819780	8	黑龙江省	名称：黑龙江省危险化学品登记办公室 地址：哈尔滨市动力区王兆街 50 号 电话：0451 – 82161900

附表 2（续）

序号	地区	名称、地址、电话	序号	地区	名称、地址、电话
9	上海市	名称：上海市化学品登记注册办公室 地址：上海市黄浦区瑞金二路108号民防大厦上海应急管理局6号办事窗口 电话：021-54666589	15	山东省	名称：山东省危险化学品登记办公室 地址：济南市历城区经十东路33444号1615室 电话：0531-81792139
10	江苏省	名称：江苏省化学品登记中心 地址：南京市玄武区花园路9号 电话：025-85477840，85477163	16	河南省	名称：河南省危险化学品登记注册办公室 地址：郑州市顺河路12号 电话：0371-66371975
11	浙江省	名称：浙江省危险化学品登记中心 地址：杭州市临安区大园路1555号2309室 电话：0571-88902973	17	湖北省	名称：湖北省危险化学品登记中心 地址：武汉市武昌区武珞路360号省安监局大楼8楼 电话：027-87898570，87890439
12	安徽省	名称：安徽省危险化学品登记办公室 地址：合肥市长江中路333号省安全生产科学研究院内 电话：0551-62675017，62675098	18	湖南省	名称：湖南省危险化学品登记注册办公室 地址：长沙市芙蓉区新军路三号煤炭局313室 电话：0731-89751286
13	福建省	名称：福建省危险化学品登记注册中心 地址：福州市鼓楼区东大路88号建闽大厦七层725室 电话：0591-87270701/0702	19	广东省	名称：广东省危化品登记办公室 地址：广州市建设大马路19号广东安监大厦609室 电话：020-83135438，83135429
14	江西省	名称：江西省危化品登记办公室 地址：江西省南昌市新建区望城镇320国道三联村甲1号（江西省森林消防总队4楼应科院） 电话：0791-85253919	20	广西壮族自治区	名称：广西壮族自治区危险化学品登记办公室 地址：广西南宁市长堽路三里一巷45号 电话：0771-5855496

附表 2（续）

序号	地区	名称、地址、电话	序号	地区	名称、地址、电话
21	海南省	名称：海南省危险化学品登记办公室 地址：海口市龙华区友谊路29号（原省救灾物资储备中心）海南省应急管理厅 电话：0898－65356409	27	陕西省	名称：陕西省危险化学品登记办公室 地址：西安市新城广场省政府大院停车楼（32号楼）718室 电话：029－63919065
22	重庆市	名称：重庆市化学品登记注册办公室 地址：重庆市北部新区青枫北路12号（高新园拓展区双子座5号楼） 电话：023－67534490	28	甘肃省	名称：甘肃省危险化学品登记办公室 地址：甘肃省兰州市安宁区万新南路1号甘肃省综合减灾应急管理中心510室 电话：0931－7608087
23	四川省	名称：四川省危险化学品登记中心 地址：成都市武侯区武科西四路安全科技大厦A座906室 电话：028－86522643	29	青海省	名称：青海省危险化学品登记中心 地址：青海省西宁市五四西路18号 电话：0971－6307218
24	贵州省	名称：贵州省危险化学品登记办公室 地址：贵州省贵阳市云岩区盐务街35号贵州省应急管理厅 电话：0851－86891360	30	宁夏回族自治区	名称：宁夏回族自治区危险化学品登记办公室 地址：宁夏银川市兴庆区民族南街437号宁夏安监大楼 电话：0951－8622102
25	云南省	名称：云南省危险化学品登记中心 地址：云南省昆明市董家湾曙光中路1号 电话：0871－68025631	31	新疆维吾尔自治区	名称：新疆危险化学品登记办公室 地址：乌鲁木齐市新市区湖州路1799号搅拌站对面高层大楼5楼516室 电话：0991－5201509
26	西藏自治区	名称：西藏自治区安全生产监督管理局 地址：拉萨市城关区塔玛中路一号 电话：0891－6630623			

图书在版编目（CIP）数据

危险化学品登记实用手册/杨哲主编．－－北京：应急管理出版社，2023

ISBN 978－7－5020－7358－9

Ⅰ．①危…　Ⅱ．①杨…　Ⅲ．①化学品—危险物品管理—中国—手册　Ⅳ．①TQ086.5－62

中国国家版本馆 CIP 数据核字（2023）第 153352 号

危险化学品登记实用手册

主　　编	杨　哲
责任编辑	唐小磊　郑素梅
编　　辑	梁晓平
责任校对	赵　盼
封面设计	罗针盘

出版发行	应急管理出版社（北京市朝阳区芍药居 35 号　100029）
电　　话	010－84657898（总编室）　010－84657880（读者服务部）
网　　址	www.cciph.com.cn
印　　刷	北京盛通印刷股份有限公司
经　　销	全国新华书店

开　　本	710mm×1000mm$^1/_{16}$	印张	23$^1/_4$	字数	345 千字
版　　次	2023 年 10 月第 1 版　2023 年 10 月第 1 次印刷				
社内编号	20230722		定价　98.00 元		